Georges Cohen

Der Zellstoffwechsel und seine Regulation

Reihe Biologie

Bereits erschienen

Charles Houillon
Sexualität

Charles Houillon
Embryologie

Michel Durand / Pierre Favard
Die Zelle

In Vorbereitung

A. Berkalaloff / G. Bourguet / P. Favard / M. Guinnebault
Biologie und Physiologie der Zelle

Georges Prévost
Genetik

Georges Cohen

Der Zellstoffwechsel und seine Regulation

Mit 45 Abbildungen

Friedr. Vieweg + Sohn · Braunschweig

Reihe Biologie

Herausgegeben von
Prof. Dr. Rudolf Altevogt, Münster

Verfasser: Georges Cohen

Übersetzung aus dem Französischen
Dr. Karl Heinz Grzeschik, Münster

Titel der Originalausgabe: Le métabolisme cellulaire et sa régulation
Erschienen bei Editions Scientifiques HERMANN, Paris

Verlagsredaktion: Bernhard Lewerich

ISBN 3 528 03524 2

1972

Satz: Friedr. Vieweg + Sohn, Braunschweig
Druck: E. Hunold, Braunschweig
Buchbinder: W. Langelüddecke, Braunschweig
Umschlaggestaltung: Peter Kohlhase, Lübeck
Printe in Germany-West

Vorwort

Mit diesem Biologie-Band der uni-texte wird dem Leser eine der kompliziertesten Leistungen des Lebendigen präsentiert: Der Zellstoffwechsel und dessen Regulation. Herausgeber, Verlag und Übersetzer waren sich bei der Auswahl dieses international renommierten Textes darüber klar, daß mit diesem Titel eines der schwierigsten und speziellsten, aber auch faszinierendsten Kapitel moderner Biologie dargestellt wird.

Schon im rein Wörtlichen ist das keine leichte Kost, die spezielle Terminologie des Chemikers und Biochemikers will zunächst erobert sein, bevor der Blick freigegeben wird für die dynamischen Abläufe inner- und zwischenzelligen Geschehens. Dann aber stellt sich für jeden, der auch nur ein wenig Freude am subminiaturisierten Extrem hat, ein Zug zum fast genüßlichen Fortschreiten durch den gebotenen Stoff ein. Nur scheinbar kreist dieser vornehmlich um die Bakterien, wiewohl hier die Mechanismen von Auf-, Um- und Abbau am ehesten überschaubar sind. Gleiche Prozesse nämlich finden sich bis herauf zum Menschen, und manche von ihnen spielen eine eher unheilvolle Rolle etwa beim Infektionsgeschehen, so daß es unnötig ist zu sagen, daß ihre Kenntnis aus dem akademischen Bereich reiner Grundlagenforschung in die handfeste Sphäre therapeutischer Bemühung um den Kranken rückt.

So ist das Buch für den Studenten der Biochemie, der Biologie, der Veterinär- und Humanmedizin gedacht, aber auch der an wissenschaftlicher Akribie „nur“ laienhaft Interessierte dürfte es mit Gewinn zur Hand nehmen.

R. Altevogt

Münster (Westf.), im Januar 1972

Inhaltsverzeichnis

Einleitung

Die Fähigkeit der Zelle, sich zu vermehren, hat einen beträchtlichen Zuwachs an Masse zur Folge. Dieser beruht auf einem Netzwerk chemischer Reaktionen, die man unter dem Begriff *anabolische Reaktionen* zusammenfassen kann. Ihr Studium bildet ein Kapitel der Biochemie: *Biosynthesen.*

Die biosynthetischen Reaktionen benötigen Energie; diese wird ihnen durch eine andere Gruppe, die der *katabolischen Reaktionen,* geliefert.

Eine Untersuchung des Zellstoffwechsels muß sich folglich mit den Reaktionen, die zur Beschaffung von Energie in verwertbarer Form führen, und mit den Biosynthesereaktionen befassen. Diese Einteilung mag zwar vom didaktischen Gesichtspunkt aus nützlich sein. Man darf darüber jedoch nicht vergessen, daß viele Zwischenprodukte, die Stufen der klassischen Abbauprozesse, der Glykolyse und des Tricarbonsäurezyklus sind, Gabelpunkte zu rein biosynthetischen Reaktionswegen darstellen.

Die Abbauwege besitzen daher nicht nur Bedeutung als Lieferanten von Energie, die in Form von ATP zur Verfügung gestellt wird, sondern auch als Quelle der für die Synthese der Zellbestandteile nötigen Kohlenstoffatome.

Betrachtet man das Wachstum eines Bakteriums, wie z.B. *Escherichia coli,* auf Succinat als einziger Kohlenstoffquelle, so erkennt man, daß dieser Organismus fähig sein muß, die Reaktionen der Glykolyse in umgekehrter Richtung zu durchlaufen. Dabei soll unter anderem Glucose-6-phosphat als Ausgangsstoff für Erythrose-4-phosphat, das wiederum zur Biosynthese der aromatischen Aminosäuren benötigt wird, aufgebaut werden. In diesem Fall dienen die Reaktionen der Glykolyse allein der Biosynthese. Der Terminus *amphibolische Reaktionen* wurde eingeführt, um derartige Reaktionen, die von Fall zu Fall katabolische oder anabolische Funktion besitzen, zu bezeichnen.

In diesem Buch, das dem Intermediärstoffwechsel gewidmet ist, wird sehr häufig von Bakterien die Rede sein. Diese Auswahl beruht nicht nur auf der persönlichen Bevorzugung durch den Autor, der seit über 20 Jahren mit dem Studium dieser Organismen vertraut ist, es liegt vielmehr auf der Hand, daß die Erforschung des Stoffwechsels besonders leicht fällt, wenn man einzellige Organismen untersucht. Dabei können keine Komplikationen durch die Wechselbeziehungen zwischen Zellen und differenzierten Organen auftreten.

Betrachten wir das Bakterium *E. coli:* Es kann exponentiell in einer mineralischen Nährlösung, der eine verwertbare Kohlenstoffquelle zugefügt wurde, wachsen. Tabelle 1 gibt die Zusammensetzung einer solchen Nährlösung an, Tabelle 2 eine äußerst unvollständige Liste von Kohlenstoffquellen, die von diesem Bakterium verwendet werden können.

Tabelle 1

KH_2PO_4	13,6 g
$(NH_4)_2SO_4$	2,0 g
$MgSO_4 \cdot 7\,H_2O$	0,2 g
$FeSO_4 \cdot 7\,H_2O$	0,0005 g

Mit KOH auf pH 7,0 einstellen.
Mit Aqua bidestillata auf einen Liter auffüllen.

Phosphat ist in großem Überschuß zugesetzt; dieses dient dazu, das Nährmedium gegen pH-Schwankungen abzupuffern. Die Spuren von Zink, Molybdän, Kobalt usw., die man in bestimmten Enzymen oder Vitaminen findet, werden durch Verunreinigungen der eingesetzten Salze zugeführt

Tabelle 2: Einige Kohlenstoffquellen, die *E. coli* verwenden kann.

Monosaccharide	Disaccharide	Säuren	Alkohole
Glucose	Maltose	Acetat	Glycerin
Fructose	Lactose	Succinat	Mannit
Mannose			Dulcit
Galaktose			Sorbit
Arabinose			
Xylose			
Rhamnose			

Aus den Bestandteilen des Nährmediums muß *E. coli* die 20 Aminosäuren, die die Proteine aufbauen, und die Purin- und Pyrimidinnucleotide, aus denen die Nucleinsäuren aufgebaut sind, die Proteine und Nucleinsäuren selbst, die Zucker, die Bestandteile seiner Zellmembran und Zellwand sind, die Polysaccharide, die Wachstumsfaktoren und die Coenzyme, die Fettsäuren und die komplexen Lipide, synthetisieren. Das Bakterium muß gleichermaßen, ausgehend von den Bestandteilen des Mediums, die für diese Synthesen nötige Energie gewinnen. Schließlich muß es die Koordinierung aller dieser Reaktionen sicherstellen.

Solch ein Bakterium wird sich zuallererst die Kohlenstoffquelle des Nährmediums zuführen müssen. Wir werden sehen, daß dies im allgemeinen nicht durch einfache Diffusion geschieht, sondern daß Katalysatoren, die wahrscheinlich in der Cytoplasmamembran lokalisiert sind, für den Eintritt der Metaboliten in das Zellinnere verantwortlich sind.

I. Die Permeasen der Bakterien

1. Proteinnatur der β-Galaktosid-Permease

Der Beweis, daß bei den Mikroorganismen stereospezifische Systeme existieren, die den Durchtritt ermöglichen, mit spezieller Funktion und verschieden von den Stoffwechselenzymen im eigentlichen Sinne, wurde im Laufe der letzten zwölf Jahre geliefert. Im Augenblick scheint es wahrscheinlich, daß der Eintritt des größten Teils der organischen Metaboliten und gewisser mineralischer Ionen in eine Bakterienzelle von diesen spezifischen Systemen katalysiert wird.

Tabelle 3: Hemmung der Galaktosid-Permease-Synthese durch Chloramphenicol, β-2-Thienylalanin oder durch Fehlen einer Aminosäure.

Zusätze zum Nährmedium	Angereichertes TMG in % des Bakterientrockengewichts
Methionin, 10^{-4} M; TMG, 10^{-3} M	1,8
Ohne Methionin; TMG, 10^{-3} M	0,1
Methionin, 10^{-4} M; TMG, 10^{-3} M + Chloramphenicol, 50 μg/ml	0
Methionin, 10^{-4} M; TMG, 10^{-3} M +β-2-Thienylalanin, 10^{-4} M	0

Man verwendet eine Methionin-Mangelmutante von *E. coli* und kultiviert sie in synthetischem Nährmedium, dem man Maltose mit den angegebenen Zusätzen zufügt. Nach einer Stunde zentrifugiert man die Kulturen ab und mißt die Galaktosid-Permease mit Hilfe radioaktiven Thiomethyl-β-Galaktosids (TMG).

Die Gruppenbezeichnung *Permeasen* wurde gewählt, um die spezifischen Proteine, die an dieser Katalyse beteiligt sind, zu kennzeichnen [1]. Die Definition einer Permease beinhaltet:

1. die Anwesenheit eines spezialisierten Proteins,
2. seine Stereospezifität,
3. seine spezielle Funktion, d.h. seine Verschiedenheit von den Stoffwechselenzymen, die an der Verwertung der untersuchten Substanz beteiligt sind.

Die am meisten untersuchte Permease ist die β-Galaktosid-Permease [1, 2]; wir wollen versuchen, ihre Bezeichnung auf Grund der eben angeführten Kriterien zu rechtfertigen.

Die β-Galaktosid-Permease ist, wie die β-Galaktosidase, ein induzierbares System. Das bedeutet, daß man sie nur in den Zellen nachweisen kann, deren Wachstum in Gegenwart einer Verbindung stattgefunden hat, die einen unsubstituierten

Galaktosidrest aufweist. Kein anderes Saccharid besitzt diese Eigenschaft, das System zu induzieren. Die quantitative Bestimmung dieser Permease kann mit Hilfe der Thiogalaktoside [3] durchgeführt werden, die keine Substrate der β-Galaktosidase, aber dennoch hervorragende Induktoren der Permease und der β-Galaktosidase sind. Mit Hilfe radioaktiver Thiogalaktoside ist die Aktivität der Permease meßbar, indem man die Menge der Radioaktivität in der Zelle bestimmt, die völlig dem nicht umgesetzten Thiogalaktosid zugeschrieben werden kann.

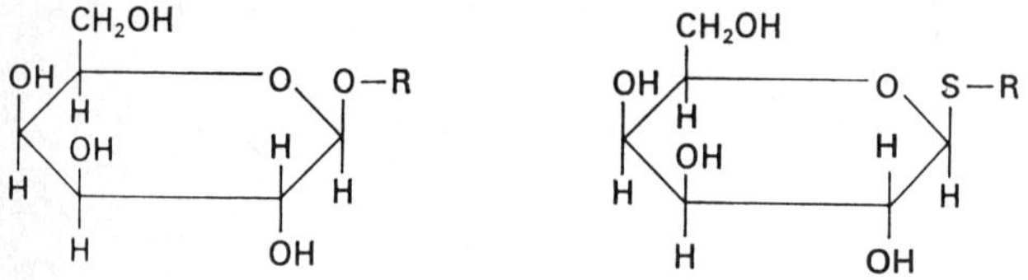

Galaktosid

Thiogalaktosid

Bild 1

Die Induktion der Permease tritt nur unter Bedingungen auf, die eine Proteinsynthese gestatten; sie wird durch Cloramphenicol oder durch das Fehlen einer Aminosäure blockiert. Ein bezeichnendes Faktum ist die Hemmung ihrer Synthese in Gegenwart bestimmter Analoger von Aminosäuren, die die Proteinsynthese nicht behindern, aber anstelle der natürlichen Aminosäuren inkorporiert werden, was zur Synthese inaktiver Proteine führt (Tabelle 3).

Es ist daher wahrscheinlich, daß die Induktion mit der Synthese eines spezifischen Proteins zusammenhängt, das ein notwendiger Bestandteil des Durchtrittssystems ist. Die Kinetik dieser Induktion folgt einem einfachen Gesetz: Nach einer Phase schneller Beschleunigung, bewirkt durch die Synthese einer spezifischen Boten-RNA, steigt die Permease-Aktivität linear mit der Bakterienmasse an (Bild 2). Man kann schreiben:

$$\Delta Y = p \, \Delta x.$$

Y steht für die Menge der Permease, p ist die Syntheserate und Δx das Wachstum der Bakterienmasse nach Zugabe des Induktors. Diese Beziehung ist typisch für induzierbare Enzyme und weist auf die Möglichkeit der de novo-Synthese eines Proteins hin.

Ein weiteres Charakteristikum induzierbarer Enzyme, das ebenfalls für die β-Galaktosid-Permease zutrifft, ist die Hemmung ihrer Induktion durch die Anwesenheit von Glucose im Nährmedium.

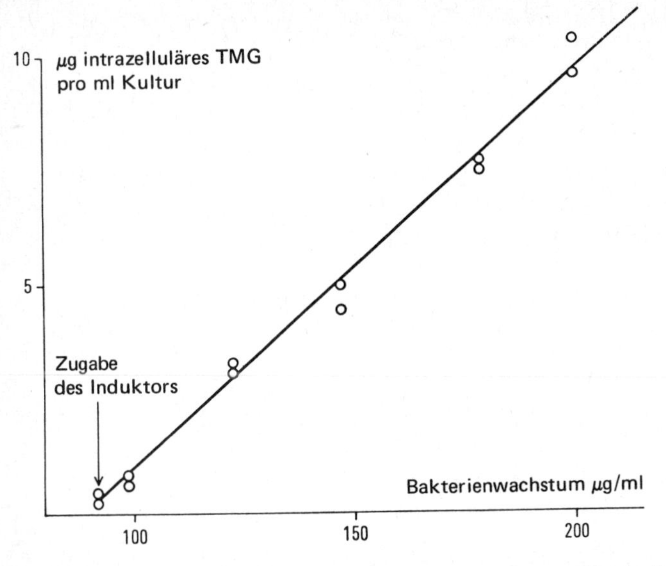

Bild 2. Induzierte Synthese der Galaktosid-Permease bei *E. coli* in der Wachstumsphase. Kohlenstoffquelle: Succinat. Induktor: Thiomethyl-β-galaktosid 5 x 10^{-4} M. Man sieht, daß der Gesamtanstieg der Permeaseaktivität praktisch vom Augenblick der Zugabe des Induktors an proportional der Bakterienmasse ist.

Man kennt Mutanten *amber* der β-Galaktosid-Permease. Diese sind durch ihre Unfähigkeit gekennzeichnet, die genetische Information der DNA in die entsprechende Proteinsequenz zu übertragen. Diese Unfähigkeit kann korrigiert werden, wenn das Genom des Bakteriums ein Suppressor-Gen enthält. Die Wirkungsweise des Suppressors besteht darin, eine modifizierte t-RNA zu synthetisieren, die fähig ist, das unsinnige Codon, das durch die Mutation *amber* bestimmt ist, zu lesen. Diese Korrektur hat die Synthese eines Proteins zur Folge, das aktiv sein kann, obwohl es sich von dem Protein des Wildtyps durch eine Aminosäure unterscheidet.

Die Möglichkeit, Suppressionen der Mutante *amber* auf dem Cistron zu erzielen, das dem Genlocus der Permease entspricht, ist ein gewichtiges Argument für ihre Proteinnatur [4].

Einige Argumente sind noch deutlicher: Die β-Galaktosid-Permease ist ein System, das vom intakten Zustand der SH-Gruppen abhängt; sie wird durch p-Mercuribenzoat gehemmt. Diese Hemmung wird teilweise durch Cystein oder reduziertes Glutathion aufgehoben.

Die Substrate der Permease, die Thiogalaktoside, schützen vor der Inaktivierung. Der Schutz ist proportional ihrer Affinität zum System. Das zeigt, daß die Hg-Verbindung direkt auf die vermutete Proteinkomponente wirkt.

In neuester Zeit hat die Hypothese der Proteinnatur der stereospezifischen Komponente der Permease eine direkte Stütze durch Experimente von FOX & KENNEDY [5] gefunden. Die wesentlichen Ergebnisse daraus: Werden intakte Zellen mit N-Äthylmaleimid behandelt, einer Verbindung, die mit SH-Gruppen reagiert, dann wird die Aktivität der Permease stark gehemmt. Vor dieser Hemmung schützt ein Substrat der Permease mit sehr starker Affinität, das Thiodigalaktosid. Die in den Zellen enthaltene Permease wird auf folgende Weise mit radioaktivem N-Äthylmaleimid markiert: Man läßt nichtmarkiertes N-Äthylmaleimid mit den Zellen in Gegenwart von Thiodigalaktosid, das die Permease schützt, reagieren. Nach Zentrifugation, die den Überschuß an N-Äthylmaleimid und Thiodigalaktosid entfernt, läßt man die Zellen mit radioaktivem N-Äthylmaleimid in Abwesenheit des schützenden Galaktosids reagieren.

Die Analyse zeigt, daß das markierte Protein folgende Eigenschaften besitzt: Seine Synthese ist induzierbar; es unterscheidet sich von der β-Galaktosidase und der Galaktosid-Transacetylase. Es ist in der Fraktion lokalisiert, die die Membranproteine enthält.

2. Kinetik der β-Galaktosid-Permease [1, 6]

Die Stereospezifität dieses Systems kann ohne einen Überblick über seine kinetischen Eigenschaften nicht behandelt werden.

Die grundlegenden Untersuchungen bedienten sich folgender Technik: Zu Bakterien in exponentieller Wachstumsphase gab man ein radioaktives Thiogalaktosid in Gegenwart einer verwertbaren Energiequelle, aber unter Bedingungen, bei denen keine Proteinsynthese möglich war (um eine Synthese der Permease während der Messung zu vermeiden).

Nach einer bestimmten Zeit wurden die Proben abgekühlt, zentrifugiert und dekantiert. Das intrazelluläre Thiogalaktosid wurde durch heißes Wasser extrahiert [2]. Wie man schnell feststellte, stand der Wert der intrazellulären Konzentration (G_{in}) im Gleichgewicht zu dem der extrazellulären (G_{ex}) in Beziehung, und zwar in der Art einer LANGMUIR-Isotherme:

$$G_{in} = Y \frac{G_{ex}}{K + G_{ex}} . \qquad \text{(Gleichung 1)}$$

Darin ist K die Dissoziationskonstante, Y eine andere Konstante, die als „Kapazität" bezeichnet wird. Letztere gibt die maximale Menge an, die die Zellen anreichern können, wenn ein gegebenes Galaktosid in sättigender Konzentration im äußeren Milieu vorliegt. Die „spezifische Kapazität" ist als Kapazität in Mikromol pro Gramm Trockengewicht der Zellen definiert.

Bild 3 stellt in einem System mit reziproken Koordinaten die hyperbolische Beziehung der äußeren und inneren Galaktosidkonzentrationen im Gleichgewicht dar.

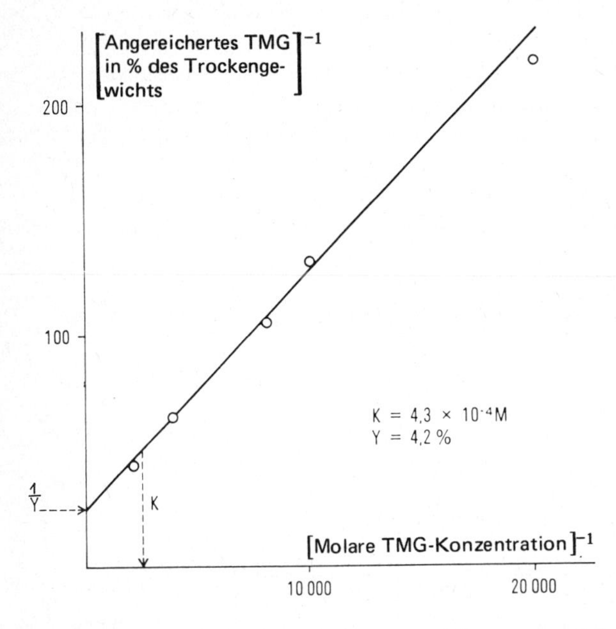

Bild 3
Anreicherung radioaktiven Thiogalaktosids (TMG) als Funktion der äußeren Konzentration. Y und K sind die Konstanten der vorhergehenden Gleichung.

Während der Induktion der β-Galaktosid-Permease wächst die Kapazität Y pro Volumeneinheit der Kultur proportional zum Wachstum der Bakterienmasse pro Volumeneinheit. Was die spezifische Kapazität betrifft, so nähert sie sich unter gut standardisierten Bedingungen einem Grenzwert, der charakteristisch für den verwendeten Stamm ist. Im Gegensatz dazu bleibt der Wert von K konstant, solange die Induktion anhält.

In der Folgezeit ermöglichte die Technik der schnellen Membranfiltration [7] kinetische Untersuchungen. Man konnte von nun an nicht nur die Kapazität im Gleichgewicht untersuchen, sondern auch Messungen der Anfangsgeschwindigkeit der Konzentrierung im Inneren der Zellen durchführen. Das Eindringen beginnt ohne Latenzzeit mit maximaler Geschwindigkeit, danach läßt die Geschwindigkeit nach, um zum Schluß den Wert 0 anzunehmen. Das erreichte intrazelluläre Niveau bleibt mindestens eine Stunde lang konstant. Die Zeit, die benötigt wird, um den halbmaximalen Wert der intrazellulären Konzentration zu erreichen, variiert zwischen 0,25 min (für das Thiophenylgalaktosid) und 2,5 min für die Lactose bei 25 °C. Während der stationären Phase findet die Erneuerung des intrazellulären Thiogalaktosids mit derselben Geschwindigkeit statt wie der Einbau zu Beginn (Bild 4).

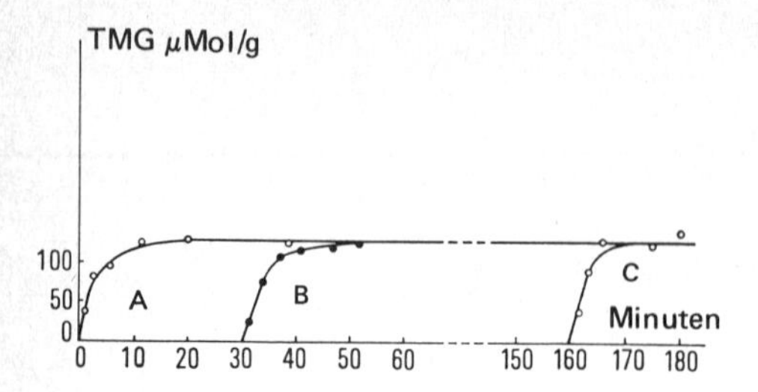

Bild 4
Kinetik des TMG-Eintritts. B und C: Kinetik des TMG-Austausches in einem stationärem System. Bei A wird zur Zeit 0 10^{-3} M radioaktives TMG zugefügt, bei B und C TMG der gleichen Konzentration, aber nicht radioaktiv, ebenfalls zur Zeit 0 und dazu markiertes TMG nach 30 bzw. 160 min, ohne Veränderung der Endkonzentration des TMG.

Die intrazelluläre Konzentration nähert sich derselben Asymptote. Die Übereinstimmung der Geschwindigkeiten von Ausgangskonzentration und Erneuerung demonstriert, daß in beiden Fällen der begrenzende Schritt derselbe ist. Diese limitierende Geschwindigkeit wird hier mit V_{in} bezeichnet.

Wie sich zeigte, gehorchen die Ausgangsgeschwindigkeiten von Einbau und Austausch derselben Gesetzmäßigkeit, die auch den Plateauwert des Einbaus in Abhängigkeit von der extrazellulären Konzentration ausdrückt (vgl. Gleichung 1).

$$V_{in} = V_{in}^{max} \frac{G_{ex}}{K_m + G_{ex}}. \qquad \text{(Gleichung 2)}$$

In dieser Gleichung ist K_m dieselbe wie K in Gleichung 1. Gleichung 2 gibt die Wirklichkeit nur vereinfacht wieder. Tatsächlich wirkt dem Prozeß der intrazellulären Konzentrierung ein Prozeß des Austritts aus der Zelle entgegen, der sich wie eine Reaktion erster Ordnung verhält, d.h. dessen Geschwindigkeit dem Wert der intrazellulären Konzentration proportional ist. Es scheint jedoch, daß dieser Vorgang des Austritts mit der freien Diffusion nicht identisch ist. Berücksichtigt man diesen neuen Faktor, muß die Gleichung, die die Wachstumsgeschwindigkeit der intrazellulären Galaktosid-Konzentration beschreibt, lauten:

$$\frac{dG_{in}}{dt} = y \frac{G_{ex}}{G_{ex} + K_m} - cG_{in}. \qquad \text{(Gleichung 3)}$$

Hierbei bedeutet c die Konstante der Austrittsgeschwindigkeit und y die Aktivität der Permease. Setzt man $\frac{y}{c} = Y$, so führt Gleichung 3 unter Gleichgewichtsbedingungen $\left(\frac{dG_{in}}{dt} = 0\right)$ wieder zu Gleichung 1 zurück. In dem Fall, daß die Geschwindigkeit c konstant bleibt, kann man ableiten, daß das Niveau des intrazellulären Galaktosids im Gleichgewicht der Aktivität der Permease proportional ist[1]).

---

[1]) Ausführliche Zusammenfassungen dieser Vorstellungen über die Kinetik des katalysierten Durchtritts siehe bei COHEN & MONOD [1] und KEPES & COHEN [6].

3. Stereospezifität der β-Galaktosid-Permease

Gibt man nach Gleichgewichtseinstellung ein nicht radioaktives Galaktosid zum Medium, so tritt radioaktives Material in das extrazelluläre Milieu aus (Bild 5).

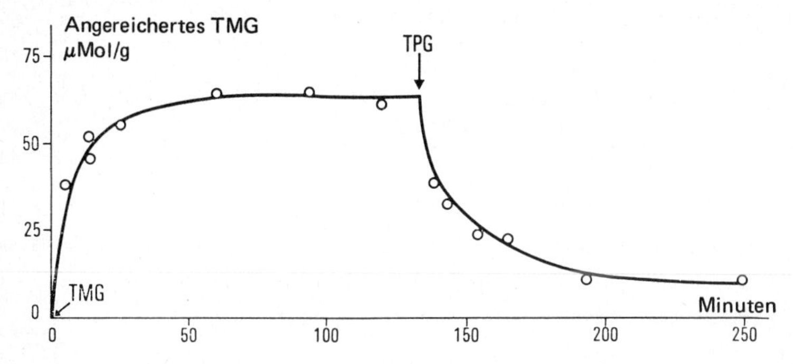

Bild 5. Anreicherung von Thiomethyl-β-galaktosid durch induzierte Bakterien. An der durch den Pfeil markierten Stelle, wird nicht radioaktives Thiophenyl-β-galaktosid hinzugegeben, das Experiment wurde bei 0 °C durchgeführt, um die Kinetik verfolgen zu können.

Der Austausch eines markierten Galaktosids durch ein anderes, nicht radioaktives gehorcht den klassischen Gesetzmäßigkeiten, die für die Konkurrenz um eine gemeinsame Ansatzstelle gelten (Bild 6). Das gestattet jeweils, die Affinitätskonstanten aller Konkurrenten zu messen. Nur die Verbindungen mit einem unsubstituierten Galaktosidrest zeigen eine nachweisbare Affinität: Thiophenylglucosid z.B.

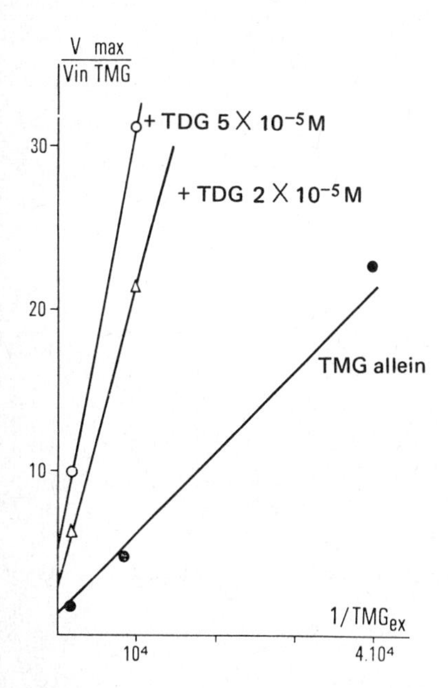

Bild 6

Darstellung der Eintrittsgeschwindigkeit radioaktiven Thiomethylgalaktosids allein oder in Gegenwart von Thiodigalaktosid in zwei verschiedenen Konzentrationen, in einem System mit reziproken Koordinaten.

verdrängt das radioaktive Thiomethylgalaktosid nicht. Es unterscheidet sich jedoch vom Thiophenylgalaktosid, einem ausgezeichneten Konkurrenten, nur durch die Umkehr des Hydroxyls in Position 4.

Die Affinitätskonstante jedes Kompetitors kann unabhängig davon bestimmt werden, indem man ihn als Substrat einsetzt. Die beiden erzielten Werte stimmen ausgezeichnet überein.

4. Spezielle Funktion der β-Galaktosid-Permease

Die Identifizierung der Permease als autonomes System macht es notwendig, sie vom hydrolytischen Enzym β-Galaktosidase zu unterscheiden. Dieses Problem wurde durch die Isolierung zweier Typen von *E. coli*-Mutanten gelöst:

1. Mutanten, die normale Mengen an Galaktosid einlagern, wenn man sie auf TMG kultiviert, aber keine nachweisbare Spur β-Galaktosidase bilden. Diese Organismen sind in der Lage, Lactose bis zu 20 % ihres Trockengewichts anzureichern, ohne sie umsetzen zu können. Sie können mit Lactose als einziger C-Quelle nicht wachsen.
2. Kryptische Mutanten, die normale Mengen β-Galaktosidase bilden, wenn man sie in Gegenwart sehr hoher TMG-Konzentrationen kultiviert, aber keine Permease oder nur Spuren davon. Diese Organismen können auch nicht mehr auf Lactose wachsen, da ihnen ein System fehlt, das diese aufnehmen kann.

Das Vorkommen der beiden Mutantentypen beweist, daß die β-Galaktosidase und die Permease genetisch und funktionell verschieden sind und daß sie in vivo zwei aufeinanderfolgende Stoffwechselschritte darstellen. Die Gene, die die beiden Synthesen kontrollieren, wurden mit z bzw. y bezeichnet; die Benennung z^- und y^- charakterisiert die Mutanten, die die Galaktosidase bzw. die Permease nicht mehr synthetisieren können.

5. Aminosäure-Permeasen [8]

Zur gleichen Zeit, in der die Arbeiten über die β-Galaktosid-Permease durchgeführt wurden, wies dasselbe Forscherteam für Aminosäuren spezifische Permeasen bei *E. coli* nach. Ein und dieselbe Permease katalysierte den Einbau von L-Valin, L-Leucin und L-Isoleucin in die Zelle, von Aminosäuren also, die in ihrer Struktur sehr ähnlich sind. Dieses Protein wurde kürzlich kristallisiert [8a] und zwischen der Zellwand und der Cytoplasmamembran lokalisiert [8b]. Eine andere Permease war für den Eintritt von L-Methionin und seinem Strukturanalogen L-Norleucin ins Zellinnere verantwortlich.

In der folgenden Zeit wurde eine dritte Permease entdeckt, die den Durchtritt aromatischer Aminosäuren katalysierte. Danach wurden noch andere Systeme beschrieben für Histidin, Arginin, Prolin usw.

Ebenso wie sich Mutanten isolieren ließen, denen die Aktivität der β-Galaktosid-Permease fehlte, wurden unschwer Mutanten, die über die eine oder andere spezifische Aminosäure-Permease nicht verfügten, mit folgendem Verfahren ausgelesen [9]:

Man macht sich zunutze, daß dieselbe Permease den aktiven Transport der natürlichen Aminosäure und ihrer Strukturanalogen katalysiert. Diese sind häufig Hemmstoffe des Bakterienwachstums. Die Hemmung wird durch die Aufnahme des strukturanalogen Antimetaboliten statt und anstelle seines natürlichen Gegenstücks in das Protein ausgeübt. Die gesuchten Mutanten, denen die spezifische Permease für eine Aminosäure fehlt, können das Analoge nicht einschleusen und entkommen so seiner toxischen Wirkung.

Im Versuch werden 10^9 Bakterien auf ein festes Medium aufgetragen, das die zum Wachstum notwendigen Nährstoffe und den Antimetaboliten in hemmwirksamer Konzentration enthält. Die resistenten Bakterien wachsen zu Kolonien aus. Einigen dieser Bakterien fehlt die entsprechende Permease. So wurden Bakterien ohne Arginin-spezifische Permease aus Canavanin-resistenten isoliert, Bakterien, die unfähig waren, Glycin zu konzentrieren, mit Hilfe von D-Serin und andere, denen die für Histidin spezifische Permease fehlte, aus Triazol-alanin-resistenten usw.

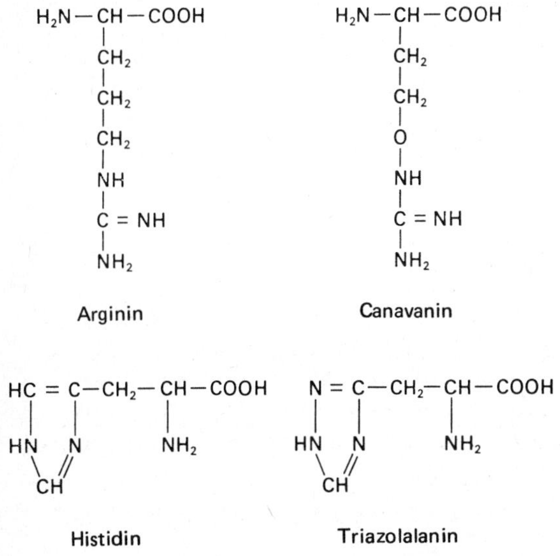

$H_2N-CH(-CH_2-CH_2-CH_2-NH-C(=NH)-NH_2)-COOH$

Arginin

$H_2N-CH(-CH_2-CH_2-O-NH-C(=NH)-NH_2)-COOH$

Canavanin

$HC=C-CH_2-CH(NH_2)-COOH$ (Ring: HC–HN–CH=N–C)

Histidin

$N=C-CH_2-CH(NH_2)-COOH$ (Ring: N–HN–CH=N–C)

Triazolalanin

Bild 7
Strukturformeln einiger Aminosäuren und ihrer Strukturanalogen, die die Selektion von Mutanten, denen die betreffenden spezifischen Kinasen fehlen, ermöglichen.

Durch Anwendung weiterer Verfahren [10] wurden fast alle für Aminosäuren spezifischen Permeasen identifiziert. Häufig gelang es, die Gene, die ihre Synthese steuern, zu lokalisieren.

Der Einwand, der vorgebracht werden könnte, falls diese Permeasen induzierbar wären, ist nicht möglich: Sie sind konstitutiv und ihre Synthese läßt sich nicht einfach, wie bei der β-Galaktosid-Permease mit Agenzien, die die Proteinsynthese beeinträchtigen, untersuchen.

Kürzlich führten KABACK & STADTMAN [11] erste Versuche durch, die einen Weg zur Isolierung eines Enzyms, das spezifisch den Durchtritt von Prolin fördert, aufzeigen. Von *E. coli* wurden isolierte Membranen präpariert. Diese Präparate erscheinen unter dem Elektronenmikroskop als Säckchen, deren Durchmesser zwischen 0,1 und 1,5 μ schwankt. Diese sind von 1–4 Membranhüllen von 65–70 Å Dicke umgeben. Die chemische Analyse der Präparate zeigt, daß sie keine Zytoplasmatischen Strukturen enthalten. Diese Membranen vermögen L-Prolin aus dem umgebenden Milieu zu konzentrieren. Die Aufnahme hängt von der Energiezufuhr ab.

Membranpräparate von Bakterien, die keine Prolin-Permease besitzen, können Prolin nicht konzentrieren. Die Präparate entsprechen also der in vivo meßbaren Aktivität.

6. Andere Permeasen der Bakterien

Transport und Einbau von Galaktose durch *E. coli* zeigen charakteristische Merkmale, die den für die β-Galaktoside beschriebenen sehr ähnlich sind [12]. Fast alle Arbeiten über dieses System wurden mit Mutanten durchgeüfhrt, die keine Galaktokinase mehr besitzen, d.h. Galaktose, das Substrat der Permease, wird nicht weiter umgesetzt, eine conditio sine qua non zur strengen Charakterisierung einer Permease. Eine Maltose-Permease wurde gleichfalls im selben oder verwandten Organismen gefunden [13], ebenso wie eine Glucuronid-Permease [14], eine α-Glucosid-Permease [15, 16], eine Arabinose-Permease [17] und andere mehr. Spezifische Systeme sind verantwortlich für den aktiven Transport des K^+-Ions bei *E. coli,* des PO_4^{3-}-Ions bei *Staphylococcus aureus,* des Citrat-Ions bei einer *Pseudomonas*-Art und bei *Aerobacter aerogenes.* Bei *Pseudomonas* existieren wahrscheinlich spezifische Durchtrittssysteme für jedes der Isomeren der Weinsäure [18]. Das außerordentliche Unterscheidungsvermögen, das Pasteur die Trennung der verschiedenen Isomeren dieser Säure mit Hilfe von *Penicillium glaucum* ermöglichte, lag wahrscheinlich in den Eigenschaften der Permeasen dieses Organismus begründet.

Eine stereospezifische Aufnahme von Biotin wurde bei *Lactobacillus arabinosus* beschrieben [19].

Eine Aufzählung aller bis heute bekannten Durchtrittssysteme wäre ermüdend. Die bisher aufgeführten zeigen hinreichend, daß bei den Mikroorganismen stereospezifische Durchtrittssysteme generell verbreitet sind.

Ein Fall verdient jedoch eine etwas eingehendere Behandlung, weil er die Identifizierung einer Proteinkomponente ermöglichte, die mit einer meßbaren Aktivität, der des aktiven Sulfat-Transports, ausgestattet ist (die Fraktion von KENNEDY & FOX ist ja wegen der Bindung von N-Äthylmaleinmid an eine Gruppe, die für die Aktivität der β-Galaktosid-Permease nötig ist, inaktiv, und die Aktivität, die von KABACK & STADTMAN gemessen wurde, ist noch an subzelluläre Strukturen gebunden).

PARDEE, PRESTIDGE und Mitarbeiter [20, 21] verwandten für diese Untersuchung eine Mutante von *Salmonella typhymurium,* die eine Deletion zeigt, die die ersten beiden Enzyme des Stoffwechsels des Sulfat-Ions betrifft, die aber noch ein aktives System zur Fixierung des Ions besitzt.

Die Synthese der Sulfat-Permease wird reprimiert, wenn man diesen Organismus in Gegenwart von Cystein kultiviert.

Andere Mutanten sind unfähig, den aktiven Transport durchzuführen, und können diese Fähigkeit durch Reversion oder Transduktion zurückgewinnen.

Es ist nun möglich, die Organismen mit und ohne Sulfat-Permease zu vergleichen. PARDEE & PRESTIDGE verwandten als Maß für das Sulfat-Bindungsvermögen die Fähigkeit der Zellen oder ihrer Extrakte, an Ionenaustauscherharz in einer Säule gebundenes Sulfat freizusetzen. Allein die dereprimierten Bakterien (kultiviert in Abwesenheit von Cystein) und ihre Extrakte besaßen die Fähigkeit, Sulfat zu binden. Eine Proteinfraktion mit dieser Eigenschaft kann aus den Extrakten durch Chromatographie an DEAE-Zellulose und an Hydroxylapatit isoliert werden. Diese Fraktion erweist sich bei der Gel-Elektrophorese als homogen. Aus der Zahl der Bindungsstellen pro mg Protein und aus dem Verhalten dieses Proteins bei seiner Gelfiltration an Sephadex kann man ableiten, daß die Fähigkeit, sich mit dem Sulfat-Ion zu verbinden, an ein Protein mit einem MG von etwa 32000 gebunden ist.

Dieses Protein wurde kürzlich kristallisiert [21a]. Diese Arbeit bildet das erste Beispiel eines Experiments mit einer Proteinkomponente des aktiven Transports, deren Parameter man mit einer von der intrazellulären Konzentration unabhängigen Methode messen kann.

Eine rezente Untersuchung [22, 23] läßt erwarten, daß bald noch andere Komponenten des Durchtrittssystems, die nicht dieselbe Stereospezifität wie die Permease im eigentlichen Sinne besitzen, nachgewiesen werden.

Kürzlich wurde aus verschiedenen Bakterien eine Phosphotransferase isoliert [22]. Sie katalysiert die Phosphatübertragung vom Phosphoenolpyruvat auf bestimmte Hexosen. Diese Phosphotransferase wurde in drei unterschiedliche Proteinfraktionen aufgetrennt, die man mit Enzym I, Enzym II und Phospho-HPr bezeichnet. Das letzte Protein ist thermostabil. Enzym II ist in der Membranfraktion lokalisiert, während die anderen zwei Fraktionen zytoplasmatischen Ursprungs zu sein scheinen. Enzym I wurde 300-fach gereinigt und das thermostabile Protein 10000-fach. Enzym II konnte noch nicht in gelöster Form isoliert werden. Es scheint für die Spezifität gegenüber dem Monosaccharid, das Akzeptor des Phosphats ist und mit der Zusammensetzung des Nährmediums variiert, verantwortlich zu sein. Die Enzyme II bilden eine Familie induzierbarer Enzyme, und man konnte Fraktionen gewinnen, die die Phosphorylierung des α-Methylglucosids, der Galaktose oder des Thiomethylgalaktosids katalysieren. In Gegenwart von Mg^{2+}-Ionen katalysieren die Enzyme I und II folgende Reaktionen:

$$
\begin{array}{lll}
 & \text{Phosphoenolpyruvat + HPr} \rightleftarrows & \text{Pyruvat + Phospho-HPr} \\
 & \text{Phospho-HPr + Zucker} \longrightarrow & \text{HPr + Zuckerphosphat} \\
\hline
\text{Summe:} & \text{Phosphoenolpyruvat + Zucker} \rightarrow & \text{Pyruvat + Zuckerphosphat}
\end{array}
$$

Das Phosphat des phosphorylierten HPr-Proteins ist an einen Histidin-Rest gebunden. Unterwirft man *E. coli* einem osmotischen Schock [23], verlieren die Bakterien zwischen 50 und 80 % ihrer HPr-Fraktion. Zugleich ist ihre Fähigkeit, α-Methylglucosid oder Thiomethylgalaktosid einzubauen, in gleichem Maße reduziert.

Inkubiert man solche Zellen mit gereinigtem thermostabilem Protein, so gewinnen sie ihre Fähigkeit zur Akkumulation im ursprünglichen Umfang wieder. Diese Ergebnisse legen nahe, daß das System Phosphotransferase vielleicht ein Bestandteil des Glykosid-Permeasen-Systems ist.

Diese Ansicht wurde kürzlich durch die Entdeckung von Mutanten bestätigt, die kein normales Protein HPr oder Enzym I mehr synthetisieren und gleichzeitig zahlreiche Saccharide nicht mehr verwenden können [23a].

II. Regulation der Enzymaktivität. Die allosterischen Enzyme

Eine der bemerkenswertesten Eigenschaften der Zelle ist ihre Fähigkeit, ihre unterschiedlichen biochemischen Leistungen zu koordinieren. So wird zwischen den verschiedenen katabolischen Prozessen und den Tausenden von Synthesereaktionen, die für die Fortpflanzung der Art notwendig sind, ein konstantes Gleichgewicht beibehalten.

Das letzte Decennium markierte den Durchbruch in unseren Kenntnissen über zahlreiche Regulationsprozesse und im Verständnis ihrer Stoffwechselfunktionen. Dieses Kapitel soll sich auf die Untersuchung von Eigenschaften beschränken, die zahlreichen Enzymen, deren Aktivität einer Regulation durch den Stoffwechsel unterworfen ist, gemeinsam sind.

Die folgenden Abschnitte, die sich im einzelnen mit katabolischen oder anabolischen Reaktionen befassen, behandeln diese Regulationen im Detail. Die anderen Regulationsmechanismen, die de novo-Synthese von Enzymen, die Induktion und Repression, kommen kurz zur Sprache.

Die Tatsache, daß die Endprodukte einer Biosynthesekette Bestandteile des Systems sind, das für die Regulation ihrer eigenen Synthese verantwortlich ist, wurde vor 15 Jahren in Experimenten an *Escherichia coli* entdeckt [24].

Die Neusynthese verschiedener Aminosäuren aus Glucose hört auf, wenn man diese Aminosäuren ins Nährmedium zugibt.

Die Mechanismen, die die Grundlage dieser Regulation durch die Endprodukte bilden, sind bekannt, seit man weiß, daß diese essentiellen Metaboliten die Fähigkeit besitzen, die Synthese eines oder mehrerer Enzyme ihrer eigenen Biosynthesekette zu *reprimieren* [25, 26, 27, 28] und außerdem die Aktivität vorhergehender Enzyme (oft des ersten Enzyms) dieser Kette zu *hemmen* [29, 30]. Wie die Existenz von Mutanten, die an der einen oder anderen dieser Regulationen betroffen sind, zeigt, stehen diese zwei unterschiedlichen Regulationsmechanismen jeweils unter dem Einfluß eines bestimmten Gens. Eine rezente Übersicht führt zahlreiche Beispiele dafür an [31].

Beide Mechanismen können unabhängig voneinander funktionieren; sie wirken jedoch oft bei der Regulation derselben Stoffwechselkette zusammen.

Wie sehen nun die Enzyme aus, die einer Regulation unterworfen sind?

Jedes der überaus komplexen Stoffwechselsysteme ist aus Reaktionen zusammengesetzt, die zu Zwischenprodukten führen, die an Gabelpunkten verschiedener Biosynthesen oder abbauender und biosynthetischer Stoffwechselwege liegen.

In diesem verwickelten Netz von Reaktionen greifen gewisse Enzymaktivitäten an „strategischen" Punkten an. Dadurch wird ihre Regulation für die Aufrechterhaltung des empfindlichen Gleichgewichts, das das geordnete Zusammenwirken der verschiedenen Stoffwechselfunktionen erfordert, wichtiger als die anderer Enzyme. Im Laufe der Evolution hat die natürliche Auslese Enzymtypen beibehalten, deren Struktur sie am besten befähigte, der Angriffspunkt für regulierende Aktivierung oder Hemmung zu sein.

Das Vorkommen von Regulationssystemen ist wahrscheinlich die ursprüngliche Grundlage, auf der alle teleologischen Überlegungen aufbauen. Die natürliche Auslese dieser Systeme kann jede Erscheinungsform in der Natur nützlich erscheinen lassen.

1. Eigenschaften der Enzyme, deren Aktivität einer Regulation unterworfen ist

Die Untersuchung einer großen Anzahl von Enzymen, die der Regulation unterworfen sind, zeigt bestimmte gemeinsame Charakteristika sowohl hinsichtlich ihrer Struktur wie auch ihrer Kinetik auf, die man nicht generell bei anderen Enzymen wiederfindet.

1.1. Allosterische Regulation

Das wesentlichste Merkmal aller regulierten Enzyme ist ihre Fähigkeit, durch andere Metaboliten als durch ihre Substrate aktiviert oder gehemmt zu werden [32].

An dieser Eigenschaft kann man sie erkennen; auf ihr basiert ihre funktionelle Klassifizierung. Daraus folgt, daß es zwischen ihren Effektoren (Aktivatoren oder Inhibitoren) und ihren Substraten oft keine Ähnlichkeit durch gemeinsame Struktur gibt.

Einige Beispiele genügen, um dies überzeugend darzulegen: L-Isoleucin ist ein spezifischer Inhibitor und L-Valin ein spezifischer Aktivator der L-Threonin-Desaminase, des ersten Enzyms, das spezifisch an der Synthese von Isoleucin beteiligt ist. Man könnte einwenden, daß diese Verbindungen eine Carboxylgruppe und eine Aminogruppe derselben Konfiguration besitzen.

Die Threonin-Desaminase wird jedoch durch keine andere Aminosäure außer Isoleucin gehemmt. Das D-Isomere dieser Aminosäure ist ohne Inhibitorwirkung. Viele andere Fälle strikter Wirkungsspezifität verbunden mit dem Fehlen einer Strukturbeziehung zwischen Effektor und Substrat könnten zitiert werden, um aus diesen Charakteristika eine generelle Regel abzuleiten.

Die Aspartat-Transcarbamylase, das erste Enzym der Biosynthesynthesekette der Pyrimidine, soll als Beispiel dienen. Bei *E. coli* wird dieses Enzym durch Cytidintriphosphat gehemmt und durch Adenosintriphosphat aktiviert. Die chemischen

Formelbilder von Substraten und Inhibitor (Bild 8) zeigen klar, daß keine Ähnlichkeit zwischen ihren Strukturen besteht. Ebenso hemmt das Hämin beim Bakterium *Rhodopseudomonas spheroides* die Synthese der δ-Aminolävulinsäure aus Glycin und Succinyl-CoA. Von dieser Säure aus zweigt die Synthese der Porphyrine vom allgemeinen „katabolischen" Weg ab (zur Struktur der erwähnten Verbindungen siehe Bild 9).

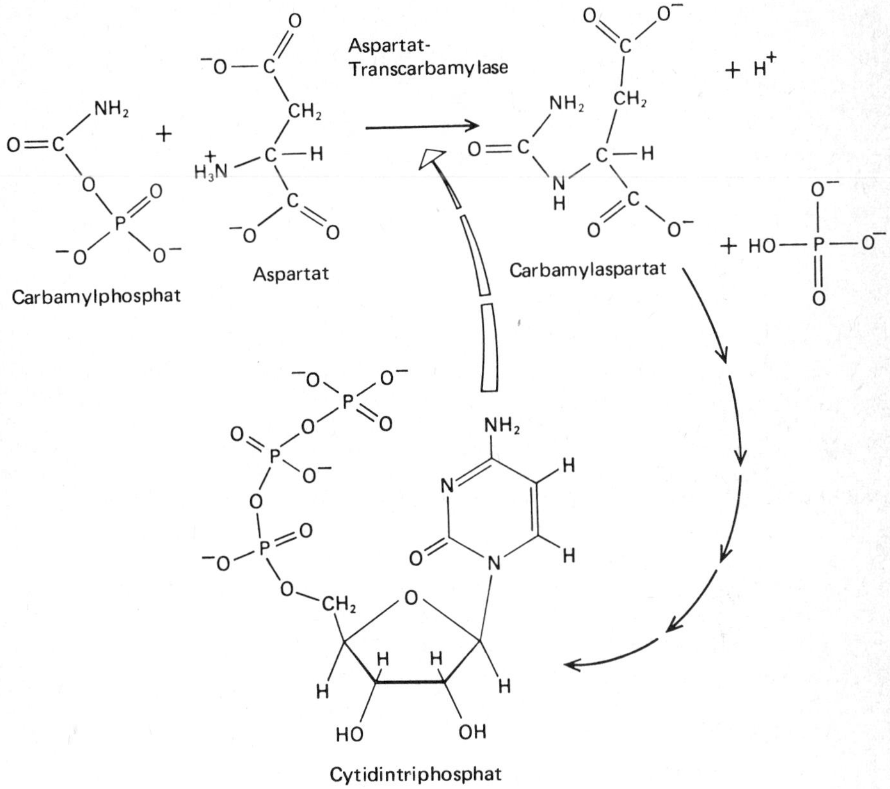

Bild 8. Schema der Retro-Inhibition (feed-back-Hemmung) der Pyrimidin-Synthese bei *E. coli*.

Die Tatsache, daß der Effektor kein sterisches Analoges des Substrats ist, hat dazu geführt, ihm den Namen *allosterischer Effektor* zu geben und die Stellen des Enzyms, zu denen diese Effektoren eine Affinität besitzen, als *allosterische Zentren* zu bezeichnen. Entsprechend werden die Enzyme, die einer Regulation durch diese Effektoren unterworfen sind, *allosterische Proteine* oder *Enzyme* genannt. Diese, erst vor wenigen Jahren vorgeschlagenen Termini [33] wurden allgemein akzeptiert.

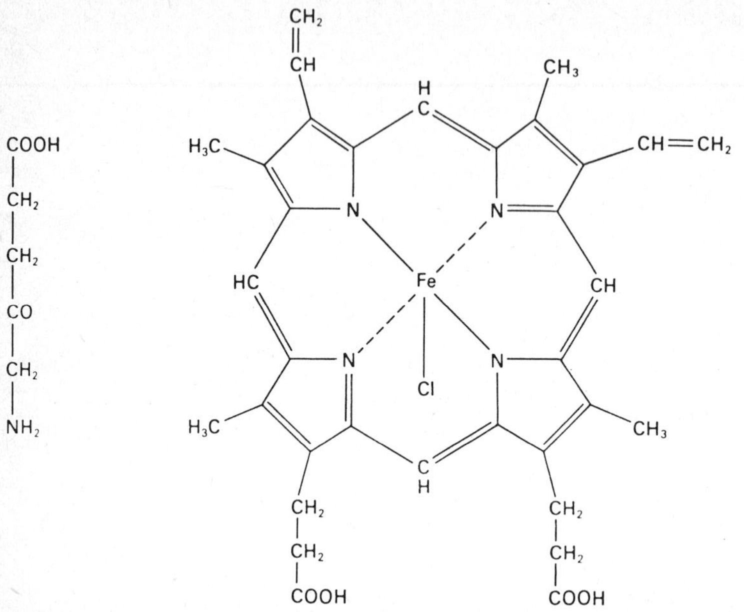

Bild 9. Die δ-Aminolävulinsäure ist eine Vorstufe des Hämins. Hämin hemmt die Synthese der δ-Aminolävulinsäure aus einfachen Vorstufen. Bei Betrachtung der Strukturformeln kann man beim besten Willen keine Strukturähnlichkeiten zwischen diesen Verbindungen entdecken.

Der Begriff *allosterisch* wird mehr und mehr benutzt, jede Wechselwirkung zu bezeichnen zwischen einem beliebigen kleinen Molekül, einschließlich des Substrats, und allen Bindungsstellen, außer dem Zentrum, das für die katalytische Aktivität der Enzyme im eigentlichen Sinne verantwortlich ist.

1.2. Kinetische Eigenschaften

Eines der häufigsten Charakteristika (aber kein allgemeines) der allosterischen Enzyme ist die atypische Veränderung ihrer Aktivität in Abhängigkeit von Substrat- und Effektorkonzentration. Diese Beziehung wird für die Mehrzahl der Enzyme durch eine Hyperbel, die graphische Darstellung der Gleichung von *HENRI-MICHAELIS* wiedergegeben (Bild 10). Bei zahlreichen Enzymen, die einer allosterischen Regulation unterworfen sind, wird die Relation jedoch durch eine sigmoide Kurve ausgedrückt (Bild 11).

Eine derartige Kurve zeigt an, daß mindestens zwei Substratmoleküle mit dem Enzym reagieren und daß die Bindung eines Substratmoleküls in irgendeiner Weise die des zweiten erleichtert. Mit anderen Worten, es tritt eine kooperative Wirkung bei der Bindung von mehr als einem Substratmolekül an das Enzym auf.

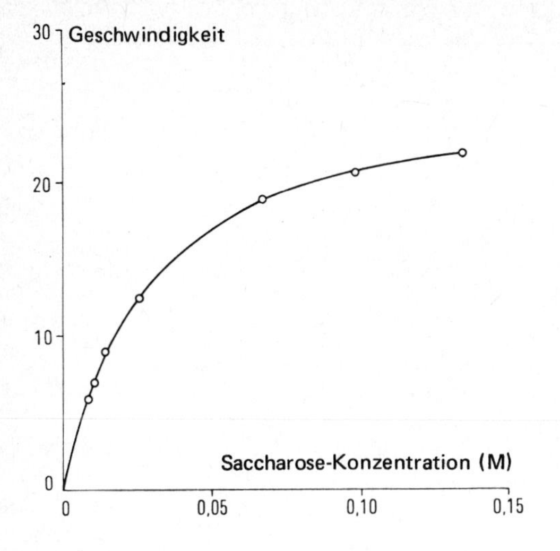

Bild 10
Hyperbolische Beziehung zwischen der Saccharose-Konzentration und der Geschwindigkeit ihrer Hydrolyse durch Invertase.

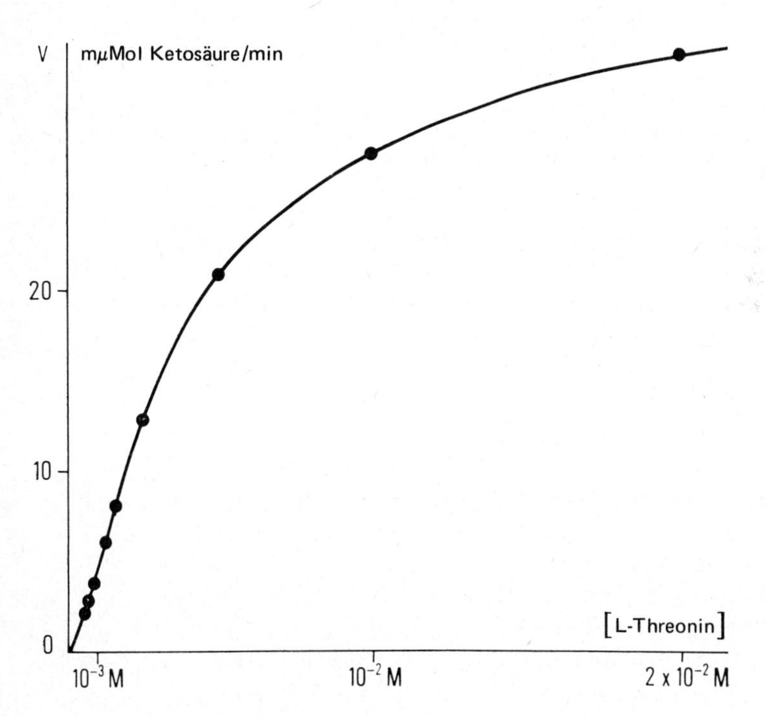

Bild 11. Sigmoide Beziehung zwischen der Threonin-Konzentration und der Geschwindigkeit ihrer Desaminierung durch die Threonin-Desaminase.

Oft beobachtet man ähnliche kooperative Wechselwirkungen bei der Fixierung allosterischer Effektoren (Bild 12). Dies weist daraufhin, daß die allosterischen Enzyme mehr als ein allosterisches Zentrum pro Molekül besitzen.

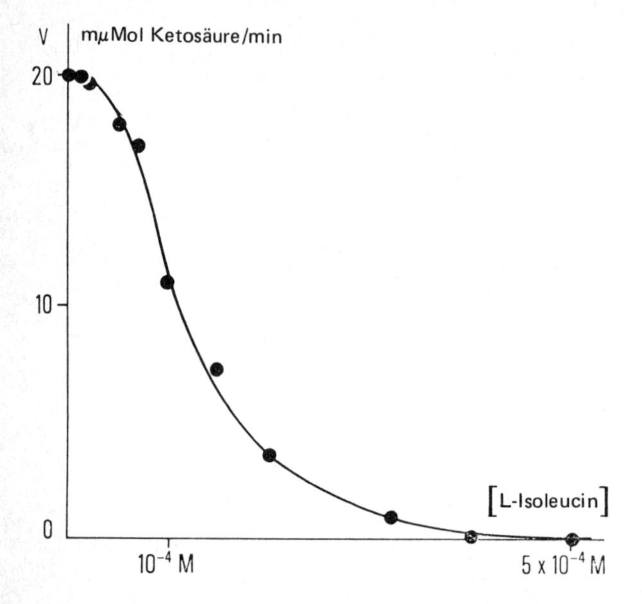

Bild 12
Sigmoide Beziehung zwischen der Konzentration von Isoleucin, dem allosterischen Inhibitor, und der Aktivität der biosynthetischen Threonin-Desaminase von *E. coli.*

Die molekulare Grundlage der kooperativen Wechselwirkung ist zwar nur ungenügend bekannt. Es ist jedoch sicher, daß diese Wechselwirkungen eine grundlegende Eigenschaft darstellen. Wie auch immer der Mechanismus sei, eine sigmoide Abhängigkeit der Enzymaktivität von wachsenden Substrat- oder Effektorkonzentrationen hat praktisch einen Schwelleneffekt zur Folge. Bei Konzentrationen unterhalb des Schwellenwertes ist die Enzymaktivität praktisch unempfindlich gegenüber Konzentrationsschwankungen von Substrat oder Effektor, während nach Überschreiten der Schwelle bedeutende Aktivitätsänderungen durch geringe Variation der Konzentration erzielt werden. Diese Schwelleneffekte gestatten eine extreme Empfindlichkeit in der „Adaptation" der Enzymaktivität unter der Einwirkung geringster Änderungen innerhalb eines engbegrenzten Konzentrationsbereichs.

1.3. Allosterische Hemmung

Die klassische kinetische Analyse (z.B. mittels der graphischen Analyse nach LINEWEAVER und BURK) der Hemmung, die durch allosterische Effektoren bei ihren entsprechenden Enzymen bewirkt wird, zeigt, daß die Hemmung reversibel ist. Sie kann kompetitiv, nicht kompetitiv oder von einem Mischtyp sein. Ihre Kinetik gehorcht oftmals sehr komplexen Gesetzmäßigkeiten.

Wenn die Hemmung nicht kompetitiv oder vom Mischtyp ist, lagern die Inhibitoren sich offenbar an Stellen an, die vom katalytisch aktiven Zentrum verschieden sind. Die kompetitive Hemmung ist schwieriger zu erklären. Sie erfolgt im Fall der „klassischen" Enzyme mit sterischen Analogen der Substrate. Man kann als sinnvolle Hypothese vertreten, daß Substrat und Inhibitor um die Besetzung des katalytisch aktiven Zentrums konkurrieren. Das Fehlen einer Strukturähnlichkeit zwischen bestimmten hochspezifischen allosterischen Inhibitoren und den Substraten der Enzyme, die sie hemmen, scheint eine solche Konkurrenz für den Fall der uns hier interessierenden Enzyme auszuschließen, weil die aktiven Zentren generell einen hohen Grad an Spezifität aufweisen.

Tatsächlich werden, wie sich herausstellte, die allosterischen Effektoren, selbst die kompetitiven, an Stellen gebunden, die von den katalytisch aktiven verschieden sind.

Man kann zahlreiche allosterische Enzyme gegenüber ihren allosterischen Effektoren unempfindlich machen *(desensibilisieren),* ohne daß ihre katalytische Aktivität beeinträchtigt wäre. Mindestens in einem Fall war es möglich, mit physikalischen Methoden verschiedene Untereinheiten eines kompetitiv hemmbaren allosterischen Enzyms zu trennen, von denen eine das katatlytisch aktive Zentrum und die andere das allosterische trug.

Das beweist definitiv: die zwei Zentren liegen an verschiedenen Stellen des Enzym-Makromoleküls, und die kompetitive Hemmung, die man bei allosterischen Inhibitoren beobachtet, ist keine Folge einer direkten Einwirkung auf das katalytisch aktive Zentrum. Man kann im Gegenteil den zwingenden Schluß ziehen, daß die Ankoppelung des Inhibitors an sein allosterisches Zentrum eine Konformationsänderung des Proteins hervorruft, die eine verminderte Affinität des katalytisch aktiven Zentrums zum Substrat zur Folge hat.

1.4. Allosterische Aktivatoren

Die Wirkung bestimmter allosterischer Effektoren liegt in einer Konformationsänderung, die eine Vergrößerung der Affinität zum Substrat hervorruft.

Bei den Enzymen, die eine sigmoide Beziehung zwischen ihrer Aktivität und der Substratkonzentration aufweisen, ruft die Zugabe dieser Effektoren (Aktivatoren) eine Umwandlung der sigmoiden in eine hyperbolische Funktion hervor.

In einigen Fällen jedoch ist dieser Übergang von einer Reaktion höherer Ordnung in eine monomolekulare nur scheinbar und resultiert aus einer graphischen Kompression [36]. Mindestens an einem Beispiel konnte gezeigt werden, daß die Ordnung der Reaktion nicht wirklich geändert war, obwohl man offensichtlich von einer typisch sigmoiden Kinetik zu einer MICHAELIS-Kinetik gelangt war.

Häufig fand man, daß die allosterischen Aktivatoren eine „Modulation" der Enzymaktivität gestatteten, die im „Interesse der Zelle" lag, ähnlich dem Fall der Schwelleneffekte, die oben für die allosterischen Inhibitoren beschrieben wurden.

2. Desensibilisierung gegenüber allosterischen Effektoren

Man kann die allosterischen Enzyme desensibilisieren durch Behandlung mit Quecksilberragenzien, durch Kälte, Dialyse, Einfrieren, Harnstoff, Behandlung mit proteolytischen Agenzien, erhöhte Ionenstärke, pH-Änderung und Wärmebehandlung. Weiterhin kann die Empfindlichkeit gegenüber allosterischen Agenzien durch Mutation verändert werden oder verlorengehen.

Die Desensibilisierung ist oft von einer Normalisierung der Kinetik zu einer monomolekularen begleitet.

Wie bereits festgestellt, ist die Desensibilisierung ohne Verlust der katalytischen Aktivität ein Argument für die Existenz zweier unabhängiger Typen aktiver Zentren.

3. Thermische Inaktivierung

Zahlreiche allosterische Enzyme werden durch ihre allosterischen Effektoren gegen Wärmeinaktivierung geschützt (Bild 13). Man nimmt an, daß die Schutzwirkung einer erhöhten Stabilität des katalytisch aktiven Zentrums zugeschrieben werden kann, die infolge von Konformationsänderungen, die die reversible Bindung der allosterischen Liganden an ihre spezifischen Ansatzstellen begleiten, auftritt.

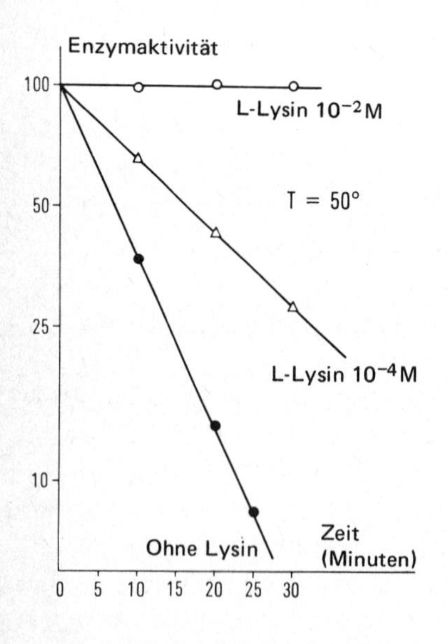

Bild 13

Schutz der Aspartokinase III von *E. coli* gegen thermische Inaktivierung. Man sieht, daß dieses Enzym durch die Wärme nach einer Kinetik erster Ordnung denaturiert wird und daß L-Lysin, der spezifische allosterische Inhibitor der untersuchten Aktivität, durch seine Gegenwart diese Inaktivierung völlig verhindern kann. (P. Truffa-Bachi und G. N. Cohen, Biochim. Biophys. Acta, 113 (1966) 531).

4. Empfindlichkeit gegenüber Kälte

Bestimmte allosterische Enzyme erfahren eine reversible Inaktivierung durch Abkühlung auf etwa 0 °C. Manchmal ist diese Inaktivierung von einer Dissoziation oder Assoziation des Enzyms begleitet. Man kann die Inaktivierung und die molekularen Veränderungen durch die Gegenwart allosterischer Effektoren verhindern. Die Empfindlichkeit gegenüber Kälte ist wohl einer Veränderung der Konformation zuzuschreiben, die infolge von Wechselwirkungen zwischen den hydrophoben Regionen des Proteins auftritt.

5. Die Polymer-Natur der allosterischen Enzyme

Alle sorgfältig untersuchten allosterischen Enzyme bestehen offenbar aus Untereinheiten. Bei bestimmten von ihnen beobachtet man eine reversible Assoziation oder Dissoziation, die von einer Inaktivierung oder wenigstens von einer Susceptibilitätsänderung gegenüber ihren allosterischen Effektoren begleitet oder auch nicht begleitet sein kann. Dieses Fehlen einer generellen Regel zeigt vermutlich auch, daß die physikalischen Vorgänge der Assoziation oder Dissoziation mit den allosterischen Effekten im eigentlichen Sinne nicht im Zusammenhang stehen. Es ist jedoch möglich, daß es von Fall zu Fall in der Stärke der Wechselbeziehungen vorliegende Unterschiede aufzeigt, die die Bindung zwischen den Untereinheiten regulieren und eine Assoziation oder Dissoziation gestatten oder nicht gestatten können.

Im Gegensatz dazu trägt die Polymer-Natur der allosterischen Enzyme wesentlich dazu bei, eine Vorstellung über den Mechanismus der allosterischen Regulation zu gewinnen. Im folgenden kommen einige der bestehenden Theorien, die den gewonnenen Daten Rechnung tragen, zur Sprache.

6. Das Modell von MONOD, WYMAN und CHANGEUX [34]

Diese Autoren konzipierten ihr Modell aufgrund folgender Hypothesen:

1. Die allosterischen Proteine sind Oligomere, deren Protomere so verbunden sind, daß sie alle äquivalente Positionen besetzen. Das hat zur Folge, daß das Molekül mindestens eine Symmetrieachse besitzt.
2. Jedes Protomer trägt nur eine einzige Stelle, die mit einem gegebenen Liganden einen stereospezifischen Komplex bilden kann. Mit anderen Worten: die Symmetrie jeder Gruppe von stereospezifischen Rezeptoren ist dieselbe wie die des Moleküls.
3. Die Konformation jedes Protomers wird durch seine Assoziation mit den anderen erzwungen.

4. Im Gleichgewicht können sich die allosterischen Oligomere in mindestens zwei Zuständen befinden. Diese unterscheiden sich in der Verteilung und (oder) Energie der Bindungen zwischen den Protomeren und folglich im Zwang zu einer bestimmten Konformation, der auf die Protomeren ausgeübt wird.
5. Dadurch wird beim Übergang von einem Zustand zum anderen die Affinität eines oder mehrerer stereospezifischer Zentren modifiziert.
6. Während dieser Übergänge wird die Symmetrie des Moleküls und die des Zwangs zu einer bestimmten Konformation beibehalten.

Wir wollen versuchen, die Folgerungen aus diesem Modell zu ziehen: In Abwesenheit von Substraten oder allosterischen Effektoren wird die Verteilung der Molekülformen auf die verschiedenen Zustände von deren freier Bildungsenergie abhängen. Diese steht wiederum in Beziehung zur Stärke der Wechselwirkung zwischen den Protomeren in den verschiedenen Zuständen. Wenn die Affinität eines bestimmten Liganden zu einer der Konformationen größer ist als zur anderen, wird dessen Anwesenheit in niedriger Konzentration bewirken, daß sich ein einziges Ligandenmolekül bevorzugt an das Protomer bindet, das sich in dem Zustand befindet, zu dem es die größte Affinität besitzt. Das wird eine Verschiebung des Gleichgewichts zugunsten des Zustands mit der größeren Affinität hervorrufen und so die weitere Bindung zusätzlicher Ligandenmoleküle erleichtern, und zwar aufgrund der gleichzeitigen Bildung von mehr als einem weiteren aktiven Zentrum (die genaue Zahl hängt von der Anzahl der identischen Protomeren des Oligomers ab). Das sigmoide Verhältnis zwischen der Aktivität und der Konzentration des Substrats (oder des allosterischen Effektors) erklärt sich offensichtlich vollkommen aus diesem Modell. MONOD, WYMAN und CHANGEUX haben eine mathematische Bearbeitung des Modells durchgeführt, die die meisten experimentellen Beobachtungen an einer beträchtlichen Anzahl allosterischer Enzyme berücksichtigt.

Andere mathematische Modelle, die von ganz anderen Prämissen ausgehen, können jedoch gleichfalls das kinetische Verhalten allosterischer Enzyme voraussagen.

Der größte Vorzug des Modells von MONOD, WYMAN und CHANGEUX ist, daß es die Oligomer-Natur dieser Enzymklasse berücksichtigt. Es trägt der Anfälligkeit bestimmter allosterischer Enzyme Rechnung, unter dem Einfluß ihrer stereospezifischen Liganden oder des Milieus (pH, Temperatur, Quecksilberverbindungen usw.) zu dissoziieren oder assoziieren.

Wie oben bereits erwähnt, ist der Aggregationszustand dennoch nicht immer an Wirkungen des allosterischen Effektors auf die katalytische Aktivität gekoppelt. Andererseits sind kooperative Effekte nicht immer von allosterischen Übergängen begleitet, die Änderungen der Affinitätskonstanten zu Substraten und Effektoren bedingen.

Der grundsätzliche Vorzug des Modells besteht darin, daß es experimentell geprüft werden kann. Was verlangt man mehr von einem Modell?

7. Andere Modelle [35, 36]

Verschiedene Modelle anderer Autoren tragen den sigmoiden Sättigungskurven Rechnung. Die von KOSHLAND und Mitarbeitern [35] vorgetragene Theorie geht aus von der Flexibilität der aktiven Zentren, gekoppelt mit einer klassischen Michaelis-Kinetik. Das Modell setzt im Inneren desselben Oligomers die Existenz von hybriden Zuständen voraus. In ihnen befinden sich bestimmte Protomere in einem (kontrahierten) und andere in einem anderen (erschlafften) Zustand.
Diese Theorien unterscheiden sich im Detail, gehen aber alle von der Existenz wenigstens zweier Substratbindungszentren, eines katalytisch und eines regulierend wirkenden, aus.

Als Zusatzhypothese nimmt man an, daß die Kombination von Substrat und Regulationszentrum eine Konformationsänderung des Enzyms induziert, die eine größere Affinität des Substrats zum katalytisch aktiven Zentrum bedingt. Dieses Modell erklärt also die kooperativen Effekte zwischen den Substratmolekülen. Um den stimulierenden oder hemmenden Wirkungen der allosterischen Effektoren Rechnung zu tragen, nimmt es an, daß der regulierende Ligand sich entweder mit dem regulierenden Zentrum (das normalerweise vom Substrat besetzt ist) oder mit spezifischen Ansatzstellen verbindet. In beiden Fällen ist das Gesamtergebnis gleich: bei Aktivatoren ist die Affinität des Substrats zum Enzym an der katalytisch wirksamen Stelle gesteigert, bei Inhibitoren vermindert. Mathematische Ableitungen dieser Modelle wurden durchgeführt; sie sind generell mit den kinetischen Ergebnissen vereinbar.

8. Vergleichende Erörterung der zwei Modelltypen

Genau betrachtet unterscheidet sich der zweite Typ vom Modell von MONOD und Mitarbeitern nur in einem, allerdings sehr wesentlichen Punkt, nämlich in der Art und Anzahl der Substratbindungszentren. Das Modell von M-W-C sagt die Existenz eines *einzigen* Substratbindungszentrums je Protomer voraus, während die anderen Modelle die Existenz *zweier* Substratbindungszentren voraussagen, von denen nur eines katalytische, das andere rein regulatorische Funktion haben soll. Aufgrund kinetischer Messungen kann keine eindeutige Entscheidung zwischen diesen beiden Modellen getroffen werden. Man muß in jedem einzelnen Fall eine direkte Bestimmung der Anzahl und der Art der stereospezifischen Bindungsstellen durchführen.

Die Auslese von Enzymen, die einer Regulation unterworfen sind und deren Aktivität sich in Abhängigkeit von wachsenden Konzentrationen des Substrats oder des allosterischen Effektors sigmoid verändert, im Laufe der Evolution stellt ohne

Zweifel einen Vorteil für die Art dar. Die grundsätzliche Überlegung, die uns hier verweilen läßt, beschäftigt sich mehr mit der Wirkung als dem genauen Mechanismus.

Es gibt übrigens keinen Grund, a priori anzunehmen, daß alle einer allosterischen Regulation unterworfenen Enzyme dies durch einen einheitlichen Mechanismus sind. Man wird jeden Fall einzeln untersuchen müssen, und nur der Vergleich zahlreicher allosterischer Enzyme wird Auskunft darüber geben, ob eine allgemeine Gesetzmäßigkeit vorliegt oder ob verschiedenartige Mechanismen zum selben Ergebnis führen können.

Anhang

Es ist nützlich, zwei Klassen allosterischer Effekte zu definieren:

a) homotrope Effekte oder Wechselwirkungen zwischen identischen Liganden;
b) heterotrope Effekte oder Wechselwirkungen zwischen unterschiedlichen Liganden.

Homotrope Effekte treten wohl bei der Mehrzahl der allosterischen Proteine auf, zumindest innerhalb einer Kategorie von Liganden (Substrat, Aktivator oder Inhibitor). Im Gegensatz zu heterotropen Effekten, die entweder kooperativ oder antagonistisch sein können, sind diese Wechselbeziehungen immer kooperativ. Experimentelle Bedingungen, die heterotrope Wechselwirkungen verändern, ändern oft auch die homotropen (beispielsweise ist die Desensibilisierung der Threonin-Desaminase und der Aspartat-Transcarbamylase stets vom Schwinden kooperativer Effekte zwischen den Substratmolekülen begleitet, d.h. die Desensibilisierung dieser Enzyme ist an eine Normalisierung der Kinetik zu einer Michaelis-Kinetik gebunden, Bild 14).

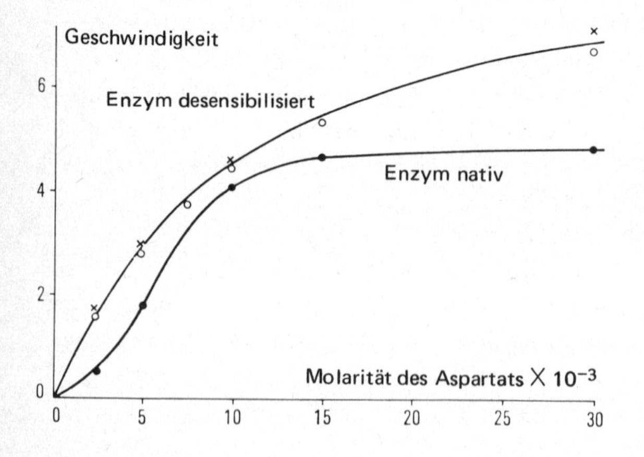

Bild 14
Unterschiede in der Kinetik zwischen einer nativen Aspartat-Transcarbamylase von *E. coli* und demselben Enzym nach Desensibilisierung durch Hitze oder ein Quecksilberagens. Während die Geschwindigkeit im ersten Fall eine sigmoide Funktion der Substratkonzentration ist, „normalisiert" sich die Kinetik im Fall der mit zwei verschiedenen Methoden desensibilisierten Enzyme.

Im Modell von MONOD, WYMAN und CHANGEUX kann man demzufolge zwei Kategorien allosterischer Enzyme unterscheiden:

1. Eine Kategorie, in der die Form mit der geringeren Affinität zum Substrat in dessen Abwesenheit vorherrscht. Demnach besitzt der andere Zustand eine größere Affinität zum Substrat. Gibt man dieses Substrat hinzu, dann wird das Gleichgewicht zu dessen Gunsten verschoben. Die Affinität der Population von Enzymmolekülen zum Substrat wächst folglich in dem Maße, wie Substratmoleküle gebunden werden. Andererseits verschiebt ein allosterischer Inhibitor das Gleichgewicht in Richtung auf den Zustand, der eine geringere Affinität zum Substrat besitzt.

Man kann die Enzyme dieser Kategorie allosterische Enzyme des Typs K nennen. Substrat und Effektor sind beide allosterische Liganden, die das natürliche Gleichgewicht zwischen den beiden Zustandsformen des Enzyms beeinflussen. Dieser Wechsel des Gleichgewichtszustandes ist als allosterischer Übergang definiert. Kooperative homotrope Effekte werden für Substrat wie Effektor beobachtet. Die Gegenwart des Effektors verändert die Affinität des Enzyms zum Substrat, und umgekehrt beeinflußt die Substratkonzentration den Wert der Affinität des Enzyms zum Effektor.

2. Eine zweite Kategorie, in der beide Zustände des allosterischen Enzyms die gleiche Affinität zum Substrat besitzen.

In diesem Fall besteht kein Einfluß des Substrats oder Effektors auf die Bindung des anderen Liganden an das Enzym. Der Effektor kann folglich keinen Einfluß auf die Enzymreaktion ausüben, außer wenn sich die beiden Zustände in ihrer katalytischen Aktivität unterscheiden. Je nachdem, ob der Effektor seine höchste Affinität zum aktiven oder inaktiven (oder weniger aktiven) Zustand hat, erscheint er als Aktivator oder Inhibitor. Da der Effektor nur V_{max} der Reaktion beeinflußt und ohne Wirkung auf den Wert der K_m ist, nennt man diese Enzyme der zweiten Kategorie allosterische Enzyme des Typs V.
Bei ihnen ist das Substrat kein allosterischer Ligand, und man beobachtet keine kooperative Wechselbeziehung zwischen den Substratmolekülen, sondern nur zwischen Effektormolekülen. In der Praxis erscheinen die reinen K-Systeme als kompetitiv gehemmte Enzyme. Im Koordinatensystem nach HENRI-MICHAELIS werden sie eher sigmoide als hyperbolische Kurven liefern.
Hier ist eine Darstellung nach einer Gleichung von HILL aus dem Jahre 1910 von Nutzen. Nennt man die Geschwindigkeit der Enzymreaktion bei Substratsättigung V_{max} und die bei einer nichtsättigenden Konzentration ν, so erhält man in einem System mit $\log \frac{\nu}{V_{max} - \nu}$ als Ordinate und log S als Abszisse eine lineare Kurve

mit der Steigung n. Die Zahl n (oder HILL-Zahl) ist ein Maß für die Wechselbeziehung zwischen den verschiedenen stereospezifischen Zentren, die das Substrat an das Enzymmolekül binden. Bewirkt das Substrat einen allosterischen Übergang, ist n immer größer als 1.

In reinen V-Systemen gehorcht die Änderung der Enzymaktivität in Abhängigkeit von der Substratkonzentration einer klassischen MICHAELIS-Kinetik; n ist folglich 1. Trägt man auf der Ordinate die Enzymaktivität und auf der Abszisse die Inhibitorkonzentration auf, erhält man eine sigmoide Funktion. Trägt man dagegen auf der Ordinate $\log \frac{\nu}{V_0 - \nu}$ auf (wobei V_0 die nicht gehemmte Aktivität und ν die Aktivität in Gegenwart einer bestimmten Inhibitorkonzentration darstellt) und auf der Abszisse log I, so ergibt sich eine lineare Kurve, deren negativer Anstieg n' ein Maß ist für die Wechselbeziehungen zwischen verschiedenen stereospezifischen Inhibitorbindungszentren des Enzymmoleküls.

III. Die Glykolyse und ihre Regulation

Wir haben gesehen, daß das Bakterium *E. coli* auf einer bedeutenden Zahl verschiedener Kohlenstoffquellen wachsen kann: Glucose und anderen Monosacchariden, Disacchariden wie Maltose oder Lactose, Glycerin, Succinat, Glutamat usw.

Im Fall der Disaccharide findet zunächst eine Hydrolyse mit spezifischen induzierten Enzymen statt – was uns wieder auf das Problem der Verwertung von Monosacchariden zurückführt. Wir werden sehen, durch welche Reaktionen Kohlenstoffquellen, wie das Succinat, aus ihren C-Atomen Zuckerverbindungen entstehen lassen können, Vorstufen von Ausgangsprodukten für gewisse Biosynthesen, die nicht direkt vom Tricarbonsäurezyklus abzweigen.

Andere Organismen, z. B. aus der Gattung *Pseudomonas,* können auf einer Vielzahl von Kohlenstoffquellen wachsen (Amine, Weinsäure, Benzol, Toluol, Naphtalin, Mandelsäure, Catechol usw.).

Die extreme Anpassungsfähigkeit dieser Organismen an die verschiedensten Kohlenstoffquellen ist in der klassischen Arbeit von DEN DOOREN DE JONG [37] beschrieben.

Andere Bakterien, im allgemeinen Anaerobier, lassen sich durch Anreicherung auf Kohlenstoffquellen, wie Harnsäure, Kreatinin, Cholin, Lysin, Glutaminsäure usw. isolieren. Selbst Methan können einige als einzige Kohlenstoffquelle verwenden.

In allen hier aufgezählten Fällen ist das biochemische Problem, das die Verwendung einer Kohlenstoffquelle stellt, die Gewinnung verwertbarer Energie für die Synthesen, im allgemeinen in Form von ATP.

An dieser Stelle wollen wir nur auf die Verwendung der Glucose eingehen.
Bei vielen Organismen ist die Substanz, die gespeichert wird, um bei Energiebedarf wieder zur Verfügung zu stehen, eine hochpolymere, aus Glucose-Einheiten zusammengesetzte Verbindung, das Glykogen.

Dieses Polysaccharid ist aus einer sehr langen Kette von Glucosyl-Resten in 1 → 4-Bindung aufgebaut. Auf der ganzen Länge dieser einkettigen Struktur zweigen unter der Einwirkung eines spezifischen Enzyms Seitenketten ab. Diese sind mit der Hauptkette durch 1 → 6-Bindungen verbunden.

Man kann die Verwertung des Glykogens schematisch in zwei Etappen unterteilen. Die erste führt vom Glykogen zur Brenztraubensäure. Sie erweist sich zumindest hinsichtlich der beteiligten Zwischenprodukte, als identisch in Muskel und Leber der Säugetiere und in Hefepilzen.

1. Phosphorylasen

Diese Enzyme katalysieren in Gegenwart von anorganischem Phosphat den Abbau des Glykogens zu Glucose-1-phosphat [38]:

$$(\text{Glucosyl } 1 \rightarrow 4)_{n-1}\text{-glucose} + n\ \text{Pi} \rightleftarrows n\ \text{Glucose-1-phosphat}$$

Dies ist die wesentliche Funktion dieser Enzyme. Wie wir noch sehen werden, gibt es einen anderen Typ von Enzymen, der die Resynthese des Glykogens im Verlauf der Gluconeogenese katalysiert.

Folgende Argumente sprechen für eine rein abbauende Rolle der Phosphorylasen:

a) die relativen Konzentrationen von anorganischem Phosphat und Glucose-1-phosphat im Muskel stehen im Verhältnis 300 : 1;
b) die Aktivierung der Phosphorylase (s. u.) ist an die Glykogenolyse gekoppelt;
c) bei bestimmten Muskeldystrophien, bei denen den Muskeln die Phosphorylase fehlt, enthalten diese einen Überschuß an Glykogen. Die Phosphorylasen bauen nur gerade Ketten auf und ab; die Verzweigungen stehen unter dem Einfluß anderer Enzyme.

1.1. Eigenschaften der Phosphorylasen

Diese Enzyme treten in zwei ineinander umwandelbaren Formen auf, die man als Phosphorylase a und Phosphorylase b bezeichnet [39].

Phosphorylase b ist bei Abwesenheit von AMP praktisch inaktiv [40]. Beide Formen wurden kristallisiert [41]. Charakteristisch für beide ist das Vorhandensein von Pyridoxalphosphat [42] und für die Phosphorylase a noch zusätzlich der Besitz von Phosphoserinresten [43]. Tabelle 4 gibt einen Überblick über einige Eigenschaften der Phosphorylasen. Man sieht auf den ersten Blick, daß die Muskel-Phosphorylase a ein doppelt so großes Molekulargewicht wie die Phosphorylase b besitzt.

Tabelle 4: Eigenschaften der verschiedenen Phosphorylasen

Untersuchungsgut	Molekulargewicht	Pyridoxalphosphat pro Mol Enzym	Phosphoserin pro Mol Enzym	Aktivität ohne AMP	Anzahl der AMP-Bindungszentren	Aktivierung durch AMP
Kartoffel	207 000	2	0	100	?	keine
Leber b	240 000	2	0	0	+	gering (15 %)
Leber a	240 000	2	2	70	+	gering
Muskel b	185 000	2	0	0	2	stark
Muskel a	370 000	4	4	65-85	4	gering

1.2. Dissoziation der Muskel-Phosphorylase a

Man kann, ausgehend vom reinen Enzym, die Dissoziation mit Hilfe photometrischer Verfahren verfolgen.

Verschiedene Agenzien spalten das Enzym, ein Tetramer vom MG = 495000 in ein Dimer vom MG = 242000, danach in noch kleinere Untereinheiten vom Molekulargewicht von 125000.

Nach einer neuen genaueren Bestimmung [43a] beträgt das Molekulargewicht der tetrameren Phosphorylase a des Muskels 370000 und das der dimeren Phosphorylase b 185000. Man wird daher wohl auch die Werte des MG der Untereinheiten entsprechend korrigieren müssen.

Als Sedimentationskonstanten ermittelt man 13,2 S für das Tetramer, 8,2 S für das Dimer und 5,6 S für die kleinen Untereinheiten.

Tabelle 5 faßt einige der Effekte, die bei der Dissoziation der Phosphorylase a auftreten, zusammen.

Tabelle 5: Ergebnisse der Dissoziation der Phosphorylase a

Dissoziierendes Agens	Wirkung	Enzymaktivität
p-Mercuribenzoat	Tetramer a → Untereinheiten (5,6 S) Dimer b → Untereinheiten (5,6 S)	Inaktivierung, umkehrbar durch Cystein
Entfernung von Pyridoxalphosphat durch Säurebehandlung (pH 3,4)	Tetramer → Untereinheiten	Inaktivierung, Reaktivierung durch Zugabe von Pyridoxalphosphat
Hydrolyse des Phosphoserins durch eine spezifische Phosphatase	Tetramer → Dimer b	Umkehr durch eine spezifische Kinase mit ATP und Mg^{2+}
Schonende Trypsin-Behandlung	Tetramer → Dimer b′	Irreversibler Vorgang; Produkt in Gegenwart von AMP voll aktiv
8 M Harnstofflösung	Tetramer → kleine Untereinheiten (1,9 S)	Inaktivierung

Unter der Einwirkung von p-MB, das mit den SH-Gruppen des Enzyms reagiert, oder von Jodessigsäure, die die gleichen Gruppen alkyliert, wird das Enzym inaktiviert. Man kann die Bildung eines Dimers als Zwischenprodukt nachweisen [44]. Reduziert man das Enzym mit Borwasserstoff BH_4^-, wird das Pydidoxalphosphat mit einer Aldimin-Bindung stabil mit einer ϵ-Lysyl-Gruppe des Apoenzyms verbunden. Unter diesen Bedingungen bleibt die Enzymaktivität erhalten [45].

Bei der Hydrolyse des Phosphoserins wird die Form a in b umgelagert. Das Enzym Phosphorylase-Phosphatase katalysiert diese Umlagerung. Es findet sich im Muskel und in der Leber. Seine Wirkung ist spezifisch, weil es außer der Phosphorylase keine anderen Phosphoproteine dephosphoryliert [46].

Trypsin spaltet das Tetramer a in das Dimer b′, indem es ein Hexapeptid, das das Phosphoserin enthält (Lys-Glu-(NH_2)-Ile-SerP-Val-Arg), abtrennt [43].

Weder Pydidoxalphosphat noch die Phosphoserinreste sind direkt an der katalytischen Aktivität des Enzyms beteiligt, da die SCHIFFsche Base, die nach Reduktion mit BH_4^- auftritt, voll aktiv ist und weil der Phosphor des Phosphoserins nicht durch Phosphor aus anorganischem Phosphat oder aus Glucose-1-phosphat ersetzt werden kann.

1.3. Die Rolle des AMP bei der Aktivierung der Phosphorylase

Die Phosphorylase b bindet zwei Mol AMP pro Mol Enzym, während die Phosphorylase a vier davon bindet. Die Affinität der Phosphorylase b zum anorganischen Phosphat und zum Glykogen verstärkt sich mit wachsenden AMP-Konzentrationen. Umgekehrt erhöht die wachsende Zugabe eines beliebigen Substrats die Affinität zum AMP. Diese Wechselwirkungen sind wahrscheinlich das Ergebnis von Konformationsänderungen des Phosphorylase-b-Moleküls, wie es Tabelle 6 zeigt [48].

Tabelle 6: Bindung von Bromthylmolblau an Muskel-Phosphorylase

	Mol Farbstoff/Mol Protein (MG = 185 000)
Phosphorylase b	1,17
Idem + 5′-AMP	3,22
Phosphorylase a	3,6
Idem + 5′-AMP	3,25

Die Wirkung von AMP auf die Phosphorylase b wird durch ATP und Glucose-6-phosphat aufgehoben (Tabelle 7). In Gegenwart von ATP wird die Sättigungskurve des Enzyms für Glucose-1-phosphat sigmoid. Das deutet auf eine allosterische Wechselwirkung zwischen den Substratbindungszentren hin [49].

Wie es scheint, kann AMP vollständig das Phosphoserin oder das Hexapeptid, das unter Trypsinwirkung abgetrennt wird, ersetzen. Es ist in diesem Zusammenhang interessant, daß das Enzym aus der Kartoffel kein Phosphoserin enthält und auch nicht durch AMP aktivierbar ist.

Tabelle 7: Aktivierung der Phosphorylase b durch AMP. Umkehr der aktivierenden Wirkung des AMP durch ATP und Glucose-6-phosphat

Zusätze	Aktivität (relative Einheiten)
keiner	0
AMP 1,5 x 10^{-4} M	6,1
Idem + ATP 8 x 10^{-3} M	2,2
Idem + Glucose-6-phosphat 10^{-3} M	2,8
Idem + ATP + Glucose-6-phosphat	0,6

1.4. Phosphorylase b-Kinase [50]

Dieses Enzym katalysiert folgende Reaktion:

$$2 \text{ Phosphorylase b} + 4 \text{ ATP} \xrightarrow{Mg^{2+}} \text{Phosphorylase a} + 4 \text{ ADP}$$

Die Phosphorylase-Kinase wird offenbar durch Einwirkung hormonaler Faktoren, z.B. des Adrenalins, aktiviert. Folgendes Schema gibt die zur Zeit gültigen Vorstellungen über diese Zusammenhänge wieder:

Kinase inaktiv

Adrenalin → ATP → zyklisches 3′, 5′-AMP → ↓ Phosphorylase b

Kinase aktiv ⟶ ↓

Phosphorylase a

Die Muskelkontraktion hat eine analoge Wirkung:

Kinase inaktiv

Kontraktion → Ca^{2+} (in Gegenwart eines Proteinfaktors) → ↓ Phosphorylase b

Kinase aktiv ⟶ ↓

Phosphorylase a

1.5. Regulation der Glykogenolyse

Zusammengefaßt ergibt sich aus den im vorhergehenden herausgestellten Fakten:

a) Die Aktivität der Phosphorylase b hängt obligatorisch von der Gegenwart von 5′-AMP ab.

b) Die Phosphorylase a scheint AMP zur Wirksamkeit nicht zu benötigen (vgl. jedoch das unten darüber Gesagte).

c) Die Umwandlung der Phosphorylase b in a erfolgt unter der Wirkung einer spezifischen Kinase: ATP phosphoryliert zwei Serylreste des Proteins b; diese Phosphorylierung ist von einer Dimerisierung des phosphorylierten Derivats begleitet.

d) Umgekehrt ist die Umwandlung der Form a in die Form b mit einer Freisetzung von anorganischem Phosphat verbunden. Sie wird durch eine spezifische Phosphorylase-Phosphatase katalysiert. Die Phosphorylase b besitzt viele der Eigenschaften, die man nach dem Modell von MONOD und Mitarbeitern von einem allosterischen Enzym erwartet. Sie ist in zwei identische Monomere dissoziierbar. Ihre Aktivität wird von einer großen Anzahl von Metaboliten beeinflußt (Wirkung von Glykogen und Phosphat auf die K_m des AMP und von AMP auf die K_m der Substrate; Einfluß von ATP und Glucose-6-phosphat auf die Aktivierung durch AMP; Kooperation von Glucose-1-phosphat in Gegenwart von ATP).

Die Aktivierung der Phosphorylase b durch AMP ruft keine größeren Veränderungen im Aggregationszustand des Enzyms hervor wie die Wirkung der Phosphorylase-Kinase oder der Phosphorylase-Phosphatase. Sie scheint statt dessen mit einer Konformationsänderung einherzugehen (worauf die Vergrößerung des Vermögens, lipophile Farbstoffe zu binden, in Gegenwart von AMP hinweist).

Im Gegensatz zur Phosphorylase b scheint die Phosphorylase a unempfänglich für die Aktivierung durch AMP zu sein. Bei schwachen Substratkonzentrationen kann jedoch auch sie durch AMP sehr stark aktiviert werden.

Aus diesen Fakten kann man ableiten, daß die Aktivierung der Phosphorylase b - Kinase und die darauf folgende Umwandlung der Form b in die Form a von grundlegender Bedeutung für die Regulation der Glykogenolyse im Muskel ist. Folgende Argumente sprechen für diesen Gesichtspunkt:

Die Beschleunigung der Glykogenolyse im Muskel, etwa durch elektrische oder chemische Reizung des M. gastrocnemicus des Frosches oder durch Zugabe von Adrenalin, ist von einer Umwandlung Phosphorylase b $\rightarrow$ a begleitet. Die Wirkung der Muskelkontraktion muß sich von der durch Adrenalin hervorgerufenen unterscheiden, weil die Geschwindigkeit in diesen Fällen um den Faktor 500 differiert.

Die Antwort auf die Kontraktion scheint von einer Aktivierung der Phosphorylase-Kinase durch das Ca^{2+}-Ion abzuhängen, während die auf die Adrenalinzugabe über die Zwischenstufe der Aktivierung dieses Enzyms durch zyklisches 3'-5'-AMP erfolgt (die Umwandlung b $\rightarrow$ a unter Adrenalineinfluß fällt mit einem vermehrten Gehalt des Gewebes an zyklischem AMP zusammen).

Noch weitere Faktoren beeinflussen die Regulation der Glykogenolyse: Sie wird z.B. durch Sauerstoffmangel stimuliert. Dieser hat im Muskel eine Zunahme des Gehalts an anorganischem Phosphat und ein Absinken des Verhältnisses ATP/AMP zur Folge. Diese zwei Bedingungen stimulieren die Aktivität der Phosphorylase b.

Zusammenfassend läßt sich sagen: Die Umwandlung der Phosphorylase b in a wird durch einen Mechanismus reguliert, der über die Aktivierung der Phosphorylase-

Kinase durch hormonale und metabolische Einflüsse wirkt. Dieser Aktivierung überlagert sich die eigentliche allosterische Regulation durch AMP, ATP und Glucose-6-phosphat direkt auf dem Niveau der Aktivität der Phosphorylase.

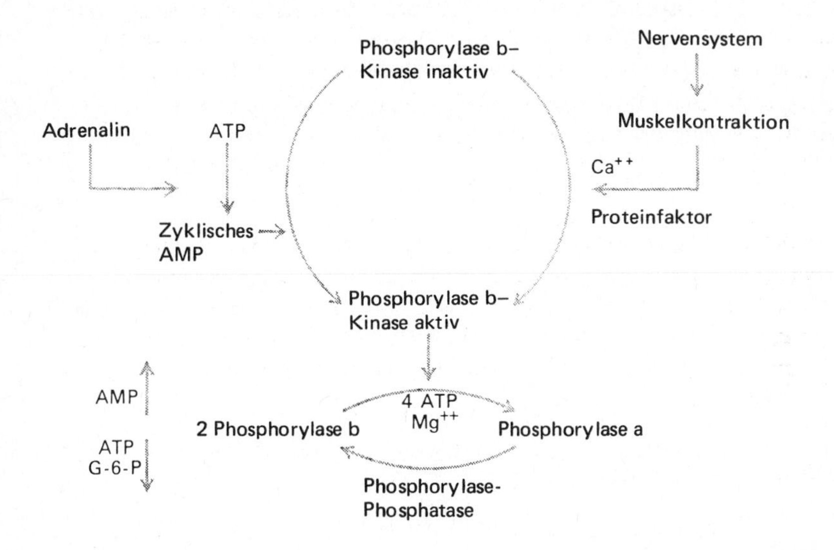

Bild 15. Schema der Umwandlungen der Phosphorylase

2. Hexokinasen

Diese Enzyme katalysieren eine Phosphorylierung der Hexosen in Position 1 oder 6 in Gegenwart von Mg^{2+}-Ionen:

Hexose + ATP → Hexosephosphat + ADP

Die Hexokinase der Hefe wurde kristallisiert gewonnen [51]. Sie ist ein Protein mit einem MG von angenähert 100 000, das nicht nur bei der D-Glucose die Phosphorylierung in 6-Stellung katalysiert, sondern ebenfalls bei der D-Fructose und der D-Mannose. Ohne Wirkung ist sie auf Arabinose. Xylose, Rhamnose, Galaktose, Saccharose, Lactose, Maltose, Trehalose oder Raffinose.

Sie katalysiert jedoch die Phosphorylierung des D-Glucosamins zum entsprechenden 6-Phosphat-Ester.

Hemmungsexperimente mit Gemischen von Zuckern, die als Substrate dienen können, zeigen, daß die verschiedenen katalysierten Phosphorylierungen einer einzigen Hexokinase zugeschrieben werden müssen. Hexokinasen wurden gelöst oder partikulär gebunden aus verschiedenen tierischen Geweben isoliert. Ihre Eigenschaften scheinen jedoch je nach Herkunft des Gewebes zu variieren. Einige Gewebe enthalten offenbar mehr als eine Hexokinase. Keines dieser Enzyme wurde bisher in einem Reinheitsgrad isoliert, der ausreichte, seine kinetischen oder physikalisch-chemischen Eigenschaften genau zu untersuchen. Eine Fructokinase aus Rinderleber weist die besondere Fähigkeit auf, Ketohexosen zu phosphorylieren (Fructose, Sorbose und Tagatose), ohne die Aldohexosen anzugreifen. Die Phosphorylierung findet diesmal in Stellung 1 statt:

Fructose + ATP → Fructose-1-phosphat + ADP

Dieses Enzym benötigt unbedingt Mg^{2+}-Ionen. Wie sich herausstellte, bilden diese Ionen mit ATP Komplexe, die die eigentlichen Substrate des Enzyms sind.

In der Hefe *Saccharomyces fragilis* [52], die an das Wachstum auf Galaktose adaptiert war, konnte man eine Galaktokinase nachweisen, die spezifisch folgende Reaktion katalysiert:

Galaktose + ATP → Galaktose-1-phosphat + ADP

Die Adaptation der Enterobacteriaceen an die Verwendung von Pentosen wie Ribose, Xylose und Arabinose hat notwendigerweise zur Ausbildung von spezifischen Kinasen geführt, die die primären Reaktionen katalysieren, die die C-Atome dieser Pentosen für die Enzyme verwertbar machen, die üblicherweise in den Zellen vorhanden sind. Die Hexokinase der Hefe wird durch das Reaktionsprodukt Glucose-6-phosphat sehr wenig gehemmt. Dieses weist auch wenig Affinität zum Enzym auf.

Die Hemmung der tierischen Hexokinasen durch Glucose-6-phosphat scheint dagegen nicht dem Massenwirkungsgesetz zu gehorchen: Im bezug auf die Substrate der Reaktion ist sie nicht kompetitiv [53].

Man hat die Auffassung vertreten, daß diese Hexokinasen wenigstens zwei Positionen zur Bindung von Glucose-6-phosphat besitzen: Ein katalytisches Zentrum, das an der Phosphorylierung der Glucose beteiligt ist, und ein allosterisches, das bei der reversiblen Hemmung des Enzyms mitwirkt [54].

Die Inhibitorwirkung des Glucose-6-phosphats wird im Fall der Erythrocytenhexokinase durch anorganisches Phosphat supprimiert [55]. Dieser Antagonismus wird einer Verminderung der Affinität des Enzyms zum Glucose-6-phosphat in Gegenwart von Orthophosphat zugeschrieben. Es scheint somit, daß das anorganische Phosphat auch für die Aktivität gewisser Hexokinasen eine Rolle als Regulator spielt.

Diese Untersuchungen mit löslichen Enzymen in vitro lassen vermuten, daß die Hexokinase einer Regulation unterworfen ist. Man hat jedoch wenig Anhaltspunkte für die biologische Bedeutung dieser Beobachtungen in intakten Zellen. Wir wollen dennoch vermerken, daß die Geschwindigkeit des Glucose-Verbrauchs durch intakte menschliche Erythrocyten ihrem Gehalt an Glucose-6-phosphat umgekehrt proportional ist [56].

3. Phosphoglucomutasen

Der Mechanismus der von der Phosphoglucomutase katalysierten Reaktion wurde kürzlich aufgeklärt [57]:

Enzym-OH + Glucose-1,6-diphosphat ⇌ Enzym-O-phosphat + Glucose-(1 oder 6)-phosphat

Der Beweis für diesen Mechanismus: Man inkubiert das Enzym mit radioaktivem Glucose-1,6-diphosphat (markiert an beiden P-Atomen) oder mit markiertem Glucose-1-phosphat in Gegenwart einer katalytischen Menge nicht radioaktiven Glucose-1,6-diphosphats.

Danach wird das Enzym erneut isoliert, und man stellt fest, daß es radioaktiv ist. Die Analyse zeigt, daß der radioaktive Phosphor mit einem Seryl-Rest des Proteins verestert ist. Durch enzymatische Hydrolyse des Proteins und mit Hilfe geeigneter analytischer Verfahren konnte man ein radioaktives Peptid isolieren und die Umgebung des Phosphoserins untersuchen.

Bei *E. coli* lautet die Aminosäuresequenz in Nachbarschaft des Phosphoserins: -Thr-Ala-SerP-His-Asn-. Die in diesem Peptid nachweisbare Radioaktivität entspricht der Gesamtradioaktivität des Enzyms. Es ist bemerkenswert, daß das aus Kaninchenmuskel isolierte Peptid mit dem aus *E. coli* identisch ist. Das Auftreten einer identischen Sequenz am aktiven Zentrum zweier Proteine, die dieselbe katalytische Funktion ausüben, dasselbe Molekulargewicht besitzen (62 000), bei zwei so verschiedenen Arten wie einem Säugetier und einem Bakterium scheint für eine genetische Homologie zu sprechen. Die beiden Enzyme unterscheiden sich jedoch grundlegend durch ihre allgemeine Aminosäurezusammensetzung und durch die Peptidmuster, die man nach tryptischer Hydrolyse erhält.

Die Substratmarkierung, wie bei den Phosphoglucomutasen von *E. coli* und vom Kaninchen findet man bei den Enzymen aus einem Fisch, der Scholle, oder aus der Hefe wieder. Im Gegensatz dazu konnte man keine Esterbindung zwischen dem Phosphat und dem Serin bei den Enzymen der beiden Bakterienarten *Micrococcus lysodeikticus* und *Bacillus cereus* nachweisen. Um diese Unterschiede zu erklären, vertrat man die These, daß bei diesen beiden letzten Arten die Phosphoglucomutasen zwar die Fähigkeit verloren haben, sich in kovalenter Bindung an das Substrat zu heften,

jedoch immer noch Enzym-Substrat-Komplexe bilden können und immer noch die funktionellen Gruppen (Sulfhydryl, Aspartyl, Histidyl usw.) besitzen, die ihre Funktion ausreichend gewährleisten.
Bis zu diesem Schritt wurde das Glykogen durch die nacheinander wirkenden Enzyme Phosphorylase und Phosphoglucomutase zu Glucose-6-phosphat umgesetzt. Die direkte Verwendung der Glucose durch Hexokinase im Intermediärstoffwechsel führte ebenfalls zu Glucose-6-phosphat. Die weiteren Schritte der Glykolyse betreffen den Metabolismus dieses Glucose-6-phosphats.

4. Phosphohexoisomerasen

Unter dieser Bezeichnung faßt man Enzyme zusammen, die folgende Reaktion katalysieren:

Aldose-6-phosphat $\rightleftarrows$ Fructose-6-phosphat

Ein Enzym aus Muskeln hat Mannose-6-phosphat als Substrat. Das am meisten untersuchte Enzym dieser Gruppe ist jedoch die Phosphoglucose-Isomerase, die man ebenfalls aus Kaninchenmuskel isolierte. Im Gleichgewicht findet man ungefähr 68 % Glucose-6-phosphat und 32 % Fructose-6-phosphat. Dieses Gleichgewicht wäre zwar für den normalen Ablauf der Glykolyse nicht sehr förderlich, es wird jedoch durch Enzyme, die Fructose-6-phosphat umsetzen, in „physiologischem" Sinn verschoben.

5. Phosphofructokinasen

Diese Enzyme katalysieren die Phosphorylierung des in der vorhergehenden Reaktion gebildeten Fructose-6-phosphats:

Fructose-6-phosphat + ATP $\rightarrow$ Fructose-1,6-diphosphat + ADP

Kürzlich wurden die Phosphofructokinasen aus Kaninchenmuskel [58] und Schafsherz [59] kristallisiert. Es sind Enzyme mit einer Tendenz zur Aggregation. Sie besitzen gleiche Affinität zu ATP, ITP, UTP und CTP und können Fructose-6-phosphat, Tagatose-6-phosphat und Sedoheptulose-7-phosphat phosphorylieren.

5.1. Regulation auf dem Niveau der Phosphofructokinase

Der Einfluß der ATP-Konzentration auf die Aktivität der Hefe-Phosphofructokinase verdient besondere Behandlung [60]. Bild 16 zeigt, daß ein ATP-Überschuß die Reaktion hemmt. Dieser Effekt tritt nicht ein, wenn man ATP durch GTP ersetzt. Das läßt vermuten, daß das Enzym ein Regulationszentrum mit Affinität zum ATP besitzt, das vom katalytisch aktiven verschieden ist. Weiterhin ist Fructose-6-phosphat ein Antagonist der Inhibitorwirkung des ATP. Dies deutet

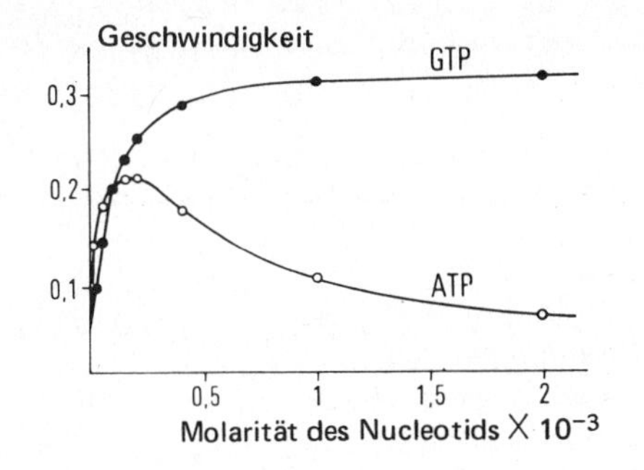

Bild 16
Aktivität der Hefephosphofructokinase in Gegenwart von ATP und GTP. Fructose-6-phosphat-Konzentration: 9×10^{-4} M(24).

darauf hin, daß die Besetzung des Regulationszentrums durch ATP mit der Besetzung des Substrat-Bindungszentrums durch Fructose-6-phosphat in Beziehung steht. Bedenkt man, daß das ATP das Endprodukt der Glykolyse ist, so kann man die Phosphofructokinase als Schlüsselenzym, das geradewegs zum ATP führt, ansehen. Seine Hemmung kann folglich als ein spezieller Fall der Hemmung durch das Endprodukt einer Reaktionskette betrachtet werden. Diesem Enzym kommt einige Bedeutung für die Regulation zu:

Produziert die Glykolyse einen ATP-Überschuß, dann bremst das ATP seine Neubildung, indem es die Phosphofructokinase hemmt. Sinkt die ATP-Konzentration unter ein bestimmtes Niveau, wird sie durch vermehrte Aktivität der Phosphofructokinase wieder angehoben.

Wir haben hier also ein allosterisches Enzym vor uns, ein Mitglied einer Proteinklasse, deren Bedeutung für die Regulation des Stoffwechsels mehr und mehr zutage tritt.

Mit Citrat, das gleichfalls als eins der Endprodukte der Glykolyse betrachtet werden kann, erhält man den mit ATP beobachteten analoge Effekte [61].

Nur bei der Hefe im Stadium aktiven Wachstums findet man eine Form der Fructokinase, die unempfindlich gegenüber ihren allosterischen Effektoren ist.

Wahrscheinlich ist es für die Hefe in dieser Wachstumsphase notwendig, der Regulation zu entkommen. Eine derartige unempfindliche Form ist auch durch Desensibilisierung der Phosphofructokinase in vitro erreichbar, indem man die Extrakte mit Fluoriden behandelt [62].

Die bei der Hefe entdeckten Effekte findet man mit geringen Unterschieden bei den Phosphofructokinasen der Säugetiere und des Leberegels (Parasit) wieder.

Unabhängig von der Herkunft der Phosphofructokinase zeigen Citrat und vor allem ATP regelmäßig einen Inhibitoreffekt. Fructose-6-phosphat, anorganisches Phosphat, AMP, ADP und mitunter Fructose-1,6-diphosphat wirken als Aktivatoren.

5.2. Physiologische Bedeutung der Regulation der Phosphofructokinaseaktivität. Der Pasteur-Effekt

Die in vitro untersuchten Eigenschaften der Phosphofructokinase bilden die Grundlage eines rationellen Regulationsmechanismus, der die Glykolyse wirksam regulieren könnte, wenn er auch in vivo funktionierte.

Wie neuere Untersuchungen ergaben [63], vergrößert im Gehirn der Übergang vom aeroben zum anaeroben Stoffwechsel die Geschwindigkeit der Glykolyse etwa 7mal (man erreicht den Übergang durch Dekapitierung von Tieren, durch die der Sauerstofftransport über das Blut gestoppt wird). Diese Steigerung geht einher mit einer Abnahme der intrazellulären Konzentration der Glucose, des Glucose-6-phosphats und des Fructose-6-phosphats und gleichzeitig mit einer Zunahme des Fructose-1,6-diphosphats und der letzten Metaboliten der Glykolyse, einschließlich des Citrats.

Die ATP-Konzentration nimmt ebenfalls ein wenig ab. Betrachtet man diese Veränderungen im Zusammenhang mit den kinetischen Eigenschaften der Enzyme, liegt der Schluß nahe, daß die Hexokinase und die Phosphofructokinase die Stellen sind, an denen die Regulation der Glykolyse angreift.

Die Stimulierung der Phosphofructokinaseaktivität, die dem Übergang von der Anaerobiose in die Aerobiose folgt, ist eine Folge des Konzentrationszuwachses von AMP, ADP und Orthophosphat, die Antagonisten des Inhibitoreffektes des ATP sind.

Analoge Untersuchungen an perfundierten Rattenherzen zeigen, daß die intrazellulären Fructose-6-phosphat- und ATP-Konzentrationen in der Größenordnung liegen, in der das Enzym sehr empfindlich für eine Hemmung durch ATP ist.

Das Anwachsen der Glykolyse infolge von Sauerstoffmangel erklärt sich in diesem Fall gleichfalls aus der Umkehr der Hemmwirkung des ATP durch angewachsene Konzentrationen an AMP und anorganischem Phosphat.

Man kann den Ablauf der Vorgänge folgendermaßen zusammenfassen:

1. Die Aerobiose leert das intrazelluläre Reservoir an AMP, wodurch die Isocitrat-Dehydrogenase inaktiviert wird (s.u.). Als Folge davon akkumuliert Citrat.

2. ATP und Citrat hemmen die Phosphofructokinase; das hat zur Folge, daß Fructose-6-phosphat und Glucose-6-phosphat sich anreichern.

3. Man weiß von anderer Stelle, daß das Glucose-6-phosphat ein Inhibitor des aktiven Glucosetransports in die Hefezelle ist.

Die Aerobiose hemmt also offensichtlich die fermentative Nutzung der Glucose. Das ist gerade der Effekt, der bereits früher bei der Hefe von PASTEUR und im Muskel von MEYERHOF beschrieben wurde.

Diese Vorgänge müßten zu einem Wachstumsstop in der Aerobiose führen, wenn folgender Mechanismus nicht existierte: In Zellen in der aktiven Wachstumsphase wird die Wirkung der Aerobiose durch NH_4^+-Ionen unterdrückt. Außerdem wird unter dem Einfluß der wachsenden ATP-Konzentration die Phosphofructokinase in eine gegenüber ATP und Citrat desensibilisierte Form umgelagert.

6. Fructosediphosphat-Aldolasen

Diese Enzyme katalysieren die Spaltung des Fructose-1,6-diphosphats in zwei Moleküle Triosephosphat:

Fructose-1,6-diphosphat $\rightleftharpoons$ D-Glycerinaldehyd-3-phosphat + Dihydroxyacetonphosphat

Vor kurzem gelang es, die Aldolasen aus Kaninchenmuskel, Rattenmuskel und Rinderleber zu kristallisieren.

Die aus Kaninchenmuskel wurde unter dem Gesichtspunkt ihres Reaktionsmechanismus im Detail untersucht:

Man konnte eine covalente Bindung zwischen dem Enzym und einem seiner Substrate, dem Dihydroxyacetonphosphat, nachweisen.

Dieser Komplex läßt sich durch Reduktion mit Na-Boranat stabilisieren. Aus Hydrolysaten der so reduzierten Komplexe wurde folgendes Amin isoliert:

$$\begin{array}{l} H_2COH \\ \quad | \\ HC\text{—}NH\text{—}(CH_2)_4\text{—}CH\text{—}COOH \\ \quad | \qquad\qquad\qquad\qquad | \\ H_2COH \qquad\qquad\quad NH_2 \end{array}$$

Daraus hat man abgeleitet, daß das aktive Zentrum der Aldolase Lysin enthält, das mit seiner ϵ-Gruppe an die Carbonylgruppe des Substrats gebunden ist und intermediär eine SCHIFFsche Base der folgenden Struktur bildet:

$$\begin{array}{l} H_2COPO_3^{--} \\ \quad | \\ \ C = N\text{—}(CH_2)_4\text{—}CH\text{—}CO\text{—}NH\text{—}R \\ \quad | \qquad\qquad\qquad\quad | \\ H_2COH \qquad\qquad NH\text{—}CO\text{—}R' \end{array}$$

Mit R und R′ sind die Gruppen bezeichnet, die in der Proteinkette an das Lysin anschließen.

Indem man ^{14}C-Dihydroxyacetonphosphat einsetzte und die Anzahl von N^6-β-Glyceryllysin pro Molekül Aldolase bestimmte, fand man, daß jedes Enzymmolekül zwei Bindungsstellen für sein Substrat besitzt.

Andere Reagenzien erlaubten zusätzliche Befunde: Bei Zugabe von 1-Chloro-2,4-dinitrobenzol, das sich mit den Sulfhydrylgruppen des Enzyms verbindet, reagieren drei dieser Gruppen sehr schnell ohne Aktivitätsverlust. Zur totalen Inaktivierung ist die Nitrophenylierung von 12 SH-Gruppen nötig. In Gegenwart des Substrats sind 4-6 SH-Gruppen geschützt, und die Enzymaktivität bleibt erhalten.

Daraus hat man gefolgert, daß 4-6 SH-Gruppen für die Funktionsfähigkeit des Enzyms notwendig sind.

Wie man weiß, besitzt die Aldolase ein Molekulargewicht von 142 000 und kann durch Harnstoff, offenbar ohne Bruch kovalenter Bindungen, in mehrere Polypeptidketten dissoziiert werden. Unter Einwirkung von Carboxypeptidase werden zwei der Ketten weiter abgebaut als die anderen. Das zeigt, daß das native Enzym möglicherweise zwei identische Ketten enthält, die von den anderen verschieden sind.

Vermutlich befinden sich die verschiedenen aktiven Zentren jeweils auf identischen Ketten.

Um diese Hypothese zu bestätigen, muß man die einzelnen Ketten isolieren. Tatsächlich lassen rezente Arbeiten [63a] erwarten, daß die Aldolase aus Kaninchenmuskel aus vier Untereinheiten aufgebaut ist; es scheinen zwei ähnliche, aber nicht identische Typen von Untereinheiten zu bestehen. Beide enthalten den Lysin-Rest, der mit dem Dihydroxyacetonphosphat-Rest die intermediäre Schiffsche Base bildet [63b].

7. Triosephosphat-Isomerasen

Das Dihydroxyacetonphosphat liegt nicht direkt auf dem Glykolyseweg. Nur das zweite Triosephosphat, das unter der Einwirkung von Fructose-1,6-diphosphat-Aldolase gebildet wird, kann weiter in Richtung auf das Pyruvat umgesetzt werden. Ein Enzym, die Triosephosphat-Isomerase, katalysiert die Umwandlung von Dihydroxyacetonphosphat in D-Glycerinaldehyd-3-phosphat:

Dihydroxyacetonphosphat $\rightleftarrows$ D-Glycerinaldehyd-3-phosphat

Dieses Enzym wurde aus Kälbermuskel kristallisiert. Seine katalytische Aktivität ist außerordentlich hoch: 100 000 g Enzym katalysieren die Umsetzung von 945 000 Mol Substrat in der Minute bei 26 °C.

In allen Geweben begleitet die Triosephosphat-Isomerase die Fructose-1,6-diphosphat-Aldolase. Fehlte sie, wäre die Wirksamkeit der Glykolyse um 50 % reduziert.

8. D-Glycerinaldehyd-3-phosphat-Dehydrogenasen

Diese aus Kaninchenmuskel und Bäckerhefe kristallisierten Enzyme werden oft Triosephosphat-Dehydrogenasen genannt. Folgende Reaktion wird katalysiert:

Glycerinaldehyd-3-phosphat + NAD^+ + H_3PO_4
$\rightleftarrows$ 1,3-Diphosphoglycerat + NADH + H^+

Diese Enzyme besitzen eine sehr große Affinität zum NAD. Speziell das aus dem Muskel kristallisierte enthält zwei Moleküle NAD fest an das Enzymmolekül gebunden. Durch Adsorption an Aktivkohle kann man dieses Substrat entfernen. Das NAD ist in bisher ungeklärter Weise mit SH-Gruppen an das Protein gebunden.
Folgender Mechanismus wird für die von diesen Enzymen katalysierte Reaktion vorgeschlagen [64]:

Enzym-SH + NAD^+ → Enzym-S-NAD + H^+
Enzym-S-NAD + R-CHO → Enzym-S-CO-R + NADH
Enzym-S-CO-R + PO_4H_3 → Enzym-SH + PO_3H_2-O-CO-R

Man nimmt also an, daß die Aldehyd-Gruppe des Substrats unter dem Einfluß des Enzym-NAD-Komplexes einer doppelten Umsetzung unterzogen wird. Zunächst erfolgt die Übertragung der Acyl-Gruppe an die SH-Gruppe des Enzyms, dann wird diese Acyl-Gruppe unter Bildung des entsprechenden Acylphosphats auf Orthophosphat übertragen. Das Enzym fungiert somit als Acyl-Transferase. Dieses Schema wird dadurch gestützt, daß das Muskelenzym wirkungsvoll andere Transacylierungen katalysieren kann, wie die Übertragung der Acetyl-Gruppe vom Acetylphosphat auf verschiedene Verbindungen, die Thiol-Gruppen besitzen, die Übertragung einer Acyl-Gruppe von einer Thiol-Verbindung auf eine andere oder weiterhin die Arsenolyse des Acetylphosphats. Diese Reaktionen laufen jedoch mit Geschwindigkeiten ab, die zwischen 0,006 und 0,02 % der normalen Dehydrogenierungsgeschwindigkeit variieren.
In Erbsenblättern konnte man eine Triosephosphat-Dehydrogenase nachweisen, die NADP an Stelle von NAD benötigt. Läßt man die Reaktion mit (durch das schwere Isotop ^{18}O) markiertem Phosphat ablaufen, so ändert sich der ^{18}O-Gehalt des Phosphats nicht, gleichgültig in welcher Richtung die Reaktion abläuft. Es wird also die C–O- und nicht die P–O-Bindung angegriffen. Diese Beobachtung stimmt mit dem Befund überein, daß das Enzym spezifisch für Aldehyd-Gruppen ist [64a].

9. Phosphoglycerat-Kinasen

Diese Enzyme katalysieren die Reaktion:

D-1,3-Diphosphoglycerat + ADP ⇄ D-3-Phosphoglycerat + ATP

Eine dieser Kinasen wurde aus Bäckerhefe kristallisiert. Wir wollen festhalten, daß dieses Enzym die Synthese eine Moleküls ATP durchführt. Da die Aldolase zwei Moleküle Triose liefert, werden zwei Moleküle ATP gebildet. Damit ist der Energieverbrauch der Hexokinase- und der Phosphofructokinase-Reaktion ausgeglichen.

Unterwirft man an der Phosphat-Gruppe markiertes Diphosphoglycerat (synthetisiert durch die Triosephosphat-Dehydrogenase in Gegenwart von ^{18}O) der Wirkung der Phosphoglycerat-Kinase, so enthält das entstehende Molekül Phosphoglycerat den ^{18}O in seiner Carboxyl-Gruppe. Das Sauerstoffatom, das ursprünglich aus dem Phosphat stammt, bleibt nun tatsächlich nach dem Bruch der P-O- Bindung (katalysiert von der Kinase) an das C-Atom gebunden.
Der kombinierte Effekt der Triosephosphat-Dehydrogenase und der Phosphoglycerat-Kinase ist der Transfer eines Sauerstoffatoms vom Phosphat auf eine Carboxyl-Gruppe [65].

10. Phosphoglycerat-Mutasen

Zu dieser Klasse von Enzymen gehören zwei Typen, die entweder die eine oder die andere der folgenden Reaktionen katalysieren:

2,3-Diphosphoglycerat + 3-Phosphoglycerat
⇄ 2,3-Diphosphoglycerat + 2-Phosphoglycerat (1)
3-Phosphoglycerat ⇄ 2-Phosphoglycerat (2)

Der Unterschied zwischen beiden liegt darin, daß eine 2,3-Diphosphoglycerat benötigt und die andere nicht. Es gelang, Mutasen, deren Aktivität von der Anwesenheit des 2,3-Diphosphoglycerats abhängt, aus Bäckerhefe und Muskel zu kristallisieren. Eine vom Vorhandensein des 2,3-Diphosphoglycerats unabhängige Mutase wurde aus Weizenkeimen hochgereinigt gewonnen. Bis jetzt war es unmöglich, gebundenes 2,3-Diphosphoglycerat bei den Enzymen nachzuweisen, die es für ihre Aktivität benötigen.

11. Enolasen (Phosphopyruvat-Hydratasen)

Diese Enzyme katalysieren die Reaktion:

D-2-Phosphoglycerat ⇄ Phosphoenolpyruvat + H_2O

Die Enolase der Bäckerhefe wurde kristallisiert. Sie ist ein Protein mit einem Molekulargewicht von etwa 60 000, dessen Aktivität vom Vorhandensein bestimmter zweiwertiger Ionen abhängt (Mg^{2+}, Zn^{2+} oder Mn^{2+}).

12. Pyruvat-Kinasen

Durch diese Proteine wird folgende Reaktion katalysiert:

Phosphoenolpyruvat + ADP ⇄ Pyruvat + ATP

Das Enzym aus Kaninchenmuskel wurde mit einer Ausbeute von 40 % kristallisiert. Sein Molekulargewicht beträgt 237 000. ADP kann mit abnehmender Wirksamkeit durch GDP, IDP, UDP und CDP ersetzt werden.

Bis zu diesem Schritt dienten zwei Moleküle ATP für die vorausgehende Phosphorylierung der Glucose und die Bildung von Fructose-1.6-diphosphat. Aus dieser Verbindung entstanden zwei Moleküle Triosephosphat. Die Reaktionen der Phosphoglycerat-Kinase und der Pyruvat-Kinase lieferten zwei Moleküle ATP pro Molekül Triose, d.h. insgesamt 4 Moleküle ATP.

Der Reingewinn im EMBDEN-MEYERHOF-Abbau besteht also in zwei Molekülen ATP pro Molekül eingesetzter Glucose. Wie wir sehen werden, liefert die Reoxydation des durch die Triosephosphat-Dehydrogenase gebildeten NADH zusätzlich ATP-Moleküle, ausgenommen bei der Anaerobiose im Muskel oder in der Hefe, wo folgende Gärungen stattfinden.

13. Bildung von Milchsäure durch den anaerobionten Muskel. Lactat-Dehydrogenase des Muskels

Dieses Enzym katalysiert die Reaktion:

$$\text{Pyruvat} + \text{NADH} + H^+ \rightleftarrows \text{L-Lactat} + \text{NAD}^+$$

Es wurde aus Rinderherz kristallisiert. Sein Molekulargewicht liegt bei 135 000.

Man darf es nicht mit den D- und L-Lactat-Dehydrogenasen verwechseln, die in der aerobionten Hefe vorkommen. Diese sind Flavinenzyme und können keine Elektronen mit dem System NADH + H^+— NAD^+ austauschen.

Pyruvat ist das bevorzugte Substrat dieses Enzyms, das jedoch auch eine Reihe anderer α-Ketosäuren und Diketosäuren reduzieren kann.

Die L-Lactat-Dehydrogenasen des Muskels stellen ein interessantes Problem im Hinblick auf ihre Proteinstruktur und ihre Funktion dar. Eine Behandlung dieser Fragen übersteigt jedoch den Rahmen dieses Buches.

14. Alkoholische Gärung der anaerobionten Hefe

14.1. Pyruvat-Decarboxylase

Unter der Einwirkung dieses Enzyms wird Pyruvat über folgende zwei Schritte zu Acetaldehyd decarboxyliert:

a) Pyruvat und Thiaminpyrophosphat bilden durch Anlagerung eine Verbindung

$$CH_3\text{-CO-COOH} + \text{Thiaminpyrophosphat}$$
$$\rightarrow CH_3\text{-CHOH-Thiaminpyrophosphat} + CO_2$$

b) Diese Verbindung, das α-Hydroxyäthyl-thiaminpyrophosphat, wird daraufhin in Thiaminpyrophosphat und Acetaldehyd aufgespalten:

$$CH_3\text{-CHOH-Thiaminpyrophosphat} \rightarrow CH_3\text{-CHO} + \text{TPP}$$

Das Enzym wurde noch nicht rein isoliert; es enthält TPP und Magnesium, das ebenfalls für die Reaktion unerläßlich ist.

Ordnet man ein Molekül TPP einem Molekül Enzym zu, kann man eine angenäherte Vorstellung seines Molekulargewichts gewinnen: 100 000. Diese Zahl ist jedoch noch sehr ungenau. Folgender Wirkungsmechanismus gilt als möglich:

R–CH₂–N⁺——C– / HC C– / S $\underset{+H^+}{\overset{-H^+}{\rightleftarrows}}$ R–CH₂–N⁺——C– / –C C– / S $+ CH_3–CO–COO^- + 2H^+ \longrightarrow$

R–CH₂–N⁺——C– / CH_3–CHOH–C C– / S $+ CO_2 \longrightarrow$ R–CH₂–N⁺——C– / HC C– / S $+ CH_3–CHO$

α-Hydroxyäthyl-
thiaminpyrophosphat

14.2. Alkohol-Dehydrogenase

Die Kristallisation dieses Enzyms aus der Bäckerhefe im Jahre 1937 bildete das erste Beispiel der Isolierung eines Proteins, dessen Wirkung an ein Pyridinnucleotid gekoppelt ist, und ermöglichte die grundlegenden Untersuchungen über den Wirkungsmechanismus derartiger Enzyme. Die katalysierte Reaktion lautet:

$$CH_3\text{-}CHO + NADH + H^+ \rightleftarrows CH_3\text{-}CH_2OH + NAD^+$$

Dieses Enzym wurde bei allen Tieren, Pflanzen und Mikroorganismen, die man daraufhin untersuchte, gefunden. 1948 gelang es eine Alkohol-Dehydrogenase aus Pferdeleber zu kristallisieren.

Das Molekulargewicht des Enzyms aus der Hefe wurde von einigen Autoren auf 129 000 geschätzt, von anderen mit anderen Verfahren auf 151 000. Das Enzym enthält 4–5 Zinkatome fest ans Protein gebunden. Die Dialyse bei saurem pH bewirkt den Verlust des Zinks verbunden mit einer irreversiblen Inaktivierung des Enzyms. Enthält der Dialysepuffer Zink, wird das Enzym geschützt.

Die hier beschriebene Glykolyse ist der Hauptabbauweg der Kohlenhydrate. Sie ist jedoch keineswegs der einzige. Eins der ersten Enzyme, die identifiziert und untersucht wurden, das Zwischenferment von WARBURG und CHRISTIAN, katalysiert die Oxydation des Glucose-6-phosphats zu Phosphogluconsäure. Diese wiederum ist das Substrat, aus dem die Pentosen synthetisiert werden.

Bild 17 zeigt schematisch die Reaktionen, in deren Verlauf das Ribose-5-phosphat und das Erythrose-4-phosphat, Ausgangsprodukte zahlreicher Biosynthesen, gebildet werden. Das Fructose-6-phosphat, das in diesem Reaktionszyklus entsteht, kann durch die Phosphohexose-Isomerase zu Glucose-6-phosphat umgesetzt und dann wieder in den Zyklus eingeschleust werden oder es kann an der gewöhnlichen Glykolyse teilnehmen.

Das Enzym, das zwei Pentosen in einen Zucker mit 7 C-Atomen und eine Triose umwandelt, heißt Transketolase; die Transaldolase wandelt die zwei Produkte der Transketolase-Reaktion in Fructose-6-phosphat und Erythrose-4-phosphat um.

Tabelle 8

	ATP	ADP	NADH
Glucose	-1	+1	
Glucose-6-P			
Fructose-6-P	-1	+1	
Fructose-1,6-diP			
D-Glycerinaldehyd-3-P			+2
Dihydroxyacetonphosphat			
D-1,3-diP-Glycerat	+2	-2	
D-3-P-Glycerat			
D-2-P-Glycerat	+2	-2	
Phosphoenolpyruvat			
Pyruvat			-2
Lactat Acetaldehyd			
Äthanol			
	+2	-2	0

Man sieht, daß die Energiebilanz der Glykolyse geringfügig positiv ist, während die Netto-Synthese der reduzierten Pyridinnucleotide Null beträgt.

Wie wir weiter unten sehen werden, ist Ribose-5-phosphat ein obligates Zwischenprodukt der Nucleinsäuresynthesen und der Synthesen der Seitenketten des Histidins und des Tryptophans, während Erythrose-4-phosphat eine notwendige Vorstufe des aromatischen Kerns ist.

Offensichtlich benötigen alle autotrophen Organismen unbedingt ein normales Funktionieren des Pentosephosphatzyklus parallel zur Glykolyse.

Man sieht, daß zwei Moleküle NADP je Zyklus reduziert werden, während die Gesamtausbeute reduzierter Pyridinnucleotide im Verlauf der Glykolyse Null beträgt.

NADPH, das auch beim Durchlaufen des Tricarbonsäurezyklus gebildet wird, ist für zahlreiche Biosynthesen unentbehrlich.

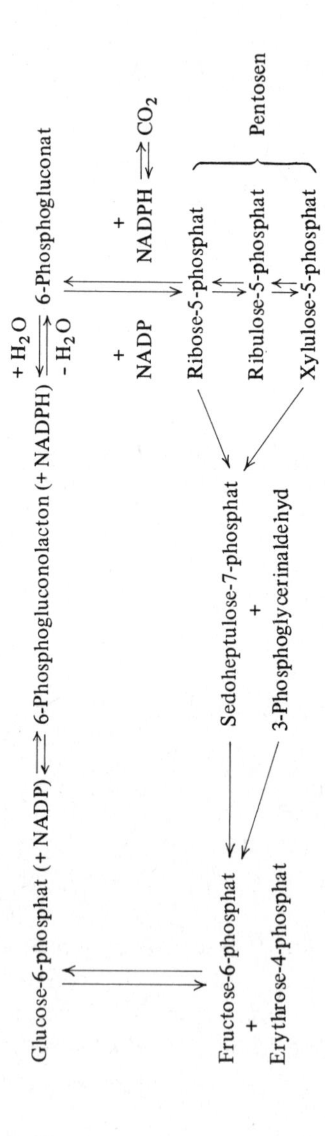

Bild 17. Hexosemonophosphatzyklus; so bezeichnet im Gegensatz zur Glykolyse, an der auch Hexosediphosphate teilnehmen. Der Zyklus heißt auch Warburg-Dickens-Horecker-Zyklus.

Tabelle 8a

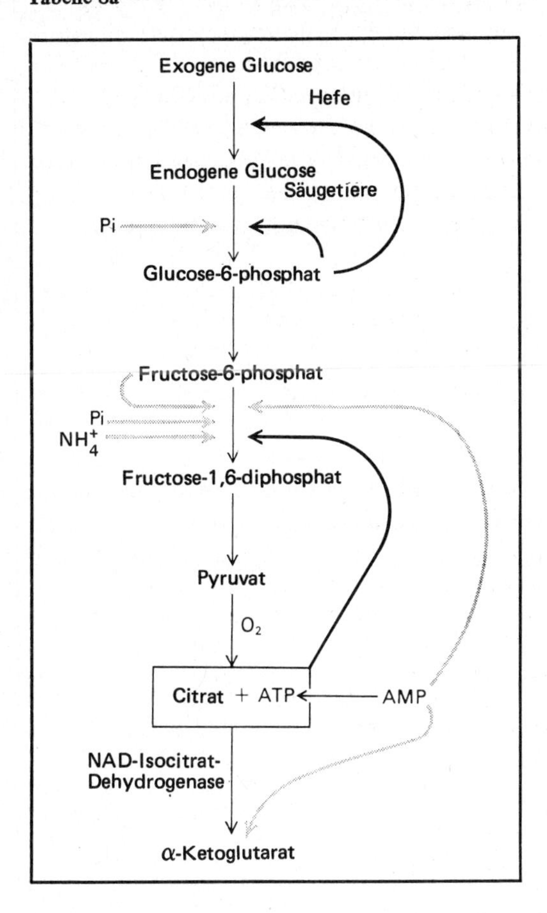

Diese Tafel faßt die Hauptergebnisse über die Glykolyse-Regulation zusammen. Die Angriffspunkte einer Hemmung werden durch schwarze Pfeile und Stellen, an denen eine Aktivierung ansetzt, durch graue Pfeile angezeigt. Man sieht, daß ein ATP-Überschuß die Glykolyse bremst und ein Überschuß an AMP und anorganischem Phosphat sie beschleunigt. Der Sauerstoff spielt indirekt eine Rolle: Der „Pasteur-Effekt" wird vom ATP, das bei der Atmung gebildet wird, hervorgerufen. Er wird durch Agenzien, die die Atmung von der ATP-Synthese abkoppeln, wie Dinitrophenol, aufgehoben.

Es ist nun interessant, die relativen Anteile der Glykolyse und des Pentosephosphatzyklus am Glucoseabbau zu ermitteln. Die Gelegenheit dazu bietet eine Mutante von *Salmonella typhimurium,* der die Aktivität der Phosphohexose-Isomerase praktisch völlig fehlt [66].

Diese Mutante ist gezwungen, sich des Pentosephosphatzyklus zu bedienen, um Fructose-6-phosphat aus Glucose-6-phosphat zu bilden. Ihr Wachstum auf Glucose ist bedeutend verlangsamt, während die Teilungsrate auf Glycerin mit der des Wildtyps übereinstimmt. Untersuchungen über die Bildung von CO_2 aus Glucose, die an verschiedenen Positionen markiert wurde, bei den Bakterien des Wildtyps und der Mutante zeigen, daß nur 20 % der Glucose normalerweise über den Pentosephosphatzyklus umgesetzt werden. Dieser erweist sich somit, wenigstens bei den Bakterien, wichtiger im Hinblick auf die entstehenden Metaboliten als vom energetischen Gesichtspunkt aus.

Bei höheren Lebewesen ist der Beitrag, den der Pentosephosphatzyklus beim Abbau der Glucose leistet, schwierig zu bestimmen; offenbar variiert er von einem zum anderen Organ. In der Leber scheint der größte Teil der Oxydationen über den Pentosephosphatzyklus abzulaufen, während sich der Abbau im Muskel allein der Glykolyse bedient.

Bei einigen Mikroorganismen wird die Glucose auf einem Wege oxydiert, der mit der Umsetzung bestimmter nichtphosphorylierter Metaboliten beginnt. Spezifische Kinasen bauen dann Phosphatreste in später gebildete Zwischenprodukte ein. Ebenso wurde eine Glucose-Dehydrogenase aus der Leber eines Säugetiers und aus bestimmten Schimmelpilzen beschrieben. Ein interessantes System tritt beim Bakterium *Pseudomonas saccharophila* auf, das die Glucose mit folgenden Reaktionen abbaut [67]:

Glucose-6-phosphat → 6-Phosphogluconat
6-Phosphogluconat → 2-Keto-3-desoxy-6-phosphogluconat
2-Keto-3-desoxy-6-phosphogluconat → Pyruvat + Phosphoglycerinaldehyd

IV. Der Tricarbonsäurezyklus

Der Tricarbonsäurezyklus umfaßt eine Reihe von Reaktionen, die die völlige Oxydation eines Moleküls Acetat zu CO_2 und Wasser durchführen. Man darf annehmen, daß das Acetatmolekül aus Pyruvat in einer Reaktion entsteht, die wir weiter unten ausführlicher behandeln werden.

Die Oxydationen des Zyklus sind gekoppelt mit Reaktionen, die Elektronen auf molekularen Sauerstoff übertragen, Reaktionen, deren Behandlung über den Rahmen dieses Buches hinausgeht. Es reicht festzustellen, daß es sich um die Veresterung des anorganischen Phosphats über den Mechanismus der Substratoxydierung und des Elektronentransports handelt. Der Zyklus und der darauf folgende Elektronentransport bilden einen sehr wirksamen Mechanismus der Produktion von Energie in Form von ATP. Bei vielen Organismen stellt der Tricarbonsäurezyklus den einzigen oder vorwiegenden oxydativen Reaktionsweg dar. Der Tricarbonsäurezyklus oder Citronensäurezyklus (nach dem Namen des Wissenschaftlers, der den wesentlichsten Beitrag zur Klärung des Mechanismus geleistet hat, auch Krebs-Zyklus genannt) ist ein Beispiel eines biochemischen Zyklus, in dem eine Verbindung nach einer Reihe von Reaktionsschritten regeneriert wird und so als Katalysator für den Umsatz anderer Verbindungen agiert. Das regenerierte Molekül ist in aufeinanderfolgenden Zyklen nicht unbedingt aus denselben Kohlenstoffatomen zusammengesetzt. Im Fall des Tricarbonsäurezyklus ist die Reaktion, die neue Kohlenstoffatome einführt, die Kondensation des Oxalacetats und des Acetyl-CoA zum Citrat. Der nächste Abschnitt zeigt, wie man vom Pyruvat ausgehend Acetyl-CoA und Oxalacetat – unentbehrliche Bestandteile zum Starten des Zyklus – erhält.

1. Synthese des Acetyl-CoA. Das System Pyruvat-Oxydase

In der Anaerobiose wird das im Verlauf der Glykolyse gebildete NADH durch das Cytochromsystem oxydiert und ist für Reaktionen, die bei Hefe und Muskel von Pyruvat zu Äthanol bzw. Milchsäure führen, nicht verfügbar. Das Pyruvat wird unter diesen Bedingungen zu Acetyl-CoA (das im Krebs-Zyklus verbraucht wird) über eine Reihe von Reaktionen umgesetzt, die von dem Enzymkomplex Pyruvat-Oxydase katalysiert werden:

1. $CH_3-CO-COOH$ + Thiaminpyrophosphat
$\rightarrow$ α-Hydroxyäthylthiaminpyrophosphat + CO_2

2. α-Hydroxyäthylthiaminpyrophosphat + $CH_2CH_2-CH-(CH_2)_4-COOH$ (mit S——S-Brücke zwischen erstem CH_2 und CH) oxydiertes Lipoat

$\downarrow\uparrow$

Thiaminpyrophosphat + $CH_2-CH_2-CH-(CH_2)_4-COOH$ (SH am ersten CH_2, $S-CO-CH_3$ am CH)
6-S-Acetylhydrolipoat

3. 6-S-Acetylhydrolipoat + CoASH
$\rightleftarrows$ $CH_3-CO-SCoA$ + $CH_2-CH_2-CH-(CH_2)_4-COOH$ (SH am ersten CH_2, SH am CH)
Dihydrolipoat

4. Dihydrolipoat + NAD^+ $\rightleftarrows$ oxydiertes Lipoat + NADH + H^+

Als Summe der vier Reaktionen kann man schreiben:

Pyruvat + CoASH + NAD^+ $\rightarrow$ Acetyl-CoA + CO_2 + NADH + H^+

Der Multienzymkomplex, der diese Gesamtreaktion katalysiert, wurde hochgereinigt aus Taubenmuskel [68] und aus *E. coli* [69] in Form von Verbindungen mit einem Molekulargewicht von 4×10^6 bzw. $4{,}8 \times 10^6$ gewonnen.

Die Zwischenstufen Hydroxyäthylthiaminpyrophosphat, Thiaminpyrophosphat, Acetylhydrolipoat, reduziertes und oxydiertes Lipoat kommen an das Enzym gebunden und niemals als freie Verbindungen vor.

In dem System, das aus *E. coli* gewonnen wurde, ließen sich Fraktionen abtrennen, die nur bestimmte der folgenden Reaktionen katalysieren:

a) Eine Fraktion, die die Reaktion 4 katalysiert (Dihydrolipoat-Dehydrogenase, früher Diaphorase) und die ein Flavoprotein ist, das FAD enthält.
b) Eine Fraktion, die die gesamte Liponsäure gebunden enthält und die Reaktionen 2 und 3 katalysiert; diese Fraktion kann man provisorisch Lipoat-Reduktase-Transacetylase nennen.
c) Eine Fraktion, die Reaktion 1 katalysiert (Pyruvat-Decarboxylase).

Man konnte diese Fraktionen wieder zu einem Komplex mit gleichem Molekulargewicht wie der ursprüngliche und mit jenem identisch in seiner Zusammensetzung und seiner gesamten Enzymaktivität reassoziieren [69a]. Das Molekulargewicht der

Pyruvat-Decarboxylase, die aus dem Komplex isoliert wurde, beträgt 183 000, das der Dihydrolipoat-Dehydrogenase 112 000 (einschließlich zweier Moleküle FAD pro Enzymmolekül).

Die komplexe Natur der Lipoat-Reduktase-Transacetylase ist noch nicht aufgeklärt. Insbesondere ist die Frage, ob unterschiedliche Untereinheiten die Reaktionen 2 und 3 getrennt katalysieren, noch nicht gelöst. Wie dem auch sei, sie stellt etwa 34 % des Gesamtkomplexes dar.

Ihr „Molekulargewicht" kann auf $1{,}6 \times 10^6$ geschätzt werden (wenn man ein Molekül Lipoat pro Untereinheit annimmt, beträgt das Molekulargewicht der hypothetischen Untereinheit 30 000).

Aus den Daten über die Zusammensetzung des Komplexes und aus den bekannten Molekulargewichten läßt sich die Zahl von Molekülen jedes Enzyms im Komplex schätzen.

Tabelle 9

Aktivität	Molekulargewicht	Anzahl der Untereinheiten	Gesamtmolekulargewicht
Decarboxylase	183 000	12 bis 14	$2{,}2-2{,}6 \times 10^6$
Reduktase-Transacetylase	$1{,}6 \times 10^6$	1	$1{,}6 \times 10^6$
Dehydrogenase	112 000	6 bis 8	$0{,}7-0{,}9 \times 10^6$
			$4{,}5-5{,}1 \times 10^6$

Der Vorteil von molekularen Assoziationen, wie dem System Pyruvat-Oxydase, kann nicht übersehen werden. Die Organisation von Enzymen mit gekoppelter Funktion in einer integrierten Struktur, die unter physiologischen Bedingungen nicht zerlegbar ist, erhöht die Wirksamkeit eines Systems von Folgereaktionen beträchtlich. Die Moleküle des Lipoats sind durch eine covalente Bindung an ϵ-Lysyl-Reste des Enzymproteins gebunden.

2. Synthese des Oxalacetats

Zwei unterschiedliche enzymatische Systeme sind imstande, die Carboxylierung des Pyruvats zum Oxalacetat zu bewirken.

Das erste Enzym ist die Pyruvat-Carboxylase, die in Gegenwart von ATP folgende Reaktion auslöst:

$$\begin{aligned} &ATP + CH_3CO\text{—}COOH + CO_2 + H_2O \\ &\qquad \rightleftarrows ADP + Pi + COOH\text{—}CH_2\text{—}CO\text{—}COOH \end{aligned}$$

Das Enzym enthält Biotin gebunden und benötigt Mg^{2+}. Man findet es bei den Bakterien und in tierischen Geweben. Das aus Tieren gewonnene Enzym braucht zur Funktion noch katalytische Mengen von Acetyl-CoA [70]. Die Gründe für diesen Bedarf werden im Kapitel über die Gluconeogenese behandelt.

Das zweite Enzym, die Phosphoenolpyruvat-Carboxykinase, geht von Phosphoenolpyruvat aus [71]:

$$\underset{\substack{|\\ OPO_3H_2}}{COOH{-}C}{=}CH_2 + CO_2 + GDP \rightarrow COOH{-}CO{-}CH_2{-}COOH + GTP$$

Das benötigte GDP ist nicht durch ATP ersetzbar. Aus verschiedenen pflanzlichen Geweben wurde eine Kinase gewonnen, die die Synthese des Oxalacetats aus Phosphoenolpyruvat katalysiert. Sie zeigt keinen Bedarf an Nucleotiden.

3. Der Tricarbonsäurezyklus

Der Zyklus umfaßt Dehydratationen, Hydratationen, Oxydationen und Decarboxylierungen und liefert am Ende jedes Umlaufs Oxalacetat, CO_2 und Wasser. Die C-Atome, die das Oxalacetatmolekül aufbauen, sind nicht die des Moleküls, das zum Starten des Zyklus gedient hat.

Der Zyklus besteht im wesentlichen aus sieben Reaktionen:

1. Kondensation von Acetyl-CoA und Oxalacetat zu Citrat;
2. Intramolekulare Umlagerung von Citrat in Isocitrat;
3. Oxydative Decarboxylierung des Isocitrats zu α-Ketoglutarat;
4. Oxydative Decarboxylierung des α-Ketoglutarats zu Succinat;
5. Oxydation des Succinats zu Fumarat;
6. Hydratation des Fumarats zu Malat;
7. Oxydation des Malats zu Oxalacetat,

womit der Kreis geschlossen ist. Bild 18 zeigt schematisch die Reaktionen des Krebs-Zyklus.

3.1. Kondensation

Die Keto-Gruppe des Oxalacetats reagiert nach Art einer Aldolkondensation mit Acetyl-CoA:

$$\underset{CH_2}{\overset{COOH}{|}} - \underset{C}{\overset{COOH}{|}} = O + HCH_2 - \underset{\substack{\|\\ O}}{C} \sim SCoA + H_2O$$

$$\downarrow\uparrow$$

$$\underset{CH_2}{\overset{COOH}{|}} - \underset{\substack{C\\ |\\ OH}}{\overset{COOH}{|}} - \underset{CH_2}{\overset{COOH}{|}} + CoASH + H^+$$

Citronensäure

Das Enzym, das diese Reaktion katalysiert, die Citrat-Oxalacetat-Lyase (CoA acetylierend) oder einfacher Citrat-kondensierendes Enzym, wurde aus Schweineherz kristallisiert [72]. Die Bedeutung dieser Reaktion rührt daher, daß sie die Produkte des Kohlenhydrat-, Lipid- und Proteinstoffwechsels in den Tricarbonsäurezyklus und damit in die Maschinerie der völligen Oxydation einschleust.

Die von diesem Enzym katalysierte Reaktion unterscheidet sich von der Mehrzahl der Reaktionen, an denen Derivate des CoA beteiligt sind, darin, daß sich hier die Methyl-Gruppe und nicht die Carboxyl-Gruppe des Acetats an der Kondensation beteiligt.

Die Reaktion läuft in zwei Phasen ab: die Kondensation im eigentlichen Sinne und die Hydrolyse des Thioesters. Dasselbe Enzym ist für beide Aktionen verantwortlich. Die Reaktion ist praktisch irreversibel ($\Delta F = -8$ kcal).

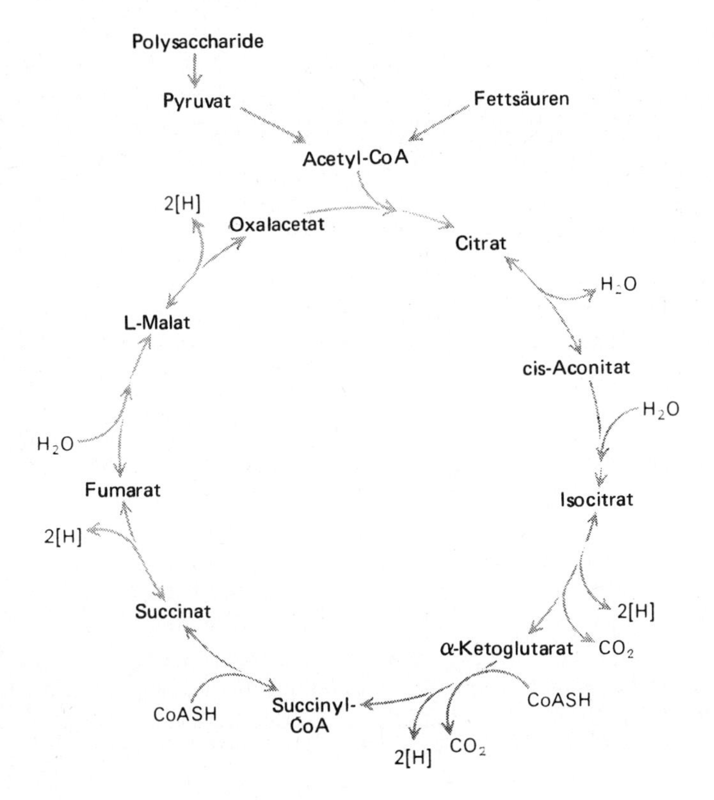

Bild 18
Der Tricarbonsäurezyklus

3.2. Aconitase

Dieses Enzym katalysiert die Gleichgewichtseinstellung zwischen den drei Tricarbonsäuren Citronensäure, Isocitronensäure und cis-Aconitsäure. Sie liegen im Gleichgewicht mit folgenden Anteilen vor:

Citrat	89,5 %
Isocitrat	6-7 %
cis-Aconitat	3-4 %

Diese Gleichgewichtseinstellung erfolgt über eine Zwischenstufe von unbekannter Struktur.

3.3. Isocitrat-Dehydrogenase

Viele tierische und pflanzliche Gewebe und auch die Hefe enthalten zwei Isocitrat-Dehydrogenasen, die sich in der Art des Pyridinnucleotids, an das ihre Reaktionen gebunden sind, grundlegend unterscheiden [73].

Ältere Untersuchungen zeigten, daß sich die NAD-abhängige Isocitrat-Dehydrogenase der Hefe von dem Enzym aus Schweineherz, das für NADP spezifisch ist, durch zwei zusätzliche Charakteristika unterscheidet: das NAD-abhängige Enzym benötigt unbedingt AMP. Die von ihm katalysierte Reaktion scheint nicht reversibel zu sein [73].

Da diese katalysierte Reaktion in beiden Fällen dieselbe ist,

$$\mathrm{COOH{-}CHOH{-}\underset{\displaystyle COOH}{\underset{|}{CH}}{-}CH_2{-}COOH + NAD(P)^+}$$

$$\longrightarrow \mathrm{COOH{-}CO{-}CH_2{-}CH_2{-}COOH + NAD(P)H + H^+ + CO_2}$$

erkennt man keinen Grund für den überraschenden Befund, daß eine der Reaktionen nicht reversibel sein soll, zumal bekannt ist, daß die Redoxpotentiale der beiden Pyridinnucleotide praktisch identisch sind. Dieser offensichtliche Verstoß gegen die thermodynamischen Gesetze bildete lange Zeit ein unerklärliches Paradoxon. Dieses wurde nun kürzlich geklärt [74, 74a]. Wie sich herausstellte, ist die NAD-abhängige Reaktion reversibel, wenn man bei einem niedrigeren pH arbeitet als dem von den ersten Autoren verwandten; außerdem ist der AMP-Bedarf nur so auffällig bei Isocitratkonzentrationen, die relativ niedriger liegen als die in den ersten Arbeiten eingesetzten. Eine eingehende Untersuchung dieses Enzyms hat ergeben, daß die katalysierte Reaktion im Hinblick auf die Isocitratkonzentration von vierter Ordnung ist, im bezug auf die Konzentration von NAD^+, Mg^{2+} und AMP von zweiter Ordnung und im bezug auf die Enzymkonzentration von erster Ordnung. Die bezüglich der Isocitratkonzentration höhere Ordnung der Reaktion wird durch die sehr ausgeprägte sigmoide Kurve angezeigt, die sich ergibt, wenn man die Reaktionsgeschwindigkeit in Beziehung zu der Konzentration dieses Substrats setzt. In Gegenwart wachsender AMP-Konzentrationen wird diese Kurve gegen die Abszisse gestaucht. Bei sättigender AMP-Konzentration unterscheidet sie sich wenig von der Hyperbel nach HENRI-MICHAELIS.

Dieser Ordnungswechsel der Reaktionen ist jedoch eine Täuschung und allein das Ergebnis einer graphischen Kompression. Der wirkliche Effekt des AMP liegt in der Vergrößerung der Affinität des Enzyms zum Isocitrat, ohne irgendeinen Einfluß auf V_{max}. Man fand, daß die Konzentrationszunahme eines beliebigen Bestandteils dieses Systems, sei es das Isocitrat, das Magnesium, das Pyridinnucleotid oder das AMP, die Affinität des Enzyms zu allen anderen Komponenten des Systems vergrößert.

Folgende Erklärung trägt den beschriebenen experimentellen Befunden Rechnung: Das Enzym soll zwei katalytisch wirksame Zentren besitzen, die beide Affinität zu den Substraten Isocitrat, Mg^{2+} und NAD^+ zeigen, zwei allosterische Zentren mit Affinität zum AMP und zwei weitere, von den vorhergehenden verschiedene, allosterische Zentren mit Affinität zum Isocitrat. Außerdem muß man annehmen, daß die Anwesenheit des AMP an seinen Regulationszentren Konformationsänderungen induziert, die die Affinität zwischen Isocitrat und allen seinen Bindungsstellen und die zwischen NAD^+ und Mg^{2+} und ihren katalytisch wirksamen Zentren vergrößern. Ein weiterer Effekt ist die Vermehrung der Affinität zwischen Isocitrat und allein den katalytisch wirksamen Zentren durch die Bindung von NAD^+ und Mg^{2+}. Hinzu kommt eine kooperative Wirkung der Isocitratmoleküle derart, daß die Bindung jedes Moleküls fortschreitend eine wachsende Affinität zwischen Isocitrat und den noch nicht besetzten Stellen nach sich zieht.

Unter Berücksichtigung all dieser Voraussetzungen sagt das von ATKINSON konstruierte mathematische Modell alle kinetischen Eigenschaften des Moleküls voraus: z.B. führt die Verdünnung des Reaktionsgemisches, in dem alle Bestandteile des Systems vorliegen und die Anfangsgeschwindigkeit in der Größenordnung von 1 % von V_{max} liegt, zu einem Aktivitätsabfall. Dieser folgt, wie es das Modell voraussagt, einer Gesetzmäßigkeit elfter Ordnung.

3.3.1. Bedeutung der zwei Isocitrat-Dehydrogenasen für die allgemeine Stoffwechselregulation

Wir haben bereits bei der Behandlung der Glykolyse gesehen, daß das Citrat die Aktivität der Phosphofructokinase stark hemmt. Bei AMP-Mangel, d.h. bei starker Aerobiose (starke ATP-Synthese), ist die NAD-abhängige Isocitrat-Dehydrogenase außer Funktion, und Citrat reichert sich an (nicht Isocitrat, wegen des Gleichgewichts der Aconitasereaktion). Der AMP-Mangel und die damit zusammenhängende ATP-Zunahme führen also zur Hemmung der Phosphofructokinase und der NAD-Isocitrat-Dehydrogenase und damit zu einem Zustand, in dem die ATP-Konzentration abnimmt.

Andererseits wird aber unter diesen Bedingungen Citrat angereichert, was eine Aktivierung der Acetyl-CoA-Carboxylase zur Folge hat, eines Enzyms, welches das Acetat in den Synthesezyklus der Fettsäuren einschleust.

Die Oxydation des Isocitrats durch das NAD-Enzym muß also die Atmung fördern und als Folge davon die Umwandlung von AMP und ADP in ATP, während die Oxydation des Isocitrats durch das NADP-Enzym die Fettsäuresynthese fördern muß. Das Gleichgewicht zwischen den zwei verzahnten Wegen wird durch die Aktivierung des NAD-Enzyms durch AMP bei niedrigen Isocitratkonzentrationen und die Aktivierung der Acetyl-CoA-Carboxylase durch das Citrat aufrecht erhalten [75].

So wird die Oxydation des Isocitrats durch das NAD-Enzym durch die Umwandlung des AMP zu ATP begrenzt. Dies äußert sich in verminderter Aktivierung durch das AMP.

Eine Anreicherung des Citrats fördert die Fettsäuresynthese und damit einhergehend den Verbrauch von ATP und auch von NADPH, das durch das NADP-Enzym gebildet wird.

Die tatsächliche physiologische Bedeutung dieser Wechselwirkungen in vivo bleibt noch aufzuklären. Bild 19 faßt diese Regulationsmechanismen zusammen.

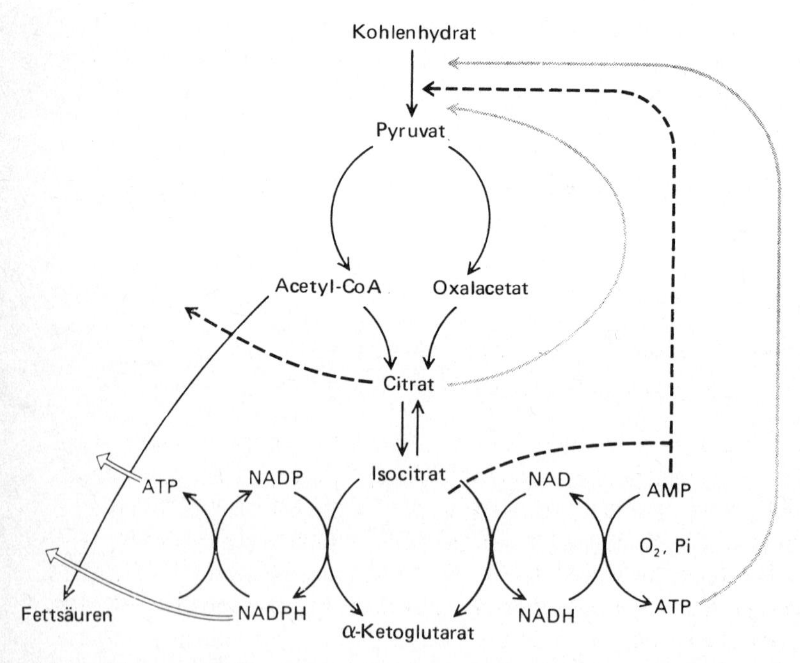

Bild 19. Die grauen Pfeile zeigen die Angriffspunkte der allosterischen Hemmung an; die gestrichelten die Stellen allosterischer Aktivierung. Die weißen Pfeile verdeutlichen, daß ATP und NADPH notwendige Bestandteile des Synthesesystems der Fettsäuren sind.

3.4. α-Ketoglutarat-Oxydase

Dieses Enzymsystem ist in zahlreichen Punkten dem der Pyruvat-Oxydase, die am Anfang dieses Kapitels behandelt wurde, ähnlich. Das Endprodukt des Systems ist Succinyl-CoA an Stelle des Acetyl-CoA. Succinyl-CoA wird im nächsten Schritt durch eine spezifische Desacylase desacyliert. Das gebildete Succinat kann nunmehr als Substrat für die Succinat-Dehydrogenase dienen. Das Molekulargewicht des aus *E. coli* gewonnenen Enzymkomplexes ist geringer als das des Pyruvat-Oxydase-Komplexes desselben Organismus: $2{,}4 \times 10^6$ im Gegensatz zu $4{,}8 \times 10^6$.

3.5. Succinat-Dehydrogenase

Lange Zeit wurde die Oxydation des Succinats im Zusammenhang mit partikulären Systemen (Mitochondrien), die die Dehydrogenierung im eigentlichen Sinne und die darauf folgende Übertragung der Elektronen auf den molekularen Sauerstoff vollziehen können, untersucht. Die Untersuchung des Enzyms in löslicher Form war erst möglich, als man künstliche Farbstoffe fand, die vom Enzym in Gegenwart des Succinats reduziert werden können.

Solche Farbstoffe sind das Safranin und das Phenazinmethosulfat (Methylenblau und Dichlorphenol-indophenol können sie nicht ersetzen).

Das Enzym wurde jetzt aus Hefe und Rinderherz in löslicher Form gewonnen. Es katalysiert die Reaktion:

Succinat + Farbstoff ⇄ Fumarat + Leukofarbstoff

Es enthält Eisen (als Fe^{II}) und Flavin-adenin-dinucleotid (FAD) und ist gegenüber SH-Gruppen-Reagenzien besonders empfindlich.

3.6. Fumarase

Dieses Enzym katalysiert die Reaktion:

Fumarat + H_2O ⇄ Malat

Es wurde kristallisiert dargestellt [76] und ist von theoretischem Interesse, weil man mit der Fumarase kinetische Studien durchgeführt hat [77], möglicherweise die sorgfältigsten bezüglich der Wirkung der pH-Variation auf die Enzymaktivität in Abhängigkeit von der Ionisation der Substrate und der Aktivatoren sowie auf den Wert der Michaeliskonstanten.

Insbesondere erlaubte die Untersuchung dieses Enzyms eine experimentelle Bestätigung der Beziehung von HALDANE:

$$K_{eq} = \frac{V_{max}\,\text{Fumarat} \times K_m\,\text{Malat}}{V_{max}\,\text{Malat} \times K_m\,\text{Fumarat}}$$

Man erreichte dies, indem man bei pH-Werten arbeitete, die hinreichend verschieden waren, daß das Verhältnis der Reaktionsgeschwindigkeiten mit Fumarat bzw. Malat um den Wert 65 variierte. Unter allen diesen Bedingungen wurde K_{eq} bei bestimmter Temperatur als bemerkenswert konstant ermittelt.

3.7. Malat-Dehydrogenase

Dieses Enzym wurde aus Rinderherz kristallisiert (MG = 52 000). Es ist für die Reaktion verantwortlich, die den Tricarbonsäurezyklus abschließt:

$$\begin{array}{ccc} COOH{-}CHOH{-}CH_2{-}COOH & \rightleftarrows & COOH{-}CO{-}CH_2{-}COOH \\ + & & + \\ NAD^+ & & NADH + H^+ \end{array}$$

Diese Reaktion kann auch mit NADP an Stelle von NAD ablaufen; die Geschwindigkeit beträgt dann aber nur 5–7 % derjenigen, die man mit dem anderen Pyridinnucleotid beobachtet. Das Reaktionsgleichgewicht bei physiologischem pH begünstigt die Bildung von Malat, aber die Reoxydation des NADH oder die Kondensation des Oxalacetats mit Acetyl-CoA, die einen neuren Umlauf einleitet, verschiebt das Gleichgewicht im physiologischen Sinne.

Es ist gelungen, aus Rattenleber zwei Malat-Dehydrogenasen zu trennen, die sich in ihrer intrazellulären Lokalisierung unterscheiden [78]. Obwohl die beiden Enzyme die gleiche Reaktion katalysieren, ist es möglich, sie durch ihre Spezifität gegenüber Analogen von NAD und durch ihre spezifische Hemmung durch das Reaktionsprodukt Oxalacetat zu unterscheiden. Eines der Enzyme ist cytoplasmatischen Ursprungs, das andere stammt aus den Mitochondrien. Zwei Malat-Dehydrogenasen, die dieselben Unterschiede in der Lokalisierung zeigen, wurden aus Erbsen und Hefe isoliert.

4. Bedeutung des Tricarbonsäurezyklus als Energiequelle und als Lieferant von C-Atomen für die Biosynthesen

Man könnte sich vorstellen, daß die bei der Reoxydation der reduzierten Pyridinnucleotide in Form von ATP gewonnene Energie zu nichts diente, wenn der KREBS-Zyklus nur die Funktion hätte, das Acetat, das aus dem Pyruvat entstand, zu CO_2-Gas und Wasser zu verbrennen. Die Zelle könnte dann mit einer kostspieligen Heizung verglichen werden.

Glücklicherweise ist dies nicht so. Die Ketoglutarsäure, die Oxalessigsäure, die Fumarsäure und die Brenztraubensäure sind Ausgangsstoffe für zahlreiche essentielle Metaboliten, die das Gerüst der Proteine und Nucleinsäuren bilden.

Wenn man z.B. an Organismen denkt, die mit einer phantastischen Synthesefähigkeit ausgerüstet sind, wie *E. coli* in aerobiontem Wachstum, so findet man ungefähr

30 % des Kohlenstoffs der Glucose, die ihm zugeführt wird, in Form von Zellmaterial wieder. Nur 50 % gehen als CO_2 verloren, ungefähr 20 % finden sich im Kulturmedium in Form verschiedener Säuren wieder.

Wenn die Bakterienzellen an das Wachstum auf Kohlenstoffquellen, wie Pyruvat, Acetat und Succinat, adaptiert sind, können sie die Glykolyse überhaupt nicht mehr als Energiequelle verwenden.

In diesem Fall erwartet man eine stärkere Energieproduktion über den KREBS-Zyklus, was auch tatsächlich zutrifft.

Wenn auch der molekulare Sauerstoff nicht direkt am enzymatischen Mechanismus des Zyklus beteiligt ist, so hängt dessen Funktion doch in der Mehrzahl der Fälle von einer kontinuierlichen Zufuhr von Sauerstoff ab.

Der Grund dafür ist, daß die vier Dehydrogenasen des Systems reduzierte Pyridinnucleotide produzieren, die den Zyklus nur weiter antreiben können, wenn sie reoxydiert werden. In zahlreichen Fällen jedoch ist der Sauerstoff als endgültiger Elektronenakzeptor von natürlichen Metaboliten ersetzbar. *E. coli* kann in Anaerobiose mit Fumarat oder Nitrat als Akzeptor wachsen. Wenn diese Reaktionen auch nicht von einer normalen Energiefreisetzung begleitet sind, so hat ihr Auftreten doch mehr als nur theoretisches Interesse, wenn man sich vergegenwärtigt, daß sie für den Organismus die einzige Möglichkeit darstellen, einen Großteil seiner essentiellen Metaboliten zu synthetisieren.

5. Der Glyoxylsäurezyklus, ein modifizierter Tricarbonsäurezyklus [79]

Dieser Zyklus wurde im Laufe von Untersuchungen entdeckt, die klären sollten, wie Mikroorganismen (wie die Hefe, Schimmelpilze und Bakterien) ihre Energie und ihre Substanz aus C-Quellen, wie Acetat oder Äthanol, gewinnen können. Experimente mit radioaktiven Isotopen zeigten, daß sich die Radioaktivität des Acetats nach wenigen Sekunden im Citrat und im Malat wiederfand. Die Radioaktivität lag wesentlich höher als der theoretische Wert, den man erwarten konnte, wenn das Malat aus Citrat über die üblichen Stufen des KREBS-Zyklus synthetisiert worden wäre.

Dieser war voll funktionsfähig, aber außer der gut bekannten Reaktion der Kondensation mit Oxalacetat zum Citrat kondensierte das Acetat in einer Reaktion gleichen Typs unter Einwirkung einer Malat-Synthetase mit Glyoxylat zum Malat:

$$CH_3—CO—SCoA + COOH—CHO + H_2O \rightarrow COOH—CHOH—CH_2—COOH + CoASH$$

Die Herkunft des Glyoxylats wurde durch die Entdeckung des Enzyms Isocitritase, das folgende Reaktion katalysiert, geklärt:

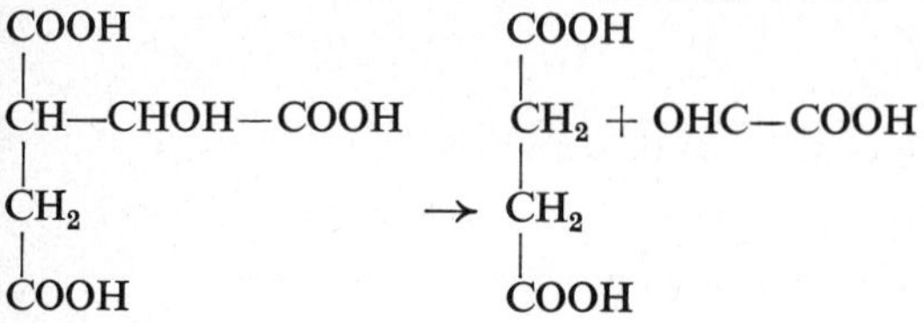

```
COOH                      COOH
|                         |
CH—CHOH—COOH              CH2 + OHC—COOH
|                         |
CH2                   →   CH2
|                         |
COOH                      COOH
Isocitrat                 Succinat Glyoxalat
```

Aus diesem Befund kann man folgenden Zyklus ableiten:

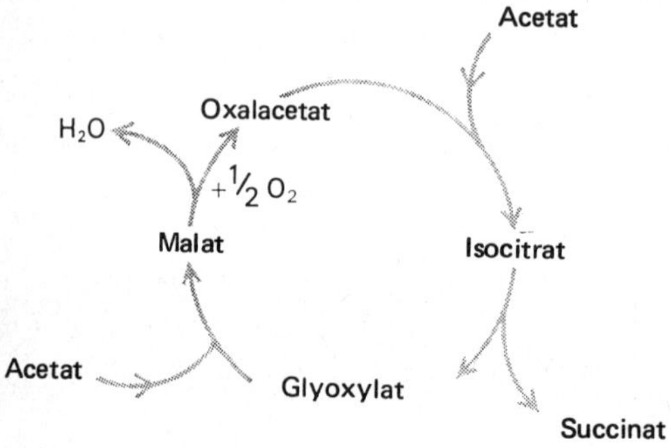

Acetat
H_2O
Oxalacetat
$+\frac{1}{2}O_2$
Malat
Isocitrat
Acetat
Glyoxylat
Succinat

Das eigentliche Ergebnis eines Umlaufs des Zyklus lautet:

$$2\,\text{Acetat} + 1/2\,O_2 \rightarrow \text{Succinat} + H_2O$$

Die Sauerstoff-verbrauchende Reaktion ist die Reoxydation des reduzierten Pyridinnucleotids, das in der Reaktion Malat → Oxalacetat, katalysiert von einer Malat-Dehydrogenase, gebildet wurde. Die für den Glyoxylsäurezyklus spezifischen Enzyme, die Isocitritase und die Malat-Synthetase, wurden in zahlreichen Mikroorganismen und bei Pflanzen, niemals aber im Tierreich gefunden.

V. Die Gluconeogenese. Die Glykogen-Synthese und ihre Regulation

Seit fast 40 Jahren ist bekannt, daß die Resynthese der Glucose aus Pyruvat und Lactat ein wichtiger physiologischer Prozeß ist. Dennoch machte man beim Verständnis der Gluconeogenese nur langsam Fortschritte wegen der irrigen Ansicht, alle Reaktionen der Glykolyse seien reversibel und die Glucose werde durch die Enzyme, die sie abbauen, resynthetisiert.

Dieses Konzept, vom thermodynamischen Gesichtspunkt aus vertretbar, trug nicht der Tatsache Rechnung, daß drei Reaktionen der Glykolyse stark exotherm sind und für das umgekehrte Funktionieren des glykolytischen Abbaus unter physiologischen Bedingungen bedeutende energetische Barrieren bilden. Es handelt sich um die Reaktionen, die von der Hexokinase, der Phosphofructokinase und der Pyruvat-Kinase katalysiert werden.

Inzwischen weiß man, daß die Gluconeogenese alle Glykolyse-Enzyme, die wirksam umkehrbar sind, verwendet, und daß drei Systeme an die Stelle der Reaktionen treten, die praktisch unbrauchbar sind, weil sie in Richtung auf die Resynthese der Glucose stark endergonisch sind. Es handelt sich um die Synthese des Phosphoenolpyruvats aus Pyruvat (auf einem Weg, der nicht über die Pyruvat-Kinase führt) sowie um Fructose-diphosphatase und um Glucose-6-phosphatase.

1. Synthese des Phosphoenolpyruvats

Die Phosphorylierung des Pyruvats kann auf drei Wegen ablaufen, die durch zahlreiche Untersuchungen belegt sind:

a) Der Weg über die Pyruvat-Kinase.

Dieses Enzym, das wir im Rahmen der Glykolyse behandelt haben, besitzt für die Gluconeogenese wenig oder keine Bedeutung [80]. Einmal besteht die energetische Barriere, zum anderen ist seine Konzentration in Leber und Niere, in Organen, die für die Resynthese der Glucose von Bedeutung sind, zu gering, als daß es die Gluconeogenese wirksam garantieren könnte. Außerdem ist die Affinität des Pyruvats zur Pyruvat-Kinase zu gering, als daß dieses Enzym bei der zu erwartenden intrazellulären Konzentration dieses Substrats leistungsfähig sein könnte.

b) Der Weg über das „malic-enzyme“.

Die Malat-Enzyme katalysieren eine reduzierende Carboxylierung des Pyruvats zu Malat:

$$\text{Pyruvat} + CO_2 + \text{NADPH} + H^+ \rightarrow \text{Malat} + \text{NADP}^+$$

Man kann sich vorstellen, daß das gebildete Malat durch die Malat-Dehydrogenase zu Oxalacetat oxydiert und daß dieses von der Phosphoenolpyruvat-Carboxykinase zu Phosphoenolpyruvat umgesetzt wird. Auch dieser Weg wird durch die geringen Konzentrationen des Malat-Enzyms der Leber und der Niere ausgeschlossen. In diesem Fall ist ebenfalls die geringe Affinität des Bicarbonats zum Malat-Enzym, bei dessen geringer intrazellulärer Konzentration, unvereinbar mit einem wirksamen Funktionieren dieses Enzyms.

c) Der Weg über zwei aufeinanderfolgende Enzyme, die Pyruvat-Carboxylase und die Phosphoenolpyruvat-Carboxykinase:

Pyruvat + ATP + CO_2 + H_2O → Oxalacetat + ADP + Pi
(Pyruvat-Carboxylase)
Oxalacetat + GTP → Phosphoenolpyruvat + CO_2 + GDP
(PEP-Carboxykinase)
Summe:
Pyruvat + ATP + GTP + H_2O → Phosphoenolpyruvat + ADP + GDP + Pi

Auf diesem Weg werden zwei Äquivalente Nucleosidtriphosphat verbraucht. Die Reaktion ist also exotherm und stellt keine energetische Barriere mehr dar (die freie Energie der Hydrolyse des Phosphoenolpyruvats beträgt 12,8 kcal/Mol und die der beiden ATP-Äquivalente 14 kcal/Mol).

Zudem kommen die beiden Enzyme Pyruvat-Carboxylase und PEP-Carboxykinase in der Leber und der Niere in hohen Konzentrationen vor, und die K_m Werte für ihre entsprechenden Substrate liegen weit unterhalb deren intrazellulärer Konzentration [80].

In Organen, denen die Fähigkeit zur Gluconeogenese fehlt, wie im Gehirn, im Herzen und im gestreiften Muskel, ist die Pyruvat-Carboxylase nicht in wirksamen Mengen vorhanden [80].

Träte die Pyruvat-Kinase in nennenswerten Mengen am selben Wirkungsort wie die beiden Enzyme der Gluconeogenese auf, dann überlagerten sich die Reaktionen mit folgendem Ergebnis:

Phosphoenolpyruvat + ADP → ATP + Pyruvat (Pyruvat-Kinase)
Pyruvat + ATP + GTP + H_2O → Phosphoenolpyruvat + ADP + GDP + Pi
(Pyruvat-Carboxylase + PEP-Carboxykinase)
Summe: GTP + H_2O → GDP + Pi

Man findet die Pyruvat-Kinase und die Pyruvat-Carboxylase also deshalb nicht in denselben Geweben oder subzellulären Fraktionen [81], weil das Gesamtergebnis eine Hydrolyse des GTP wäre.

1.1. Die Pyruvat-Carboxylase und ihre allosterische Regulation [82, 83]

Dieses Enzym wurde praktisch rein aus Hühnerlebermitochondrien isoliert. Es enthält vier Mol Biotin pro Mol bei einem Molekulargewicht von 655 000. Gegenüber niedrigen Temperaturen ist es empfindlich und dissoziiert unter diesen Bedingungen in Untereinheiten mit einer Sedimentationskonstanten von 7 S (das native Enzym besitzt eine Konstante von 14,8 S).

Die damit einhergehende Inaktivierung ist bei Rückkehr zur normalen Temperatur teilweise reversibel. Man kann diese Vorgänge durch Ultrazentrifugation und Elektronenmikroskopie nachweisen. Acetyl-CoA schützt vor dieser Inaktivierung. Auch die umgekehrte Reaktion, die Decarboxylierung des Oxalacetats, ist mit diesem Enzym möglich; die benötigten Phosphatkonzentrationen liegen jedoch so hoch, daß ihre physiologische Funktion zweifelhaft ist. Die katalysierte Reaktion folgt den allgemeinen Regeln für Carboxylierungsreaktionen, die von Biotin-enthaltenden Enzymen katalysiert werden [84]:

$$\text{Enzym-Biotin} + \text{ATP} + \text{HCO}_3^- \xrightleftharpoons{\text{Mg}^{2+}} \text{Enzym-Biotin} \sim \text{CO}_2 + \text{ADP} + \text{Pi}$$

(Carboxylierung des Enzyms)

$$\text{Enzym-Biotin} \sim \text{CO}_2 + \text{Akzeptor} \rightleftharpoons \text{Enzym-Biotin} + \text{Akzeptor-COO}^-$$

(Transcarboxylierung)

Pyruvat ist hier der Akzeptor und das Produkt Oxalacetat. Der Komplex Enzym-Biotin $\sim CO_2$ kann isoliert werden und in Abwesenheit von ATP als carboxylierendes Agens für Pyruvat dienen. Acetyl-CoA ist nur zur Carboxylierung des Enzyms notwendig und an der Transcarboxylierung nicht beteiligt.

Wahrscheinlich ist das Enzym aus vier Untereinheiten mit einem Molekulargewicht in der Größenordnung von 150 000, die je ein Molekül Biotin enthalten, zusammengesetzt. Diese Untereinheiten besäßen eine Sedimentationskonstante von etwa 7 S und wären wohl mit der Untereinheit identisch, die man bei Kältedissoziation erhält.

Man muß beachten, daß die Aktivierung des Enzyms durch Acetyl-CoA bei normaler Temperatur nicht mit einer Molekulargewichtsänderung verbunden ist; diese Aktivierung schließt also keine Aggregationsreaktion, wie in anderen Fällen, ein (z.B. bei der Wirkung des Citrats auf die Acetyl-CoA-Carboxylase). Die wahrscheinliche Erklärung hierfür: Die Bindung des Acetyl-CoA an das Enzym verstärkt den Grad der Wechselwirkung zwischen den Untereinheiten und verhindert die Inaktivierung durch die Kälte.

Ob dies den bemerkenswerten Anstieg der katalytischen Aktivität bewirkt, bleibt noch zu erforschen.

Im vorhergehenden Kapitel haben wir gesehen, daß das Oxalacetat ein katalytisch wirkendes Zwischenprodukt ist, das für das Funktionieren des Tricarbonsäurezyklus und folglich für die Endoxydation der Kohlenhydrate und Fettsäuren unentbehrlich ist; zum anderen ist die Carboxylierung des Pyruvats zu Oxalacetat ein unentbehrlicher Schritt für die Biosynthese aller Metaboliten, die aus Zwischenprodukten des Zyklus und der Gluconeogenese aufgebaut werden.

Ist die Oxalacetat-Zufuhr gering, beginnt Acetyl-CoA sich anzureichern und die Oxalacetat-Synthese durch Aktivierung der Pyruvat-Carboxylase zu stimulieren. Dieses regt die Produktion des Citrats und der anderen Zwischenprodukte des KREBS-Zyklus an. Die Gluconeogenese und die Synthese der Fettsäuren, in der ein wesentlicher Schritt durch das Citrat allosterisch aktiviert wird, werden gleichfalls gefördert.

Wie jüngste Untersuchungen ergaben, bewirkt die Zugabe von Acetylacetat, das eine merkliche Zunahme der intrazellulären Acetyl-CoA Konzentration hervorruft, in Nieren-Schnittpräparaten eine starke Beschleunigung der Gluconeogenese aus Lactat. Die Regulation der Gluconeogenese über die Aktivierung der Pyruvat-Carboxylase scheint also nicht nur eine Denkmöglichkeit zu sein, sondern der physiologischen Wirklichkeit zu entsprechen.

2. Die Fructosediphosphatase und ihre allosterische Regulation [88, 89, 90]

Die Existenz dieses Enzyms umgeht die Schwierigkeit, die die stark exergonische Natur der Phosphofructokinase-Reaktion schafft. Die Fructosediphosphatase hydrolysiert das Fructose-1,6-diphosphat zu Fructose-6-phosphat und anorganischem Phosphat. Die Bedeutung dieses Enzyms für die Gluconeogenese wird durch sein ausschließliches Vorkommen in Geweben, die die Gluconeogenese durchführen oder eine nennenswerte Glykogen-Synthese leisten, bestätigt [85]. Eine Regulation der Fructosediphosphat-Aktivität ist vorauszusehen, da ein gleichzeitiges Auftreten von Phosphofructokinase und Diphosphatase durch Koppelung der Reaktionen zu einer unsinnigen Hydrolyse von ATP führte.

Fructose-1,6-diphosphat → Fructose-6-phosphat + Pi
Fructose-6-phosphat + ATP → Fructose-1,6-diphosphat + ADP
Summe: ATP → ADP + Pi

Verschiedene Forschergruppen haben entdeckt, daß die Fructosediphosphatase der Säugetiere von AMP stark gehemmt und durch ATP oder ADP reversibel inaktiviert wird [86, 87]. Diese Effekte sind denen der Leber-Phosphofructokinase entgegengerichtet. Dies ermöglicht theoretisch eine sehr feine gegensinnige Regulation der Aktivität der beiden Enzyme und verhindert mögliche Vergeudung, wie sie eben beschrieben wurde.

Die Hemmung der Fructosediphosphatase durch AMP ist nicht kompetitiv gegenüber dem Substrat, reversibel und hochspezifisch. Die Kinetik der Hemmung ist komplex: Die Enzymaktivität nimmt in sigmoider Form in Abhängigkeit von der Inhibitorkonzentration ab, und es scheint nach rein kinetischen Daten, daß vier Moleküle AMP sich zur Sättigung an ein Enzymmolekül binden. Der Befund, daß die Hemmung nicht kompetitiv ist, läßt vermuten, daß das AMP sich an ein allosterisches Zentrum bindet und eine Konformationsänderung des Enzyms bewirkt, die dessen katalytische Aktivität beeinträchtigt. Folgende experimentelle Beobachtungen bestätigen die Existenz spezieller allosterischer Zentren:

a) Die schonende Proteolyse durch Papain bewirkt eine Desensibilisierung des Enzyms gegenüber AMP, ohne seine katalytische Aktivität merklich zu verringern.
b) Das kristallisierte Enzym aus Kaninchenleber enthält ungefähr 39 Tyrosylreste je Molekül. Zehn dieser Tyrosylreste können durch ein spezifisches acetylierendes Agens, das Acetimidazol, acetyliert werden. Man kann die Acetylierung in Abhängigkeit von der Zeit verfolgen. Werden nur zwei Tyrosin-Moleküle acetyliert, ist keine Veränderung im Verhalten des Enzyms zu beobachten. Sind sechs Tyrosylreste acetyliert, erhält man ein Enzym, das gegenüber AMP desensibilisiert ist. Sind zehn Tyrosin-Moleküle acetyliert, ist die Aktivität des Enzyms zerstört. Diese Acetylierungen können selektiv durchgeführt werden, indem man in Gegenwart des Substrats oder des allosterischen Effektors arbeitet: In Gegenwart von Fructose-1,6-diphosphat werden nur sechs Tyrosylreste acetyliert, und das Enzym wird desensibilisiert; in Gegenwart von AMP dagegen werden ebenfalls sechs Tyrosin-Moleküle acetyliert. Das Enzym erleidet einen starken Aktivitätsverlust, die Restaktivität ist jedoch sensibel gegenüber AMP. Fügt man hinzu, daß das AMP das durch Papain desensibilisierte Enzym vor Acetylierung schützt, ist klar, daß einige Tyrosin-Moleküle Bestandteil des katalytisch aktiven Zentrums und andere des allosterischen Zentrums sind.

Das aus Kaninchenleber kristallisierte Enzym besitzt ein Molekulargewicht von 127 000 (7,2 S). Bei pH 2 dissoziiert es in zwei Untereinheiten mit einem MG von etwa 75 000 (4,0 S). Die beiden Untereinheiten können sich durch Behandlung bei pH 7 in Gegenwart von 2-Mercaptoäthanol wieder zu einem Molekül vereinigen, das die ursprünglichen Sedimentationseigenschaften besitzt (aber nur 70 % der spezifischen Aktivität). Man findet zwei N-terminale (Serin und Glycin) und zwei C-terminale Aminosäuren (Alanin und Glycin). Die beiden Untereinheiten scheinen also verschieden zu sein.

Die Fructosediphosphatase existiert in zwei Formen, die ineinander durch Inkubation mit verschiedenen Metaboliten umwandelbar sind. Eine Form wirkt mit Fructose-1,6-diphosphat und Sedoheptulose-1,7-diphosphat die andere nur mit Sedoheptulose-1,7-diphosphat (es gibt bis jetzt keine physiologische Erklärung für die Wirkung auf das C_7-Derivat). Der Übergang vom inaktiven in den aktiven Zustand, der bei pH 7,5 sehr schnell stattfindet, ist nicht von einer Änderung der Sedimentationskonstanten begleitet. Diese Umwandlung wird teilweise von Fructose-1,6-diphosphat und Fructose-6-phosphat gehemmt und hängt stark vom pH und der Temperatur ab. Der Übergang in Gegenrichtung wird von ATP induziert. Diese Effekte haben noch keine physiologische Erklärung gefunden.

2.1. Die Fructosediphosphatase bei den Mikroorganismen

Die Fructosediphosphatase wurde aus *Candida utilis* kristallisiert [91, 92]. Sie ist nur mit Fructose-1,6-diphosphat wirksam und unterscheidet sich damit vom Enzym aus Kaninchenleber (dieser Mikroorganismus synthetisiert außerdem eine eigene Sedoheptulose-1,7-diphosphatase). AMP übt auch auf sie eine Hemmung sigmoiden Typs aus (die Hemmung ist bei pH 7,5 und einer AMP-Konzentration von 4×10^{-4} M vollkommen). Die Hemmwirkung des AMP kann durch Behandlung des Enzyms mit Fluorodinitrobenzol (DNFB) in Gegenwart von Substrat völlig, ohne irgendeinen Verlust an katalytischer Aktivität, aufgehoben werden. Bei Abwesenheit des Substrats führt eine Dinitrophenylierung des Enzyms jedoch zu einer völligen Inaktivierung. Hydrolysiert man das durch Behandlung mit radioaktivem DNFB desensibilisierte Enzym und identifiziert man die radioaktiven Dinitrophenyl-Aminosäuren, so findet man ausschließlich in gleicher Menge O-DNP-Tyrosin und ϵ-DNP-Lysin. Quantitative Messungen der Dinitrophenylierung in Gegenwart oder Abwesenheit von Substraten zeigen, daß zwei Tyrosyl- und zwei Lysylreste an der Sensibilität gegenüber AMP beteiligt sind und daß zwei weitere Tyrosyl- und zwei Lysylreste mit der katalytischen Aktivität des Enzyms in Zusammenhang stehen.

Es wurden Mutanten von *E. coli* gefunden, die keine Fructosediphosphatase besitzen [93, 94]. Sie können auf Acetat, Glycerin oder Succinat nicht wachsen, ein guter Beweis der Bedeutung der Diphosphatase für die Gluconeogenese. Diese Mutanten benötigen unbedingt die Zufuhr von Hexosen, weil sie keine andere Möglichkeit haben, unter anderem Ribose-5-phosphat zu synthetisieren, das unentbehrlich ist für die Synthese der Nucleinsäuren, des Histidins, des Tryptophans und des Erythrose-4-phosphats, das wiederum zur Biosynthese des aromatischen Kerns notwendig ist (vgl. die Kapitel, die diese Biosynthesen behandeln). Die Organismen des Wildtyps haben einen höheren Gehalt an Diphosphatase, wenn sie auf Glycerin statt auf Glucose kultiviert werden, da sie dann die Glucose synthetisieren müssen (Tabelle 10).

Tabelle 10

Organismus	Wachstum auf: Glucose	Glycerin
	Spezifische Aktivität der Fructosediphosphatase ($m\mu$ Mol/mg/min)	
Saccharomyces cerevisiae	1	25
Candida utilis	26	140

2.2. Die Glucose-6-phosphatase und ihre Regulation

Die Hydrolyse des Glucose-6-phosphats ist der letzte Schritt der Gluconeogenese. Eine Regulation dieses Enzyms ist unentbehrlich, weil man in Gegenwart einer Hexokinase, z.B. von Glucokinase zu einer ziellosen Hydrolyse des ATP gelangte, wenn seine Wirkung nicht gebremst würde. Weiterhin ist eine solche Regulation notwendig, die Konstanz des Blutzuckerwertes auch unter extremen Bedingungen, wie im Hungerzustand, zu erklären.

Die Bedeutung des Enzyms in dieser Hinsicht wurde durch die Tatsache bewiesen, daß Krankheiten mit Glucose-6-phosphatase-Defizienz der Leber relativ niedrige Blutzuckerwerte und erhöhten Gehalt an Muskel-Glykogen bedingen [95].

Die zwei Produkte der Glucose-6-phosphatase-Wirkung, die Glucose und das anorganische Phosphat, sind Inhibitoren des Enzyms, und man hat lange geglaubt, daß das ausreichte, eine physiologische Regulation des Blutzuckers durchzuführen.

Neuere Befunde zeigen jedoch: Die Glucose-6-phosphatase ist ein multifunktionelles Enzym [96, 97] und imstande, außer der Reaktion

Glucose-6-phosphat + H_2O → Glucose + Pi (1)

folgende Reaktionen zu katalysieren:

Pyrophosphat + H_2O → 2 Pi (2)

Glucose-6-phosphat + ^{14}C-Glucose → ^{14}C-Glucose-6-phosphat + Glucose (3)

Pyrophosphat + Glucose → Glucose-6-phosphat + Pi (4)

Alle diese Reaktionen besitzen ein phosphoryliertes Derivat des Enzyms als gemeinsame Zwischenstufe, und es ist offensichtlich, daß ihre Bedeutung jeweils von den relativen Konzentrationen der Glucose und des Pyrophosphats, die Affinität zum gleichen Zentrum zu haben scheinen, abhängt.

Das Pyrophosphat ist ein Produkt der Reaktion, in deren Verlauf die UDP-Glucose, der Vorläufer des Glykogens, synthetisiert wird; das Glucose-6-phosphat ist ein Aktivator der Glykogen-Synthese. Pyrophosphat wirkt als Inhibitor der Hydrolyse des Glucose-6-phosphats (Reaktion 4); es läßt außerdem Pi entstehen, einen weiteren Inhibitor der Phosphatase.

Es kann also in Verbindung mit dem Glucose-6-phosphat derart wirken, daß es dessen Zustrom in Richtung auf die Gluconeogenese statt zur einfachen Hydrolyse ableitet. Diese Denkmodelle sind verlockend, jedoch haben sie bisher noch keine Bestätigung gefunden.

Die Glucose-6-phosphatase ist wahrscheinlich ein Lipoprotein und kann offenbar unter bestimmten Bedingungen von komplexen Lipiden aktiviert oder gehemmt werden. Es liegt auf der Hand, daß eine systematische Untersuchung der Effektoren, die die K_m- und K_i-Werte dieses Enzyms gegenüber seinen verschiedenen Substraten und Effektoren beeinflussen können, von Interesse wäre. In der Reaktion 4 liegt die K_m für die Glucose bei 8×10^{-2} M. Die K_i der Hemmung der Hydrolyse des Glucose-6-phosphats liegt etwa in derselben Größenordnung. Diese Werte liegen wesentlich höher als der Glucosegehalt des Blutes.

3. Glykogen-Synthetase

Noch vor zehn Jahren beherrschte die Meinung, alle enzymatischen Reaktionen seien reversibel, das Denken in der Biochemie. Man war sicher, daß die Synthese der Fettsäuren, die Gluconeogenese und die Glykogensynthese die Rückreaktionen derjenigen, die ihren Abbau durchführten, durchliefen.

Dieses Konzept hat Überlegungen Platz gemacht, die aus thermodynamischer Sicht weitaus verständlicher sind.

Danach ist nicht die Phosphorylase für die Resynthese des Glykogens verantwortlich, sondern die UDPG-Glykogen-glykosyl-Transferase oder Glykogen-Synthetase.

Im Fall der Glykogen-Synthese wird, wie bei den anderen beiden natürlichen Polysacchariden, der Stärke und der Zellulose, derselbe Mechanismus angewandt: Die Übertragung des Glucosylrests einer Nucleosiddiphosphat-Glucose auf ein Startermolekül, dessen Länge von Fall zu Fall variiert und das selbst aus einer linearen Kette von Glucosylresten aufgebaut ist.

Das Formelbild auf der folgenden Seite zeigt schematisch den bei der Synthese aller drei Polysaccharide gleichen Reaktionstyp. Beim Glykogen ist der Glucose-Donator UDPG, bei der Stärke und dem Bakterienglykogen Adenosindiphosphoglucose [98].

Der Akzeptor $(\text{Glucose})^n$ kann ein Oligosaccharid sein, der beste ist aber das Glykogen selbst. Die UDPG wird aus Glucose-1-phosphat und UTP über ein spezifisches Enzym, die UDP-Glucose-Pyrophosphorylase synthetisiert [99]:

$$\text{UTP} + \text{Glucose-1-phosphat} \rightarrow \text{UDPG} + \text{Pyrophosphat}$$

Letztlich bildet also Glucose-1-phosphat den Ausgangsstoff für das Glykogen.

Nun ist aber in der Gluconeogenese der letzte Schritt vor der Glucose das Glucose-6-phosphat. Man muß sich hier daran erinnern, daß Glucose-1-phosphat und Glucose-6-phosphat unter der Wirkung der Phosphoglucomutase ohne Schwierigkeiten ineinander umwandelbar sind.

3.1. Regulation der Glykogen-Synthese

Kurz nach der Entdeckung der Glykogen-Synthetase beobachtete man, daß dieses Enzym nur in Gegenwart von Glucose-6-phosphat voll wirksam ist [100].

Diese Simulation variierte jedoch von einer Präparation zur anderen. Man kann diese Variabilität damit erklären, daß zwei ineinander umlagerbare Formen des Enzyms existieren, eine in ihrer Aktivität von Glucose-6-phosphat abhängige (Form D) und eine davon unabhängige (Form I) [101]. Die Form I läßt sich mit drei verschiedenen Verfahren in die Form D umlagern:

1. Durch Phosphorylierung der Form I mit ATP;
2. durch eine Aktivierung in Gegenwart von Ca^{2+} und einem Proteinfaktor;
3. durch schonende Proteolyse mit Trypsin.

Die Phosphorylierung der Form I durch ATP benötigt die Anwesenheit von Mg^{2+} und wird von einer spezifischen Kinase katalysiert, die wiederum spezifisch durch zyklisches 3′, 5′-AMP aktiviert wird.

Der Proteinfaktor, der zur Aktivierung durch Ca^{2+} notwendig ist, ist möglicherweise mit dem identisch, den wir bei der Aktivierung der Phosphorylase b-Kinase eine analoge Rolle spielen sahen.

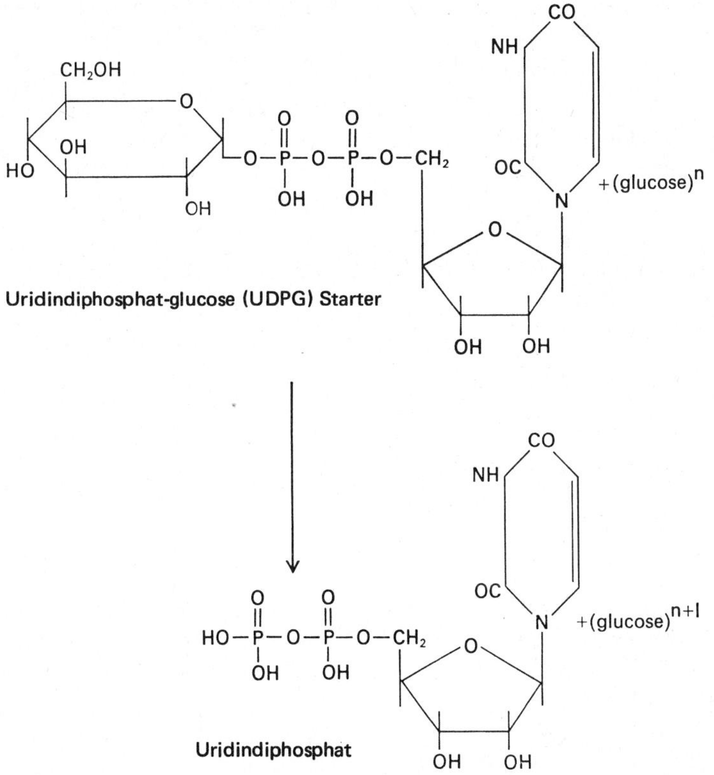

Uridindiphosphat-glucose (UDPG) Starter $+ (\text{glucose})^n$

Uridindiphosphat $+ (\text{glucose})^{n+1}$

Welcher Art die Reaktionen sind, die bei der Umwandlung I ⇄ D durch die Methoden (2) und (3) stattfinden, ist unbekannt. Sie sind aber unabhängig von der Gegenwart von ATP oder von Glucose-6-phosphat.

Umgekehrt kann die Form D unter dem Einfluß einer spezifischen Phosphatase in die Form I umgelagert werden. Über den Aktivierungsmodus der Form D durch Glucose-6-phosphat liegen detaillierte Analysen vor [102]. Alle zeigen ein beträchtliches Anwachsen der V_{max} und eine gesteigerte Affinität des Enzyms gegenüber UDP-Glucose. In einem Fall, und zwar beim gestreiften Muskel vom Lamm, beeinflußt das Glucose-6-phosphat die V_{max} nicht, hat aber eine starke Wirkung auf die K_m.

Diese Tatsachen und der Schutz, den Glucose-6-phosphat gegen Inaktivierung des Enzyms durch p-Mercuribenzoat bietet, wurden folgendermaßen interpretiert:
Das Glucose-6-phosphat ist ein allosterischer Aktivator, dessen primärer Effekt eine Konformationsänderung der Enzymstruktur ist. Glucose-6-phosphat hat keinen Einfluß auf die V_{max} der Form I, bewirkt aber gleichfalls ein Anwachsen der Affinität gegenüber UDPG. Es ist möglich, daß das Glykogen selbst ein Retro-Inhibitor der Umwandlung I → D ist und so als regulierendes Agens seiner eigenen Synthese dient [103].

In-vivo-Studien an Muskeln von Mäusen, die man diversen physiologischen Reizen unterwarf, die ihre Glykogenkonzentration beeinflussen, zeigten Veränderungen des Verhältnissen der Form I → D in diesem Sinne.

Im allgemeinen nimmt die relative Konzentration der Form I zu, wenn die des Glykogens abnimmt.

Wie dem auch sei, wir müssen daraus den Schluß ziehen, daß die gegenseitige Umlagerung der Formen I und D der Glykogen-Synthetase ineinander eine wirksame Möglichkeit zur Regulation ihrer Aktivität bietet, da sie die Umsetzung einer wesentlich aktiveren Form (I) in eine weniger aktive Form (D) gestattet, die von der intrazellulären Konzentration des Glucose-6-phosphats abhängt.

VI. Die Lipid-Synthese und ihre Regulation

1. Die Synthese der Fettsäuren mit kurzer Kette [104]

Es ist etwas mehr als 30 Jahre her, seit das anaerobe Bakterium *Clostridium kluyveri* isoliert wurde. Dieser Organismus ist imstande, sich auf einem Gemisch von Äthanol und Acetat als einziger Kohlenstoffquelle zu entwickeln, und er bildet Butyrat und Caproat als Fermentationsprodukte. Es gelang, aus diesem Organismus azelluläre Extrakte zu gewinnen, die alle an der Biosynthese der C_4- und C_6-Säuren beteiligten Enzymreaktionen nachvollziehen konnten.

Äthanol wird zunächst zu Essigsäure oxydiert, und zwar in zwei Schritten, die von der Alkohol-Dehydrogenase bzw. einer Acetaldehyd-Dehydrogenase, deren Wirkung von der Gegenwart von Coenzym A abhängt, katalysiert werden:

$$CH_3{-}CH_2OH + NAD^+ \rightleftarrows CH_3CHO + NADH + H^+$$
$$CH_3{-}CHO + CoASH + NAD^+ \rightleftarrows CH_3CO{-}SCoA + NADH + H^+$$

Man sieht, daß nicht die Essigsäure gebildet wird, sondern eine weitaus reaktionsfähigere Verbindung, das Acetyl-CoA. Andere Bakterien produzieren Acetyl-CoA über eine weitaus kompliziertere Reaktion, die phosphoroklastischer Abbau des Pyruvats genannt wird.

Die β-Ketoacylthiolase bewirkt eine Kondensation von zwei Molekülen Acetyl-CoA, indem es die Methylgruppe eines Acetylrests an die Carboxylgruppe des anderen bindet. Das Reaktionsprodukt ist das Acetoacetyl-CoA:

$$2\,CH_3{-}CO{-}SCoA \rightarrow \underset{\text{Acetoacetyl-CoA}}{CH_3{-}CO{-}CH_2{-}CO{-}SCoA} + CoASH$$

Die β-Hydroxybutyryl-CoA-Dehydrogenase reduziert dann das Acetoacetyl-CoA zu β-Hydroxybutyryl-CoA:

$$CH_3{-}CO{-}CH_2{-}COSCoA + NADH + H^+ \rightleftarrows \underset{\beta\text{-Hydroxybutyryl-CoA}}{CH_3{-}CHOH{-}CH_2{-}CO{-}SCoA} + NAD^+$$

Diese Verbindung wird unter der Einwirkung einer spezifischen Crotonase dehydriert:

$$CH_3{-}CHOH{-}CH_2{-}COSCoA \rightleftarrows \underset{\text{Crotonyl-CoA}}{CH_3{-}CH = CH{-}COSCoA} + H_2O$$

Das Crotonyl-CoA wird von der Butyryl-CoA-Dehydrogenase zu Butyryl-CoA reduziert:

$$CH_3{-}CH = CH{-}COSCoA + 2\,H^+ \rightleftarrows \underset{\text{Butyryl-CoA}}{CH_3CH_2CH_2COSCoA}$$

Eine spezifische Desacylase entfernt den CoA-Rest, und damit entsteht die freie Buttersäure.

Die Synthese des Caproats findet in einer analogen Reaktionsreihe statt, beginnend mit der Kondensation des Acetyl-CoA mit Butyryl-CoA zu β-Ketocaproyl-CoA. Läßt man *Cl. kluyveri* auf Äthanol und Propionat wachsen, erhält man Säuren mit einer ungeraden C-Atom-Zahl, die n-Pentanoinsäure und die n-Heptanoinsäure. Die Synthese dieser Säuren verläuft nach demselben Reaktionstyp, wie die der Buttersäure.

2. Oxydation der Fettsäuren

Bezüglich des Fettsäureabbaus genügt es hier festzustellen, daß dieser die Synthesereaktionen, wie wir sie für die Buttersäure kennengelernt haben, rückwärts durchläuft. Eine Fettsäure mit langer Kette wird in Anwesenheit von ATP von einer Fettsäuren-Thiokinase mit CoA verestert:

$$R{-}CH_2{-}CH_2{-}COOH + CoASH + ATP \rightarrow R{-}CH_2{-}CH_2{-}COSCoA + AMP + \text{Pyrophosphat}$$

Eine Acyl-Dehydrogenase lagert das Acyl-CoA-Derivat in das entsprechende α-β-ungesättigte Derivat um:

$$R{-}CH_2{-}CH_2{-}COSCoA + X \rightleftarrows R{-}CH = CH{-}COSCoA + XH_2$$

Eine Enol-Hydratase setzt die ungesättigte Verbindung zu β-Hydroxyacyl-CoA um:

$$R{-}CH = CH{-}COSCoA + H_2O \rightleftarrows R{-}CHOH{-}CH_2{-}COSCoA$$

Eine β-Hydroxyacyl-Dehydrogenase, die NAD als Elektronenakzeptor benutzt, katalysiert dann die folgende Reaktion:

$$R{-}CHOH{-}CH_2{-}COSCoA + NAD^+ \rightleftarrows R{-}CO{-}CH_2{-}COSCoA + NADH + H^+$$

Schließlich lagert die β-Ketoacylthiolase das entstandene Derivat in Acetyl-CoA und eine Acyl-CoA-Verbindung um, die zwei C-Atome weniger besitzt als die Ausgangsverbindung:

$$R{-}CO{-}CH_2{-}COSCoA + CoASH \rightleftarrows R{-}COSCoA + CH_3COSCoA$$

Das Acyl-CoA-Derivat durchläuft von neuem den Abbauzyklus und setzt ein weiteres Molekül Acetyl-CoA frei usw. Das entstandene Acetyl-CoA kondensiert sich mit Oxalacetat und wird über die Enzyme des Citronensäurezyklus abgebaut.

Man kann also die Kondensationsreaktion, bei der Citrat entsteht, als die Verbindung der Abbauwege der Lipide und Kohlenhydrate ansehen.

3. Synthese langkettiger Fettsäuren

Wir haben eben gesehen, daß die Biosynthese der kurzkettigen Fettsäuren ihr Abbauschema in umgekehrter Richtung durchläuft.

Ein zweites System ist weitaus wichtiger, weil es für die Synthese der Fettsäuren mit langer Kette, die ständige Bestandteile der Lipide sind, verantwortlich ist. Das erste Zwischenprodukt, das in der Synthese der langkettigen Fettsäuren ($C_{10} - C_{18}$) identifiziert wurde, war das Malonyl-CoA [105].

Seine Synthese wird von einem biotinhaltigen Enzym, der Acetyl-CoA-Carboxylase katalysiert. Diese bewirkt eine Carboxylierung des Acetyl-CoA in Gegenwart von ATP [106]:

$$CH_3CO{-}SCoA + CO_2 + ATP \rightarrow COOH{-}CH_2{-}COSCoA + ADP + Pi$$

Die Acetyl-CoA-Carboxylase ist einer Regulation unterworfen, auf die wir noch zurückkommen werden.

Man weiß, daß Palmitinsäure die Verbindung ist, die von gereinigten Extrakten aus Taubenleber bevorzugt aus Acetat synthetisiert wird. Sie ist eine gesättigte Fettsäure mit einer linearen Kette von 16 C-Atomen. Die allgemeine stöchiometrische Gleichung der Synthese lautet [107]:

$$\underset{\text{Acetyl-CoA}}{CH_3{-}COSCoA} + \underset{\text{Malonyl-CoA}}{7COOH{-}CH_2{-}COSCoA} + 14NADPH + 14H^+$$

$$\downarrow$$

$$\underset{\text{Palmitat}}{CH_3(CH_2)_{14}COOH} + 7CO_2 + 8CoASH + 14NADP^+ + 6H_2O$$

Die C-Atome des Acetyl-CoA werden in die Methyl- und Methylengruppe am distalen Ende der Palmitinsäure eingelagert, während die Kohlenstoffatome des Malonyl-CoA die C-Atome 1–14 bilden.

Man kann in dieser Reaktion Butyryl-, Hexanoyl- und Tetradekanoyl-CoA gegen Acetyl-CoA austauschen, was zu der Auffassung geführt hat, diese Derivate seien mögliche Zwischenstufen der Palmitatsynthese. Wir werden sehen, daß dies nicht zutrifft.

Die rezenten Arbeiten über die Palmitatsynthese aus Acetyl-CoA und Malonyl-CoA wurden an drei Systemen durchgeführt, die aus dem Bakterium *E. coli,* der Hefe und der Hühnerleber isoliert wurden.

Bei *E. coli* zeigte sich [108, 109], daß das Kondensationsprodukt von Acetyl-CoA mit Malonyl-CoA ein Acetoacetylderivat ist, das an eine thermostabile Proteinfraktion gebunden ist. Dieses Protein wurde von seinen amerikanischen Entdeckern *acyl-carrier-protein* genannt (Protein, das Acyl-Gruppen transportiert, abgekürzt ACP). In Anwesenheit von NADPH und einer Fraktion, die man aus *E. coli* gewinnen konnte, wird Acetoacetyl-ACP zu Butyryl-ACP reduziert. Letzteres reagiert mit einem neuen Molekül Malonyl-ACP und bildet das β-Keto-hexanoyl-ACP, das zu Hexanoyl-ACP reduziert wird. Der Verlängerungsprozeß wiederholt sich, bis das Palmityl-ACP gebildet ist und Palmitat schließlich freigesetzt wird.

Die Fettsäure-Synthetase von *E. coli* wurde in mehrere gereinigte Fraktionen zerlegt. Ihre Untersuchung zeigt folgenden Reaktionsablauf auf, der den Mechanismus der Palmitatsynthese bei diesem Bakterium wiedergibt:

$$\text{Malonyl–CoA} + \text{ACP–SH} \rightleftarrows \text{Malonyl–S–ACP} + \text{CoASH}$$
$$\text{Acetyl–CoA} + \text{ACP–SH} \rightleftarrows \text{Acetyl–S–ACP} + \text{CoA–SH}$$
$$\text{Acetyl–S–ACP} + \text{Malonyl–S–ACP} \rightleftarrows \text{Acetoacetyl–S–ACP} + \text{ACP–SH} + CO_2$$
$$\text{Acetoacetyl–S–ACP} + \text{NADPH} + H^+ \rightleftarrows \beta\text{-Hydroxybutyryl–S–ACP} + \text{NADP}^+$$
$$\beta\text{-Hydroxybutyryl–S–ACP} \rightleftarrows \text{Crotonyl–S–ACP} + H_2O$$
$$\text{Crotonyl–S–ACP} + \text{NADPH} + H^+ \rightleftarrows \text{Butyryl–S–ACP} + \text{NADP}^+$$
$$\text{Butyryl–S–ACP} + \text{Malonyl–S–ACP} \rightleftarrows \text{Ketohexanoyl–S–ACP} + \text{ACP–SH} + CO_2 \text{ usw.}$$

Die Coenzym A-Ester sind somit nicht als Zwischenprodukte an der Fettsäuresynthese beteiligt, außer bei den ersten Schritten der Bildung der ACP-Derivate des Malonats und des Acetats. Daß die darauf folgenden vier Reaktionen, wie man bereits früher wußte, mit Coenzym A-Derivaten ablaufen können, bestätigt einen Mangel an absoluter Spezifität der Enzyme, deren normale Substrate die an ACP gebundenen Verbindungen sind.

Seit kurzem weiß man [110, 111], daß die Stelle der Substratbindung an das ACP die Sulfhydrylgruppe einer prosthetischen Gruppe ist, des 4′-Phosphopantetheins. Damit besitzen CoA wie ACP die gleiche Gruppe, die sich mit Acyl-Derivaten verbindet, das 4′-Phosphopantethein. Wie sich in jüngster Zeit ergab, ist diese Gruppe mit einer Phosphodiesterbindung an eine Hydroxylgruppe eines Serins des ACP gekoppelt. Ein Sequenzausschnitt der Umgebung der prosthetischen Gruppe wurde bestimmt:

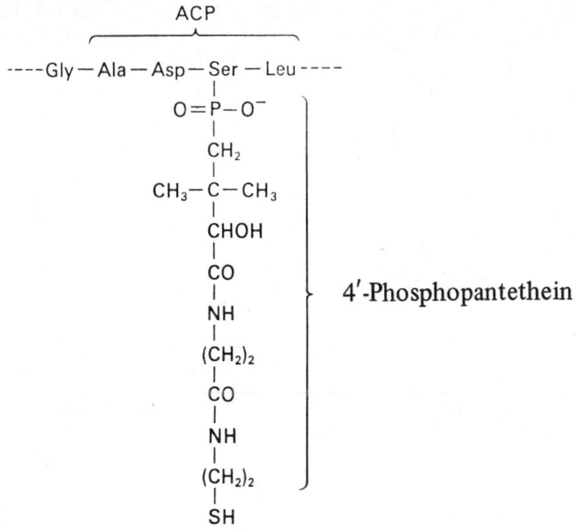

ACP

----Gly—Ala—Asp—Ser—Leu----

$$
\begin{array}{c}
\text{Ser} \\
| \\
O{=}P{-}O^- \\
| \\
CH_2 \\
| \\
CH_3{-}C{-}CH_3 \\
| \\
CHOH \\
| \\
CO \\
| \\
NH \\
| \\
(CH_2)_2 \\
| \\
CO \\
| \\
NH \\
| \\
(CH_2)_2 \\
| \\
SH
\end{array}
\quad \text{4'-Phosphopantethein}
$$

Das ACP-Protein besitzt ein Molekulargewicht von ungefähr 9 000, seine N-terminale Aminosäure ist ein Serin (das nicht mit dem identisch ist, an das die prosthetische Gruppe gebunden ist), die C-terminale ein Alanin. An die SH-Gruppe des Phosphopantetheins werden im Verlauf der Synthese die Acetyl-, Malonyl- und Acylgruppen mit mittlerer Länge in covalenter Bindung gekoppelt. ACP ist durch Fehlen von Cystein und Tryptophan charakterisiert. Das gleiche System wie bei *E. coli* ist in der Hühnerleber vorhanden. Vor kurzem wurde nachgewiesen, daß auch Säugetiere und Pflanzen denselben Weg bei der Synthese ihrer Fettsäuren beschreiten.

Im Gegensatz zum System aus *E. coli,* das in voneinander unabhängige Elemente fraktioniert werden konnte, verhält sich die Fettsäure-Synthetase der Hefe [112] wie ein Polyenzymkomplex. Sie konnte soweit gereinigt werden, daß sie ein einheitliches Protein darstellte.

Das Molekulargewicht des Komplexes liegt bei $2{,}3 \cdot 10^6$. Er enthält vier Mol Flavinmononucleotid pro Mol Protein.

Elektronenmikroskopische Aufnahmen zeigen die Synthetase als ein Partikel von 200–250 Å Durchmesser. Folgendes Schema wurde für die Synthese der Fettsäuren durch dieses Partikel vorgeschlagen.

$$\underset{\text{Acetyl-CoA}}{CH_3-CO-SCoA} + \begin{matrix} HS \\ HS \end{matrix}\!\!>\!Enz \rightleftarrows \begin{matrix} HS \\ CH_3-CO-S \end{matrix}\!\!>\!Enz$$

$$COOH-CH_2-CO-SCoA + \begin{matrix} HS \\ CH_3-CO-S \end{matrix}\!\!>\!Enz \rightleftarrows \begin{matrix} COOH-CH_2-CO-S \\ CH_3-CO-S \end{matrix}\!\!>\!Enz$$

$$\begin{matrix} COOH-CH_2-CO-S \\ CH_3-CO-S \end{matrix}\!\!>\!Enz \rightleftarrows \begin{matrix} CH_3-CO-CH_2-CO-S \\ HS \end{matrix}\!\!>\!Enz + CO_2$$

$$\begin{matrix} CH_3-CO-CH_2-CO-S \\ HS \end{matrix}\!\!>\!Enz + NADPH + H^+ \rightleftarrows \begin{matrix} CH_3-CHOH-CH_2-CO-S \\ HS \end{matrix}\!\!>\!Enz + NADP^+$$

$$\begin{matrix} CH_3-CHOH-CH_2-CO-S \\ HS \end{matrix}\!\!>\!Enz \rightleftarrows \begin{matrix} CH_3-CH=CH-CO-S \\ HS \end{matrix}\!\!>\!Enz + H_2O$$

$$\begin{matrix} CH_3-CH=CH-CO-S \\ HS \end{matrix}\!\!>\!E + NADPH + H^+ \rightleftarrows \begin{matrix} CH_3-CH_2-CH_2-CO-S \\ HS \end{matrix}\!\!>\!Enz + NADP^+$$

$$\begin{matrix} CH_3-CH_2-CH_2-CO-S \\ HS \end{matrix}\!\!>\!Enz \rightleftarrows \begin{matrix} HS \\ CH_3-CH_2-CH_2-CO-S \end{matrix}\!\!>\!Enz$$

Die letzte Reaktion führt die Übertragung der bis dahin synthetisierten Butyrylgruppe auf die SH-Gruppe durch, die ursprünglich die Acetylgruppen übernommen hatte, und setzt die andere SH-Gruppe frei, die eine neue Malonylgruppe übernehmen muß, um die Verlängerung fortzusetzen. Dieses Schema verlangt zwei SH-Gruppen von unterschiedlicher Spezifität, eine für die Acetylgruppe, die andere für die Malonylgruppe. Die mit Acetyl-CoA assoziierte (peripheres–SH genannt) wurde als Cysteinylrest identifiziert mit Hilfe ihrer extremen Empfindlichkeit gegenüber alkylierenden Agenzien und durch die Fähigkeit des Acetyl-CoA, sie gegen diese Alkylierung zu schützen. Die andere Gruppe (zentrales-SH) ist mit alkyllierenden Agenzien wenig aktiv, ist mit den Malonylresten assoziiert und wurde als Teil eines 4′-Phosphopantetheinrests identifiziert, der wahrscheinlich über eine Phosphodiesterbindung an das Protein gekoppelt ist. Man konnte drei periphere SH-Gruppen pro Enzymmolekül zählen.

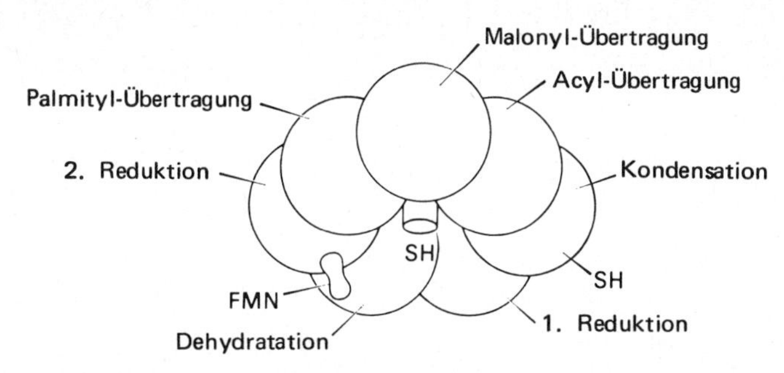

Bild 20. Hypothetische Struktur des Komplexes, der die Fettsäuren der Hefe synthetisiert. Die sieben aufgezeichneten Enzymeinheiten entsprechen den auf S. 78 angeführten sieben aufeinanderfolgenden Reaktionen. In Wirklichkeit soll sich ein Enzymkomplex aus drei Einheiten dieses Typs zusammensetzen (112).

Der Enzymkomplex besitzt 7 N-terminale Aminosäuren pro Molekül, was auf 7 verschiedene Proteine hinweist (Bild 21). Der Komplex katalysiert tatsächlich 7 verschiedene Reaktionen.

Da man drei Mol von jeder N-terminalen Aminosäure je Mol des Komplexes findet, hat man gefolgert, daß er sich aus 21 Untereinheiten mit einem mittleren Molekulargewicht von 100 000 zusammensetzt. Unglücklicherweise verliert der Multienzymkomplex bei Auftrennung all seine Aktivität; die einzelnen Reaktionen können nur am intakten Komplex untersucht werden.

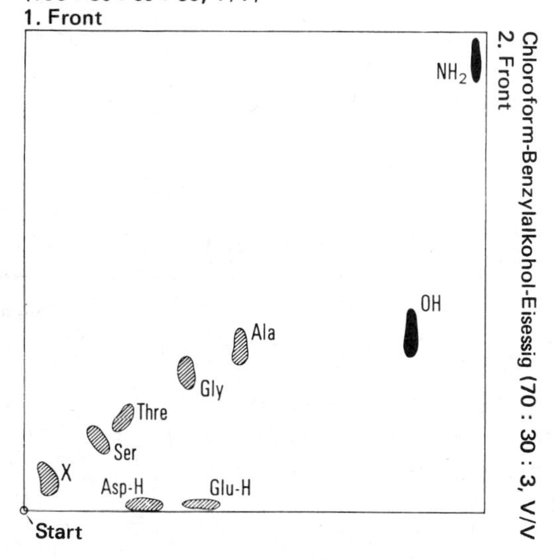

Bild 21

Zweidimensionale Dünnschichtchromatographie der Dinitrophenylaminosäuren, die man bei Reaktion der reinen Synthetase mit Fluordinitrobenzol erhält.
Eine der sieben Aminosäuren wurde nicht identifiziert.
Fluordinitrobenzol reagiert mit den NH_2-Enden der Proteine (112).

Die weitere Entwicklung dieser Untersuchungen ist vielversprechend, weil sie das grundsätzliche Problem der räumlichen Anordnung aufeinanderfolgender Aktivitäten der Zelle berührt.

3.1. Die Regulation der Acetyl-CoA-Carboxylase

Die Carboxylierung des Acetyl-CoA zu Malonyl-CoA ist die limitierende Reaktion der Fettsäure-Synthese. Das Enzym wird durch Citrat, das kein Substrat der Reaktion ist, aktiviert. Die beobachtete bedeutende Aktivierung ist bei der Carboxylase des Fettgewebes oder der Rattenleber von einer Konformationsänderung des Proteins begleitet. Durch Zentrifugieren im Saccharosegradienten hat man die Sedimentationskonstante des Enzyms mit etwa 18,8 S bestimmt.

Inkubiert man das Enzym mit Citrat unter den zu seiner Aktivierung nötigen Bedingungen und zentrifugiert man in Gegenwart von Citrat, liegt sein Sedimentationskoeffizient bei etwa 43 S. Die Geschwindigkeit der Aktivierung des Enzyms ist konzentrationsabhängig. Man hat allen Grund anzunehmen, daß in diesem Fall die Aktivierung und die Aggregation zwei Erscheinungsformen desselben zugrundeliegenden Phänomens sind [113]. Wie bereits erläutert, sammelt sich Citrat an, wenn die NAD-abhängige Isocitrat-Dehydrogenase wegen AMP-Mangels funktionsunfähig ist; außer der Wirkung des Citrats auf die Carboxylase vermehrt das ausschließliche Funktionieren der anderen, NADP-abhängigen Isocitrat-Dehydrogenase die Menge an NADPH, die somit für die Fettsäure-Synthese verfügbar wird.

Neben der Aktivierung, der sie unterworfen ist, ist die Acetyl-CoA-Carboxylase für eine Retro-Inhibition durch entfernte Produkte ihrer Wirkung, die Acyl-CoA-Derivate mit langer Kette, empfänglich (Bild 22). Diese Derivate sind kompetitive Inhibitoren, die um so wirksamer sind, je länger die aliphatische Kette ist [114].

Außerdem bewirkt die Zugabe von Citrat zu Gewebe-Schnittpräparaten ein Anwachsen der Fettsynthese und eine Abnahme der Steroidsynthese, die ebenfalls als Ausgangsprodukt Acetyl-CoA hat.

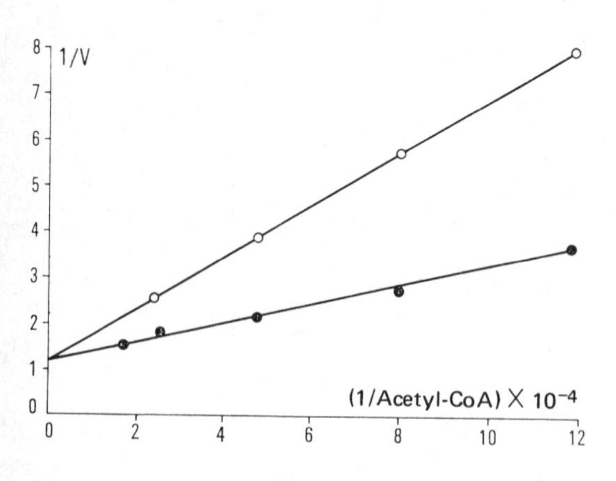

Bild 22
Kompetitive Hemmung der Acetyl-CoA-Carboxylase durch Palmityl-CoA. Die Werte, die durch weiße Kreise wiedergegeben werden, stammen aus einem Versuch in Gegenwart einer Palmityl-CoA-Konzentration von 2×10^{-5}M. Freie Palmitylsäure ist ohne jede Hemmwirkung (114).

4. Die Synthese der Triglyceride und der Lipoide

Man konnte niemals eine direkte Acylierung des Glycerins beobachten. Aus Extrakten von *Clostridium butyricum* [115], die durch Ultraschallbehandlung gewonnen wurden, läßt sich eine Partikelfraktion und eine lösliche Fraktion isolieren. In Gegenwart dieser zwei Fraktionen und von ACP (gewonnen aus *E. coli*) kann man die Acylierung von Glycerin-3-phosphat durch Palmityl-CoA erreichen. Dieselbe Acylierung ist direkt erzielbar, wenn man von Palmityl-ACP ausgeht. Das Reaktionsprodukt ist die Lysophosphatidsäure:

Lysophosphatidsäure	Phosphatidsäure
CH_2OH	$CH_2—O—CO—R$
$CH—O—CO—R$	$CH—O—CO—R$
$CH_2—O—PO_3H_2$	$CH_2—O—PO_3H_2$

Ein Membranpräparat aus *E. coli* bewirkt die gleichen Reaktionen. Außer der Lysophosphatidsäure konnte man die Synthese von Monopalmitin und Phosphatidsäure nachweisen. Es ist sehr wahrscheinlich, daß Monopalmitin aus der Dephosphorylierung der Lysophosphatidsäure hervorgeht. Die Dephosphorylierung der Phosphatidsäure führt im Gegensatz dazu zu einem α, β-Diglycerid, das eine gemeinsame Vorstufe der Triglyceride und des Lecithins ist. Es wurde ein Enzym aus Hühnerleber beschrieben, das die Triglyceride aus den Diglyceriden und Acyl-CoA synthetisiert [116]:

$$R–COSCoA + \alpha\text{-}\beta\text{-Diglycerid} \rightarrow \text{Triglycerid} + CoASH$$

Die zweite Vorstufe des Lecithins ist das Cholin:

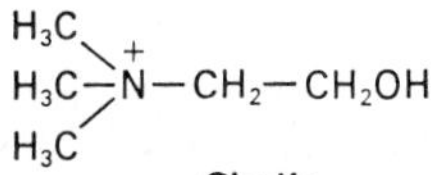

$$(H_3C)_3\overset{+}{N}-CH_2-CH_2OH$$

Cholin

Dieses wird aus Äthanolamin, einem Serinderivat, mit Hilfe von S-Adenosyl-methionin durch aufeinanderfolgende Methylierungen synthetisiert:

$$HOOC—CH(NH_2)—CH_2OH$$

Serin

$$H_2N—CH_2—COOH$$

Äthanolamin

Cholin wird zu Phosphorylcholin phosphoryliert:

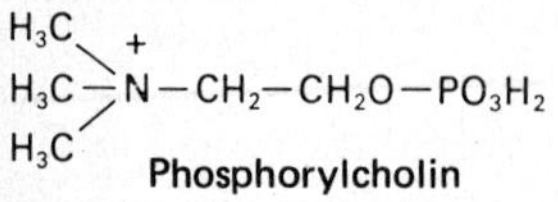

$$(H_3C)_3\overset{+}{N}-CH_2-CH_2O-PO_3H_2$$

Phosphorylcholin

Diese Verbindung reagiert mit CTP unter Eliminierung von Pyrophosphat zu CDP-Cholin:

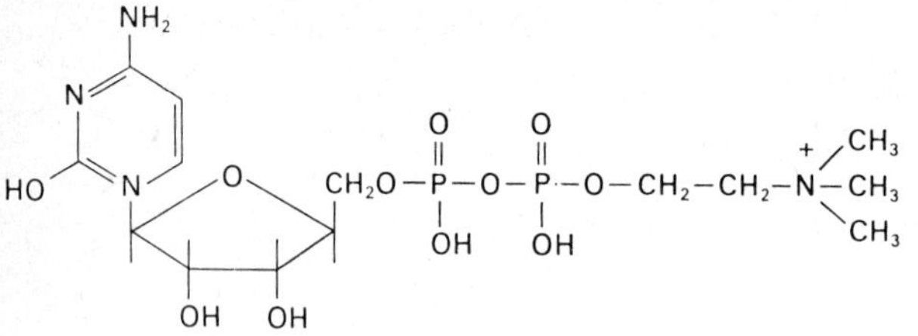

$$\text{Cytidin}-CH_2O-\underset{OH}{\overset{O}{\overset{\|}{P}}}-O-\underset{OH}{\overset{O}{\overset{\|}{P}}}-O-CH_2-CH_2-\overset{+}{N}(CH_3)_3$$

Cytidindiphosphat-cholin (CDP-Cholin)

Das CDP-Cholin reagiert mit einem α, β-Diglycerid unter Bildung von CMP und Lecithin:

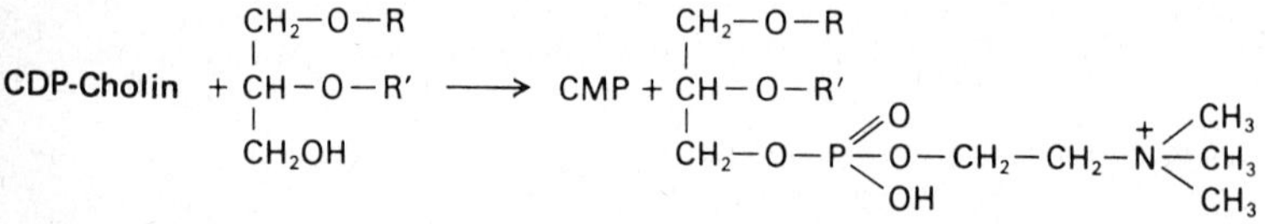

$$\text{CDP-Cholin} + \begin{array}{l} CH_2-O-R \\ CH-O-R' \\ CH_2OH \end{array} \longrightarrow \text{CMP} + \begin{array}{l} CH_2-O-R \\ CH-O-R' \\ CH_2-O-P(=O)(OH)-O-CH_2-CH_2-\overset{+}{N}(CH_3)_3 \end{array}$$

Lecithin

VII. Methodik der Untersuchung der Biosynthesewege. Summarischer Abriß der Regulation der Biosynthese von Enzymen

Um Biosynthesewege nachzuweisen, ist es sinnvoll, Organismen in der Wachstumsphase zu verwenden. Das neu synthetisierte Material kann durch das Anwachsen der Anzahl der Zellen in einer Bakterienkultur oder durch das Anwachsen des Gewichts bei einem wachsenden Tier, z.B. einer Ratte, nachgewiesen werden.

Die Zellen der Tiere und Pflanzen wachsen im allgemeinen langsam: Die Zellen des Zentralnervensystems der Säugetiere wachsen nur in der frühen Kindheit des Tieres und teilen sich danach nicht mehr. Die Muskelzellen teilen sich und wachsen langsam; die Leberzellen teilen sich ungefähr alle drei Monate; die Zellen der intestinalen Mucosa haben eine Teilungszeit, die leicht in Tagen gemessen werden kann. Im Gegensatz dazu können sich die Bakterienzellen nach Zahl und Gewicht alle zwanzig Minuten verdoppeln. Das neusynthetisierte Material stammt, wenn man ein Bakterium, wie z.B. *Escherichia coli* betrachtet, allein aus einer einfachen Kohlenstoffquelle, wie der Glucose oder dem Acetat, aus Ammoniak, Sulfat oder anorganischem Phosphat. Ein solches Bakterium ist zu einer intensiven chemischen Arbeit fähig. Die gesamte Stoffwechselenergie dient ihm praktisch für seine Biosynthesen. Die Bakterien sind aufgrund dieser Eigenschaften das ideale Material zum Studium der anabolischen Phänomene. Zahlreiche Methoden wurden angewandt, um die Biosynthesewege der kleinen Moleküle darzulegen, der Aminosäuren, Purine, Pyrimidine, die das Material bilden, aus dem die Proteine und Nucleinsäuren synthetisiert werden. Die wichtigsten Methoden, die wir uns kurz vor Augen führen wollen, sind die Verwendung von Isotopen, von auxotrophen Mutanten, die unfähig sind, einen bestimmten essentiellen Metaboliten zu synthetisieren, und schließlich die Untersuchung individueller Enzymreaktionen.

1. Verwendung von Isotopen

Man kann die Organismen auf besonderen Kohlenstoffquellen kultivieren, wie z.B. auf Glucose, die in Position C_1 oder C_6 mit ^{14}C markiert ist, auf markiertem Acetat mit radioaktivem Kohlenstoff oder auf doppelt markiertem Acetat, das an der Methyl-Gruppe mit ^{14}C und an der Carboxyl-Gruppe mit dem schweren, nicht radioaktiven Isotop ^{13}C besetzt ist (Einzelheiten [117]).

Am Ende des Wachstums werden die Organismen gesammelt, die Proteinfraktion z.B. wird isoliert und alkalischer oder saurer Hydrolyse unterworfen. Die einzelnen Aminosäuren werden isoliert, und die Verteilung der einzelnen C-Atome wird mit mühsamen Abbaumethoden nachgewiesen. Solche Verfahren sind im allgemeinen sehr schwierig. Selten verschaffen sie eindeutige Aussagen darüber, durch welche chemischen Reaktionen der als Nahrung gebotene Kohlenstoff in diese oder jene Aminosäure eingebaut wurde. Meistens erlauben sie wenigstens, einen eventuell möglichen Weg auszuschließen.

Eine weitaus nützlichere Methode ist die der Isotopenverdünnung, die im folgenden beschrieben werden soll [24].

Das Prinzip: Stellt man dem Bakterium einheitlich markierte Glucose als einzige C-Quelle zur Verfügung, werden alle wichtigen Metaboliten einheitlich markiert sein. Wird ein mögliches Zwischenprodukt der Kultur unmarkiert zugegeben, und existiert außerdem keine Schranke für sein Eindringen, so wird es die Radioaktivität des markierten Zwischenprodukts stark verdünnen. Folglich wird das Endprodukt nicht radioaktiv sein, oder seine spezifische Radioaktivität wird wenigstens stark reduziert sein. Wir wollen nun einige Anwendungsmöglichkeiten dieser Methode behandeln.

a) Eine Kultur wird auf einem synthetischen Milieu, das einheitlich markierte Glucose und nichtradioaktives Homoserin enthält, durchgeführt. Nach dem Wachstum wird die Kultur zentrifugiert, gewaschen, die Proteinfraktion wird isoliert und hydrolysiert. Die Aminosäuren, die bei der Hydrolyse des Proteins freiwerden, werden durch Papierchromatographie getrennt. Das Chromatogramm wird auf einen strahlungsempfindlichen Film aufgebracht.

   Die Flecken der radioaktiven Aminosäuren schwärzen den Film. Andererseits kann man alle Aminosäuren auf dem Chromatogramm durch Ninhydrin nachweisen.

   Wie sich zeigt, sind die Aminosäuren Threonin, Methionin und Isoleucin wenig oder nicht radioaktiv, während die spezifische Radioaktivität aller anderen mit der der Glucose, von der man ausgegangen war, identisch ist. Man schließt daraus, daß Homoserin möglicherweise ein Zwischenprodukt der Biosynthese des Threonins, Isoleucins und Methionins ist.

b) Wird dasselbe Experiment mit nichtradioaktivem Aspartat durchgeführt, so findet man: Die Radioaktivität des Aspartats der Proteine ist ebenso wie die der Diaminopimelinsäure (eines Bestandteils der Zellwand von *E. coli*), des Lysins und derselben drei Aminosäuren wie im vorhergehenden Experiment, des Threonins, Methionins und Isoleucins, stark reduziert.

c) Gibt man nichtradioaktives Threonin als Konkurrenten zu, zeigen die Autoradiochromatogramme des Proteinhydrolysats, daß Threonin und Isoleucin aus den Proteinen nicht radioaktiv sind (Bild 23 und 24).

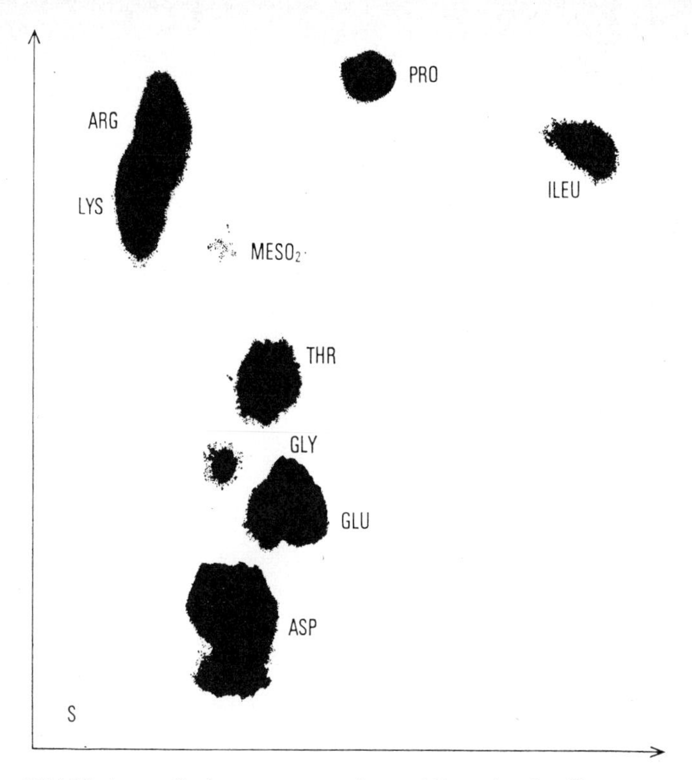

Bild 23. Autoradiochromatogramm des zweidimensionalen Chromatogramms eines Hydrolysats der Proteine von *E. coli,* das in Gegenwart einer einheitlich markierten radioaktiven Kohlenstoffquelle kultiviert wurde (24).

d) Verwendet man nichtradioaktives Methionin und Isoleucin als Konkurrenten, nehmen sie jeweils nur auf ihre eigene spezifische Radioaktivität Einfluß. Das Gesamtergebnis dieser Experimente zeigt folgenden Biosyntheseweg auf:

$$\begin{array}{ccccccc} \text{Aspartat} & \rightarrow & \text{Homoserin} & \rightarrow & \text{Threonin} & \rightarrow & \text{Isoleucin} \\ \downarrow & & \downarrow & & & & \\ \text{Diaminopimelat und Lysin} & & \text{Methionin} & & & & \end{array}$$

Durch zahlreiche vergleichbare Experimente einer Isotopenverdünnung war es möglich, klar zu beweisen, daß der größte Teil der Aminosäuren der Proteine von *E. coli* aus einer kleinen Zahl von Zwischenprodukten des EMBDEN-MEYERHOF-Zyklus oder des KREBS-Zyklus hervorgeht: Phosphoglycerat (Serin, Glycin, Cystein),

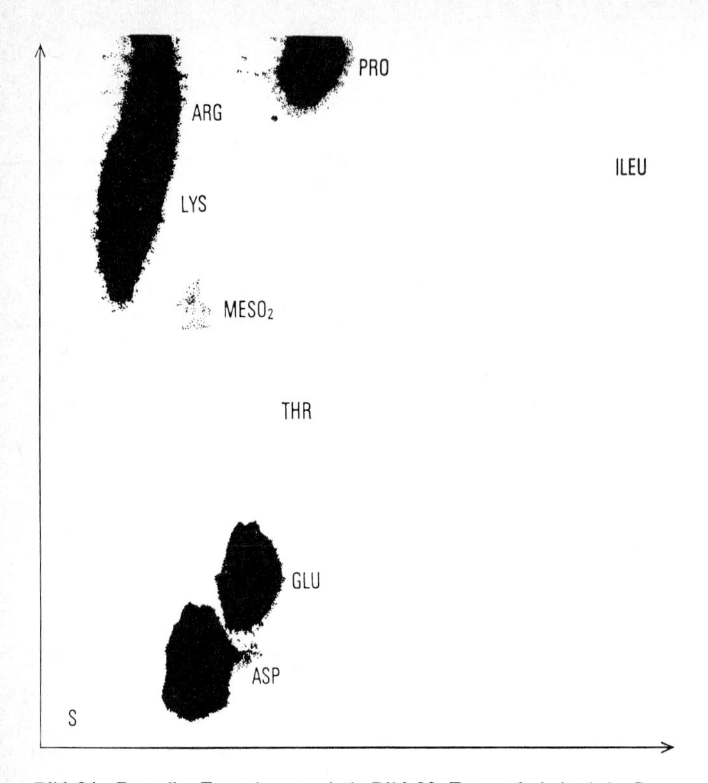

Bild 24. Dasselbe Experiment wie in Bild 23. Es wurde jedoch in Gegenwart von nicht radioaktivem Threonin kultiviert. Man bemerkt, daß die Radioaktivität von Threonin und Isoleucin fehlt (24).

Oxalacetat (Aspartat, Asparagin, Lysin, Diaminopimelat, Threonin, Methionin, Isoleucin), α-Ketoglutarat (Glutamat, Glutamin. Prolin, Arginin) und Pyruvat (Alanin, Valin, Leucin). Die aromatischen Aminosäuren Phenylalanin, Tyrosin und Tryptophan und die heterozyklische Aminosäure Histidin werden in einer Reihe von Reaktionen synthetisiert, die wir getrennt behandeln werden.

2. Verwendung auxotropher Mutanten

In jeder Bakterienpopulation des Wildtyps treten spontan Mutanten auf, die unfähig sind, die Synthese eines bestimmten essentiellen Metaboliten durchzuführen.

Ihre Häufigkeit ist gering, in der Größenordnung von 10^{-8} pro Generation. Diese Mutanten, deren Wachstum von der exogenen Zugabe des Metaboliten abhängt, den sie nicht herstellen können, heißen *auxotrophe* Mutanten, im Gegensatz zum *prototrophen* Wildtyp, von dem sie abstammen.

Die Frequenz der Mutationen kann durch ultraviolette Strahlung oder unter dem Einfluß mutagener Chemikalien, von denen einige außerordentlich wirksam sind, gesteigert werden.

Nach der Mutagenese stellt sich das Problem, die gesuchte Mutante mitten aus der Population der Prototrophen und der Mutanten, nach denen man nicht speziell sucht, auszusondern.

Eine der Methoden, die am häufigsten angewandte, ist die der Auslese durch Penicillin [118]. Diese begründet sich auf der Eigenschaft dieses Antibiotikums, nur für die Zellen bakterizid zu wirken, die sich in der aktiven Teilungsphase befinden. Nach der Einwirkung des Mutagens läßt man die Bakterien sich mehrmals in Gegenwart des Wachstumsfaktors, für den man eine auxotrophe Mutante sucht, teilen. Der Grund ist folgender:

Die Bakterien besitzen mehrere Kernäquivalente und folglich mehrere identische Chromosomen. Die Wirkung des mutagenen Agens betrifft nur eins dieser Chromosomen; die nicht betroffenen besitzen noch alle notwendige Information, den Wachstumsfaktor herzustellen. Nach mehreren Teilungen verteilen sich die Kerne auf verschiedene Tochterzellen, und man erhält Bakterien, die bezüglich ihres Chromosomenbestandes homogen sind.

Man entfernt nun den Überschuß des Wachstumsfaktors durch mehrere Waschungen, resuspendiert die Kultur in einem Milieu, das alle Wachstumsfaktoren (Aminosäuren, Purine, Pyrimidine, Vitamine) enthält, außer dem, für den man eine auxotrophe Mutante sucht. Dieses Milieu enthält ebenfalls Penicillin.

Die Bakterien, die nicht vom mutagenen Agens abgetötet wurden, bilden eine Population, die aus prototrophen Bakterien, aus nicht gewünschten und aus den gesuchten Mutanten zusammengesetzt ist.

Die ersten beiden Kategorien können sich teilen und werden vom Penicillin abgetötet. Die dritte Gruppe kann nicht wachsen und entgeht so dem Tod. Nach Entfernung des Penicillins muß ein Ausbringen auf ein geeignetes Milieu prinzipiell zu Kolonien führen, die in der Mehrzahl vom gesuchten mutierten Typ sein werden.

Wir wollen eine Gruppe von Mutanten betrachten, die mit dieser Methode unabhängig voneinander entdeckt wurden und die alle unfähig sind, eine Aminosäure zu synthetisieren, z.B. das Tryptophan: Keine dieser Mutanten wird auf einem synthetischen Minimalmilieu wachsen (das nur Glucose als einzige Kohlenstoffquelle enthält), aber alle werden wachsen, wenn Tryptophan diesem Milieu zugegeben wird.

Man findet eine Gruppe von Mutanten, die unter bestimmten Bedingungen in das Wachstumsmilieu eine Substanz abscheidet, die im Milieu des Wildtyps nicht nachweisbar ist. Diese Substanz wurde als Indol identifiziert; sie erlaubt das Wachstum einer zweiten Kategorie von Mutanten. Diese besteht genau wie die erste aus Individuen, die zur Tryptophan-Synthese unfähig sind, die aber im Gegensatz zu den Individuen der ersten Kategorie kein Indol mehr synthetisieren können. Mutanten dieser zweiten Kategorie können wiederum eine weitere Substanz, die Anthranilsäure, anreichern, die das Wachstum einer dritten Gruppe von Mutanten erlaubt. Folglich ist diese dritte Klasse unfähig, eine Reaktion durchzuführen, die an früherer Stelle in der Synthesekette des Tryptophans liegt, die Synthese der Anthranilsäure, und kann nur in Gegenwart von Anthranilsäure, Indol oder Tryptophan wachsen. Die Biosynthese des Tryptophans läßt sich folglich schematisch (und provisorisch) folgendermaßen formulieren.

$$\text{Glucose} + NH_4^+ \underset{(3)}{\rightarrow} \text{Anthranilat} \underset{(2)}{\rightarrow} \text{Indol} \underset{(1)}{\rightarrow} \text{Tryptophan}$$

Die Zahlen unterhalb der Pfeile zeigen die genetischen Blocks der oben erwähnten verschiedenen Kategorien an, d.h. die Reaktionen, die diese nicht mehr durchführen können.

Auxotrophe Mutanten konnten praktisch für alle Biosynthesewege der Aminosäuren, der Purine, Pyrimidine und Vitamine gefunden werden und haben sich für deren Aufklärung von ungeheurer Bedeutung gezeigt. Dennoch bleibt in jedem einzelnen Fall zu demonstrieren, daß die akkumulierten Produkte wirklich die Zwischenstufen selbst sind und nicht Stoffwechselprodukte echter Zwischenstufen.

3. Analyse der Enzymketten

Die Interpretation der mit den beiden eben beschriebenen Methoden gewonnenen Resultate ist nicht immer so leicht und einheitlich, wie der kurze Schluß, der eben gezogen wurde, es vermuten lassen könnte. Diese Ergebnisse müssen vielmehr als Ausgangspunkt für detaillierte Untersuchungen und nicht als definitiver Beweis für die Existenz der postulierten Reaktionen angesehen werden. Es ist folglich notwendig, eine Bestätigung dafür auf einer anderen Basis, etwa durch Verwendung von Zellsuspensionen oder azellulären Extrakten, zu erhalten, mit der man sich vergewissern kann, daß die postulierte Reaktion tatsächlich stattfindet und bei den Mutanten fehlt, von denen man annimmt, daß sie sie nicht durchführen können. Man konnte z.B. zeigen, daß einer Mutante, die zu ihrem Wachstum Homoserin benötigt (oder Threonin + Methionin), das Enzym Homoserin-Dehydrogenase fehlt, das die Reduktion des Asparaginsäuresemialdehyds zu Homoserin katalysiert.

Dieses Resultat bestätigt die Hinweise, die mit den Methoden der Isotopenverdünnung und den Nährstoffversuchen gewonnen wurden, und beweist, daß das Homoserin eine Zwischenstufe in der Synthese des Threonins und des Methionins ist.

4. Die Regulation der Enzym-Biosynthese

Die Enzyme selbst müssen von der Zelle synthetisiert werden. Betrachtet man nur ihre Primärstruktur – sie sind Proteine –, so kann man sich diese als lineare Kette von Aminosäuren, die untereinander durch Peptidbindungen gekoppelt sind, vorstellen. Die Sequenz der Aminosäuren eines bestimmten Proteins ist festgelegt und durch die Basensequenz der spezifischen Boten-RNS (messenger RNA) dieses Proteins determiniert.

Dieser messenger RNA selbst ist eine transscribierte Version der Basensequenz eines bestimmten Abschnitts der DNA. Man sagt, daß diese DNA-Sequenz das betrachtete Protein codiert, oder mit anderen Worten, daß sie das *Strukturgen* ist, das die für die Synthese dieses Proteins notwendige Information enthält.

Die Proteinsynthese kann nicht nur durch die Strukturgene determiniert sein. Eine lebende Zelle ist ein komplexes geschlossenes System tausender Abbau- und Syntheseprozesse, die nur durch Mechanismen der *Zellregulation* in geordneter Weise zusammen existieren können.

Wir hatten wiederholt Gelegenheit, die Wirkungsweise einer Regulation zu beobachten: Die der katalytischen Aktivität von Enzymen. Diese wirkt sehr häufig durch eine Konformationsänderung der Tertiär- oder Quarternärstruktur eines Enzyms durch Übergänge, die wir mit dem Begriff *allosterisch* charakterisieren konnten. Den Zellen steht ein zweiter Typ der Regulation zur Verfügung, der nicht die Aktivität von Enzymen beeinflußt, sondern ihre *Synthese.*

Vor einigen Jahren wurde am Institut Pasteur eine Beobachtung gemacht:

Wurde *E. coli* in Gegenwart einer Aminosäure kultiviert, dann besaßen die Zellsuspensionen oder die Extrakte, die aus diesen Bakterien gewonnen wurden, einen viel geringeren Gehalt an einem der Enzyme, die an der Biosynthese dieser Aminosäuren beteiligt waren [25, 26].

Später zeigte sich, daß diese *Repression* der Enzymsynthese mehrere Enzyme desselben Biosyntheseweges betraf [119]. Das Endprodukt bewirkte die Repression, während die Zwischenstufen zur Hemmung unfähig waren, außer nach Umwandlung in das Endprodukt.

Wie sich schnell herausstellte, ist die Repression nicht nur eine ökonomische Anpassung an die Gegenwart exogener essentieller Metaboliten, sondern führt außerdem eine Regulation der Synthese durch, die von der Größe des intrazellulären „pools“ des Endprodukts abhängt. Diese wird vom Unterschied der Geschwindigkeiten der Synthese des Metaboliten und seines Einbaues in die Makromoleküle, wie Proteine oder Nucleinsäuren, bestimmt.

Indem man diesen Gehalt künstlich auf einem sehr niedrigen Niveau hielt – durch die Verwendung auxotropher Mutanten und verschiedener ingeniöser Versuchsbedingungen [27] –, war es möglich, den Gehalt bestimmter Enzyme in Zellen beträchtlich zu vergrößern, indem man dem genetischen Potential der Zelle gestattete, voll zur Wirkung zu kommen *(Derepression).*

Andererseits konnten Mutanten isoliert werden, die keiner Regulation durch Repression unterworfen waren, d.h. die erhöhte Enzymniveaus eines bestimmten Biosyntheseweges enthielten und gegen endogene oder exogene Schwankungen des Endprodukts dieses Weges unempfindlich waren [120].

Die mechanistischen und genetischen Probleme der Repression behandelt ein anderer Band dieser Reihe. Es war aber nötig, hier darüber einige Worte zu sagen, um individuelle Biosynthesewege und ihre Regulation nebeneinander untersuchen zu können.

VIII. Die Biosynthese des Aspartats und der Aminosäuren, die sich von ihm ableiten

1. Die Aspartat-Biosynthese

Die Asparaginsäure kann durch zwei verschiedene Reaktionen aus Substraten, die in beiden Fällen Zwischenstufen des Tricarbonsäurezyklus sind, synthetisiert werden. Man kann sie entweder durch direkte Aminierung der Fumarsäure

$$COOH{-}CH=CH{-}COOH + NH_3 \rightleftarrows COOH{-}CH_2{-}\underset{\displaystyle NH_2}{\underset{|}{CH}}{-}COOH$$

oder durch Transaminierung der Oxalessigsäure mit Glutaminsäure, die wiederum ein direktes Aminierungsprodukt der α-Ketoglutarsäure ist, gewinnen.

$$\begin{array}{l} COOH{-}CH_2{-}CO{-}COOH + COOH{-}CH_2{-}CH_2{-}\underset{\displaystyle NH_2}{\underset{|}{CH}}{-}COOH \\ \qquad\qquad\qquad\qquad\updownarrow \\ COOH{-}CH_2{-}\underset{\displaystyle NH_2}{\underset{|}{CH}}{-}COOH + COOH{-}CH_2{-}CH_2{-}CO{-}COOH \end{array}$$

Am Ende dieses Kapitels folgt ein Abschnitt über den Mechanismus der Transaminierungsreaktionen und anderer Enzymreaktionen, bei denen das Pyridoxalphosphat die Rolle des Coenzyms spielt.

2. Asparagin-Synthese

Schweineleber und -herz, Bäckerhefe, Erbsen und die Lupine enthalten ein Enzym, das in Gegenwart von ATP und Mg^{2+}-Ionen eine direkte Synthese des Asparagins aus L-Aspartat und Ammoniak durchführen kann [121]. Die Bildung des Asparagins ist von der Bildung stöchiometrischer Mengen von ADP und anorganischem Phosphat begleitet:

$$COOH{-}CH_2{-}\underset{\displaystyle NH_2}{\underset{|}{CH}}{-}COOH + ATP + NH_3 \rightarrow H_2N{-}OC{-}CH_2\underset{\displaystyle NH_2}{\underset{|}{CH}}{-}COOH + ADP + P_i$$

L-Asparagin

Bei *Lactobacillus arabinosus* ist ein anderes System vorhanden, das von den gleichen Substraten ausgehend zur Bildung von Asparagin, AMP und Pyrophosphat führt [122]:

$$\text{L-Aspartat} + ATP + NH_3 \rightarrow \text{L-Asparagin} + AMP + PP$$

3. Die Biosynthese des Aspartat-semialdehyds, der gemeinsamen Zwischenstufe der Biosynthese des Lysins, Methionins, Threonins und des Isoleucins

Eine spezifische β-Aspartokinase katalysiert die Phosphorylierung des Aspartats in β-Position:

$$\mathrm{COOH{-}CH_2{-}\underset{\displaystyle NH_2}{\underset{|}{CH}}{-}COOH + ATP \rightleftarrows PO_3H_2 \sim OOC{-}CH_2{-}\underset{\displaystyle NH_2}{\underset{|}{CH}}{-}COOH + ADP}$$

Das so gebildete β-Aspartylphosphat ist ein unstabiles Molekül. Zur Untersuchung der Aspartokinase läßt man die Reaktion in Gegenwart von Hydroxylamin ablaufen, wobei ein Hydroxamat als Reaktionsprodukt entsteht, das sich mit einer eleganten Methode nachweisen läßt. Man kann die Reaktion auch in Gegenwart eines Überschusses an Aspartat-semialdehyd-Dehydrogenase durchführen und spektralphotometrisch die Reoxydation von NADPH messen [123, 124, 125].

Der folgende Schritt ist eben die Reduktion des β-Aspartylphosphats zu Aspartat-semialdehyd [126]:

$$\mathrm{PO_3H_2 \sim OOC{-}CH_2{-}\underset{\displaystyle NH_2}{\underset{|}{CH}}{-}COOH + NADPH + H^+ \rightleftarrows CHO{-}CH_2{-}\underset{\displaystyle NH_2}{\underset{|}{CH}}{-}COOH + P_i + NADP^+}$$

Diese Reaktion erinnert an die von der Triosephosphat-Dehydrogenase katalysierte, in der ja ebenfalls die Reduktion einer Acylphosphat-Gruppe zu einer Aldehyd-Gruppe abläuft. Die Gleichgewichtskonstanten der beiden Reaktionen liegen übrigens in derselben Größenordnung.

4. Lysin-Biosynthese der Bakterien

Aspartat-semialdehyd kondensiert sich unter Eliminierung von zwei Wassermolekülen mit einem Molekül Brenztraubensäure. Das Reaktionsprodukt ist die Dihydrodipicolinsäure; das Enzym, das diese Reaktion katalysiert, ist die Dihydrodipicolinat-Synthetase [127]:

$$\mathrm{CHO{-}CH_2{-}\underset{\displaystyle NH_2}{\underset{|}{CH}}{-}COOH + CH_3{-}CO{-}COOH \longrightarrow}$$

HOOC–(Dihydropyridin-Ring mit N)–COOH

Dihydrodipicolinat

Eine Dihydrodipicolinat-Reduktase reduziert mit Hilfe von NADPH dieses Produkt zur Tetrahydrodipicolinsäure [127]:

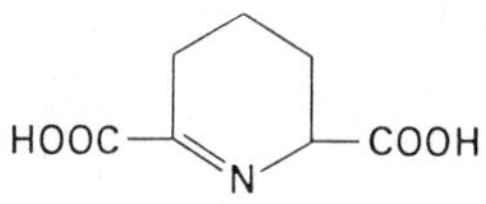

HOOC–(Ring mit N)–COOH

Tetrahydrodipicolinsäure

Der Heterozyklus wird nun unter gleichzeitiger Succinylierung zur N-Succinyl-ε-keto-L-α-aminopimelinsäure geöffnet:

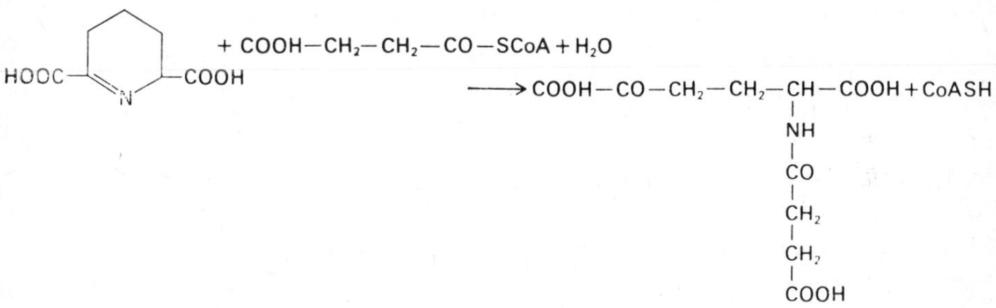

$$\text{HOOC–(Ring mit N)–COOH} + COOH-CH_2-CH_2-CO-SCoA + H_2O \longrightarrow COOH-CO-CH_2-CH_2-CH(NH-CO-CH_2-CH_2-COOH)-COOH + CoASH$$

N-Succinyl-ε-keto-L-α-aminopimelinsäure

Eine spezifische Transaminase [128] führt zur Synthese der N-Succinyl-LL-diaminopimelinsäure, die dann von einer spezifischen Desacylase zur LL-Diaminopimelinsäure desuccinyliert wird [129]:

$$COOH-CH(NH_2)-(CH_2)_3-CH(NH_2)-COOH$$

Diaminopimelat (DAP)

Es ist bemerkenswert, daß die Diaminopimelat (DAP)-Succinylierung der gleiche Reaktionsschritt ist, den ein organischer Chemiker durchführen würde, um das spontane Schließen der ε-Keto-L-α-aminopimelinsäure zu einem Heterozyklus, das die Synthese der gewünschten Verbindung unmöglich machte, zu verhindern.

Eine spezifische Epimerase [130] lagert die LL-Diaminopimelinsäure zur meso-Diaminopimelinsäure, der optisch aktiven Form, die in der Zellwand von *E. coli* vorkommt, um (bei anderen Bakterienarten kommt die LL-Säure in der komplexen Wandstruktur vor).

Außer seiner Eigenschaft als essentieller Metabolit zur Synthese der Zellwände bestimmter Bakterien ist die meso-Diaminopimelinsäure die direkte Vorstufe des Lysins, das aus ihr durch eine von der DAP-Decarboxylase katalysierte Decarboxylierung hervorgeht [131, 132]:

$$\underset{\underset{NH_2}{|}}{COOH{-}CH}{-}(CH_2)_3{-}\underset{\underset{NH_2}{|}}{CH}{-}COOH \rightarrow NH_2{-}(CH_2)_4{-}\underset{\underset{NH_2}{|}}{CH}{-}COOH + CO_2$$

L-Lysin

Die Reihe der eben behandelten Reaktionen, die zur Bildung von Lysin führen, existiert aber nur bei den Bakterien und Gefäßpflanzen. Die Hefen, Pilze und einige andere Formen bedienen sich eines völlig anderen Biosyntheseweges, der von der Glutaminsäure ausgeht.

5. Die Reduktion des Aspartat-semialdehyds zu Homoserin, der gemeinsamen Vorstufe des Methionins, Threonins und Isoleucins

Ein Enzym mit Namen Homoserin-Dehydrogenase katalysiert die Reduktion der Aldehydgruppe des Aspartat-semialdehyds zu einer primären Alkohol-Gruppe [133, 134]. Das gebildete Produkt ist das Homoserin. Während alle Aspartatsemialdehyd-Dehydrogenasen NADPH-abhängig sind, sind die Homoserin-Dehydrogenasen verschiedener Herkunft mit NADH oder NADPH funktionsfähig. Je nach Herkunft ist das eine oder andere Pyridinnucleotid aktiver:

$$CHO{-}CH_2{-}\underset{\underset{NH_2}{|}}{CH}{-}COOH + NADPH + H^+ \rightleftarrows CH_2OH{-}CH_2{-}\underset{\underset{NH_2}{|}}{CH}{-}COOH + NADP^+$$

L-Homoserin

6. Methionin-Biosynthese

Die primäre Alkohol-Gruppe des Homoserins wird bei *E. coli* vom Succinyl-CoA und bei *Neurospora crassa* durch Acetyl-CoA zu O-Succinyl-homoserin bzw. O-Acetyl-homoserin acyliert [135]:

$$COOH - CH_2 - CH_2 - CO - O - CH_2 - CH_2 - \underset{\underset{NH_2}{|}}{CH} - COOH$$

O-Succinyl-homoserin

In beiden Fällen reagiert das acylierte Derivat nach einem noch unvollständig geklärtem Mechanismus mit Cystein zu dem Thioäther Cystathion [136]:

$$COOH{-}\underset{\underset{NH_2}{|}}{CH}{-}CH_2{-}S{-}CH_2{-}CH_2{-}\underset{\underset{NH_2}{|}}{CH}{-}COOH$$

Das Cystathion wird nun zu Homocystein, Pyruvat und Ammoniak hydrolysiert:

$$\mathrm{COOH{-}\underset{\displaystyle NH_2}{\underset{|}{CH}}{-}CH_2{-}S{-}CH_2{-}CH_2{-}\underset{\displaystyle NH_2}{\underset{|}{CH}}{-}COOH + H_2O}$$

$$\downarrow$$

$$\mathrm{HS{-}CH_2{-}CH_2{-}\underset{\displaystyle NH_2}{\underset{|}{CH}}{-}COOH + CH_3{-}CO{-}COOH + NH_3}$$

L-Homocystein

Homocystein wird an der Sulfhydryl-Gruppe methyliert; das Reaktionsprodukt ist Methionin. Der Donator der Methyl-Gruppe ist das Serin, genauer gesagt das β-Kohlenstoffatom des Serins [1]):

$$\mathrm{CH_3{-}S{-}CH_2{-}CH_2{-}\underset{\displaystyle NH_2}{\underset{|}{CH}}{-}COOH}$$

L-Methionin

7. Biosynthese des Threonins aus Homoserin

Threonin ist ein Isomeres des Homoserins, in dem die Alkoholfunktion eine sekundäre Alkoholgruppe ist. Die Umwandlung vollzieht sich in zwei Schritten [137, 138]. Eine Homoserin-Kinase phosphoryliert zuerst die primäre Alkoholgruppe des Homoserins zu Homoserinphosphat [139]. Die so entstandene Bindung ist im Gegensatz zu der des Aspartylphosphats, bei der die phosphorylierte Gruppe eine Carboxylgruppe war, nicht energiereich:

$$\mathrm{CH_2OH{-}CH_2{-}\underset{\displaystyle NH_2}{\underset{|}{CH}}{-}COOH + ATP \rightarrow H_2O_3P{-}OH_2C{-}CH_2{-}\underset{\displaystyle NH_2}{\underset{|}{CH}}{-}COOH + ADP + P_i}$$

Das Enzym Homoserinphosphat-Mutaphosphatase oder O-Phosphohomoserin-Lyase ist für die Wanderung der Alkohol-Gruppe veranrtwortlich [140]. Pyridoxalphosphat ist für diese Reaktion unerläßlich [138]:

$$\mathrm{H_2O_3P{-}OH_2C{-}CH_2{-}\underset{\displaystyle NH_2}{\underset{|}{CH}}{-}COOH \xrightarrow[H_2O]{B_6alP} CH_3{-}CHOH{-}\underset{\displaystyle NH_2}{\underset{|}{CH}}{-}COOH + P_i}$$

8. Biosynthese des Isoleucins aus Threonin

Threonin ist einmal ein Bestandteil von Proteinen und zum anderen auch eine Vorstufe des Isoleucins.

---

1) Diese Reaktion wird im Kapitel XIX eingehender diskutiert.

Es wird zunächst durch die sogenannte biosynthetische L-Threonin-Desaminase desaminiert [141] (zum Unterschied von einem anderen Enzym, das abbauende Threonin-Desaminase genannt wird, das zwar dieselbe katalytische Funktion ausübt, aber nicht an der Biosynthese des Isoleucins beteiligt ist). Das gebildete Produkt ist das α-Ketobutyrat:

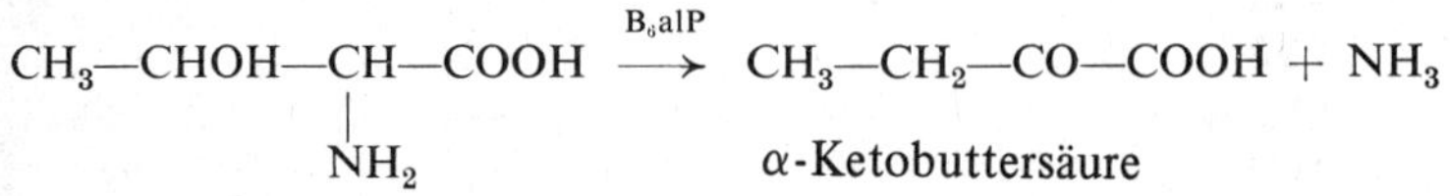

$$CH_3—CHOH—\underset{\underset{NH_2}{|}}{CH}—COOH \xrightarrow{B_6alP} CH_3—CH_2—CO—COOH + NH_3$$

α-Ketobuttersäure

Die biosynthetische Threonin-Desaminase hat Pyridoxalphosphat als Cofaktor. Die α-Ketobuttersäure kondensiert sich mit einem Molekül Acetaldehyd, der aus Pyruvat entstanden ist, zu α-Aceto-α-hydroxybuttersäure [142] [1]):

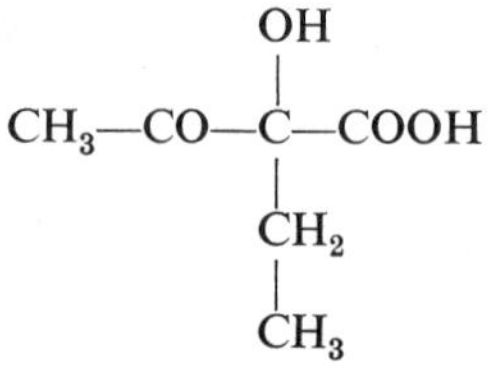

$$CH_3—CO—\overset{\overset{OH}{|}}{\underset{\underset{\underset{\underset{CH_3}{|}}{CH_2}}{|}}{C}}—COOH$$

α-Aceto-α-hydroxybuttersäure

Eine Pinakol-Pinakolon-Umlagerung in Verbindung mit einer Reduktion der Carbonyl-Gruppe führt zur α, β-Dihydroxy-β-methylvaleriansäure [143]:

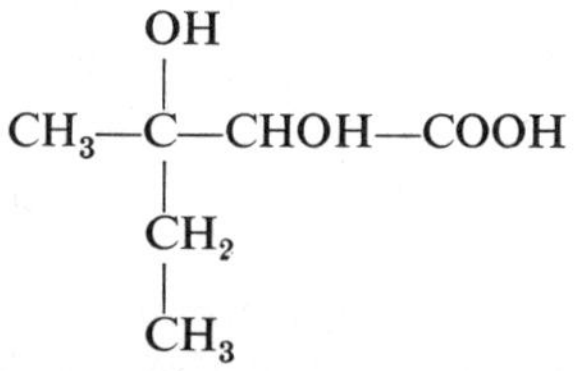

$$CH_3—\overset{\overset{OH}{|}}{\underset{\underset{\underset{\underset{CH_3}{|}}{CH_2}}{|}}{C}}—CHOH—COOH$$

α, β-Dihydroxy-β-methylvaleriansäure (Dihydroxyisoleucin)

Eine spezifische Dehydrase katalysiert die Abspaltung eines Wassermoleküls, und man erhält die dem Isoleucin entsprechende Ketosäure [144]:

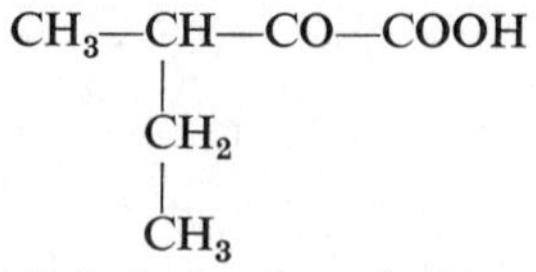

$$CH_3—\underset{\underset{\underset{\underset{CH_3}{|}}{CH_2}}{|}}{CH}—CO—COOH$$

α-Keto-β-methylvaleriansäure (α-Ketoisoleucin)

---

1) Das Enzym, das diese Reaktion katalysiert, die α-Aceto-α-hydroxysäure-Synthetase, wird bei der Biosynthese des Valins besprochen.

Diese Säure ist das Substrat einer Transaminase, deren Produkt Isoleucin ist.

$$\begin{array}{l} CH_3{-}CH{-}CH{-}COOH \\ \qquad\;| \qquad\; | \\ \qquad CH_2 \;\; NH_2 \\ \qquad\;| \\ \qquad CH_3 \end{array}$$

L-Isoleucin

Folgendes Schema faßt unsere Kenntnisse über die Biosynthese der Aminosäuren, die in der Gesamtheit oder einem Teil ihrer C-Atome von den vier C-Atomen der Asparaginsäure abgeleitet ist, zusammen:

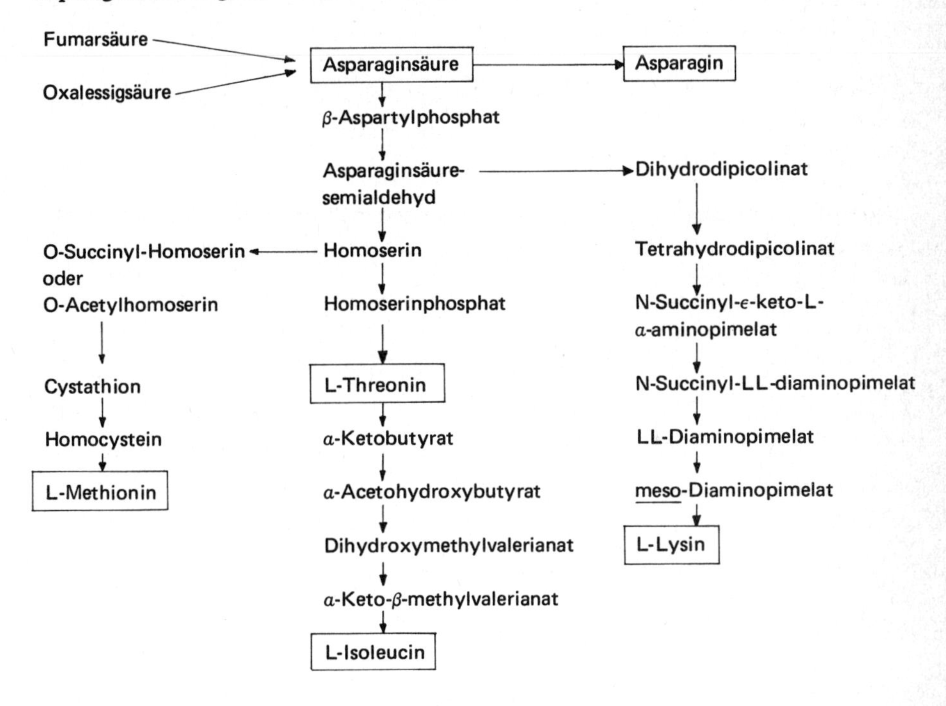

9. Einige Bemerkungen zu den in diesem Kapitel behandelten Biosynthesen

Wir sind im Verlauf dieser Untersuchungen einigen interessanten Reaktionen begegnet:

1. Der Phosphorylierung einer Carboxyl-Gruppe, katalysiert von der Aspartat-Kinase. Diese Reaktion führt zu einem energiereichen Phosphorsäureester, wodurch dessen Reduktion zu Aldehyd sehr erleichtert wird.

2. Der Bildung heteozyklischer Zwischenstufen, der Dihydro- und Tetrahydro-dipicolinsäure.

3. Dem Schutz einer Amino-Gruppe durch eine Succinyl-Gruppe zur Verhinderung einer spontanen Zyklisierung zur Unzeit.

4. Reaktionen, die Pyridoxalphosphat benötigen: Transaminierungen (Bildung von N-Succinyl-DAP und Isoleucin), Racemisierung (Bildung von meso-DAP aus dem LL-Isomeren), Decarboxylierung (DAP-Carboxylase) und Desaminierung (Threonin-Desaminase).

5. Einer Pinakol-Pinakolon-Umlagerung, begleitet von einer Reduktion im Verlaufe der Isoleucin-Synthese.

Es ist an dieser Stelle sicherlich interessant, einige dieser Reaktionen im Detail abzuhandeln, nämlich die, die Pyridoxalphosphat als Cofaktor besitzen und deren Mechanismus uns jetzt bekannt ist.

Man konnte nachweisen, daß alle diese Reaktionen über eine intermediäre SCHIFF-sche Base zwischen der Aldehyd-Gruppe des Pyridoxals und der Amino-Gruppe der Aminosäuren führen:

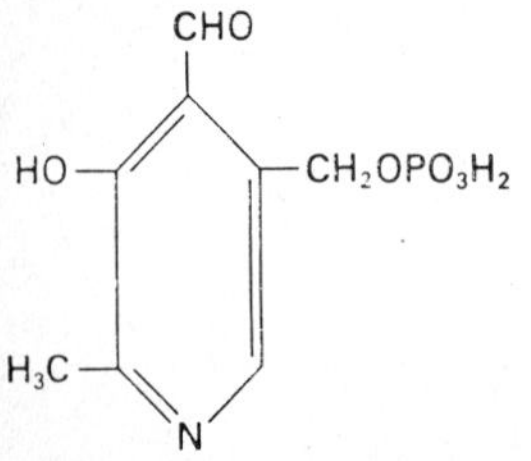

CHO
HO — — $CH_2OPO_3H_2$
H_3C —
N

Pyridoxalphosphat

Die folgenden Bilder zeigen den Mechanismus der für die Reaktionen der Racemisierung und Decarboxylierung postuliert wird [1]).

Man erkennt, daß an bestimmten Stellen eine Einwirkung von ATP und reduzierter Pyridinnucleotid-Formen (NADH oder NADPH) stattfindet. Diese Moleküle werden im Verlauf der Glykolyse und des Tricarbonsäurezyklus gebildet.

---

1) Im Buch von Meister [145] werden diese Mechanismen im Einzelnen behandelt.

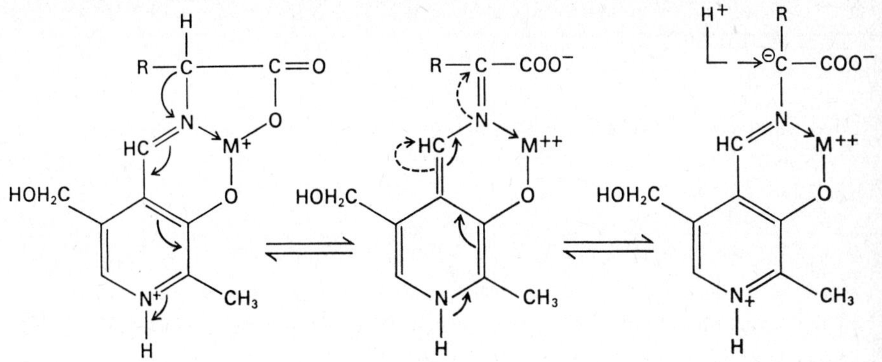

Bild 25. Hypothetischer Mechanismus der von Pyridoxalphosphat und einem Metallion (M) katalysierten Racemisierung von Aminosäuren. In der mittleren Formel sieht man, daß das C-Atom in α-Stellung der Aminosäure seinen asymmetrischen Charakter verloren hat.

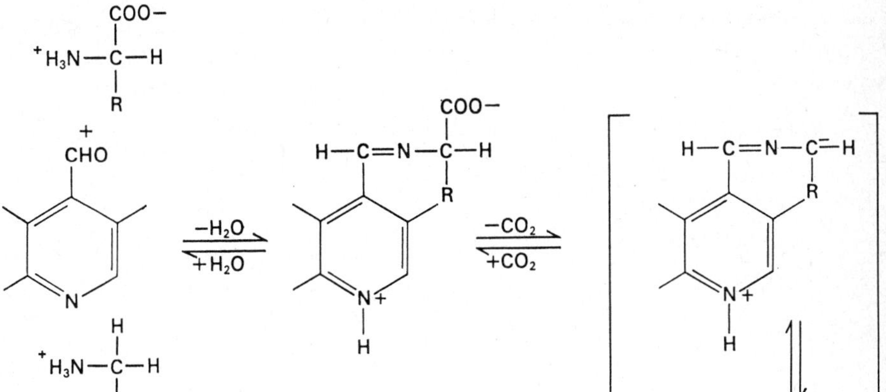

Bild 26. Hypothetischer Mechanismus der Pyridoxal-Katalyse der Decarboxylierung von Aminosäuren.

IX. Biosynthese-Regulation der von der Asparaginsäure abgeleiteten Aminosäuren bei Escherichia coli

In den Kapiteln II und VII haben wir gesehen, daß die Zellen grundsätzlich über zwei verschiedene Möglichkeiten verfügen, die Geschwindigkeit ihrer Stoffwechselreaktionen zu regulieren:

1. Die Zellen können diese Regulation mit kleinen Molekülen durchführen, die Affinität zu einer bestimmten Kategorie von Ziel Enzymen besitzen, die generell zu einer besonderen Proteinklasse, den allosterischen Enzymen, gehören. Diese Liganden bewirken Konformationsänderungen, die von Fall zu Fall zu einer geringeren oder stärkeren Aktivität der Enzyme führen.
2. Das Vorhandensein essentieller Metaboliten in ausreichender Menge im Zytoplasma ruft die Repression der Biosynthese der Enzyme hervor, die zur Bildung dieser essentiellen Metaboliten führen.

Im vorhergehenden Kapitel zeigte sich, daß der Biosyntheseweg der von der Asparaginsäure zur Diaminopimelinsäure und zum Lysin einerseits, zum Methionin, Threonin und Isoleucin andererseits führt, keine lineare, sondern eine sehr verzweigte Kette von Reaktionen ist.

Wir wollen die Bedeutung dieser Tatsache für die Bakterienzelle im Wachstum untersuchen.

a) Gegeben sei eine lineare Kette von Reaktionen:

die zur Synthese des essentiellen Metaboliten M führt. Ist ein Überschuß von M im intrazellulären Reservoir vorhanden, wird das Enzym, das die Umsetzung A → B bewirkt, von M gehemmt werden, falls dieses Enzym wie üblich ein allosterisches Protein ist.

Andererseits wird die Anwesenheit von M die Synthese der Enzyme der gesamten Kette reprimieren.

Diese Regulationsphänomene schädigen die Zelle nicht, da das Endprodukt M im Überschuß vorliegt. Hat die Produktion von M ein genügend niedriges Niveau erreicht, wird die Aktivität des ersten Enzyms wieder anwachsen und die Synthese der Enzyme der Kette mit viel größerer Geschwindigkeit stattfinden als unter den Bedingungen der Repression. Dies wird anhalten, bis M von neuem eine genügend große Konzentration erreicht hat, daß die notwendigen Bedingungen für die Hemmung und Repression wieder erreicht sind. Nach dieser Theorie erwartet man also Schwankungen im Umfang des Reservoirs, was experimentell auch in mehreren Fällen beobachtet wurde.

b) Gegeben sei diesmal eine verzweigte Kette von Reaktionen:

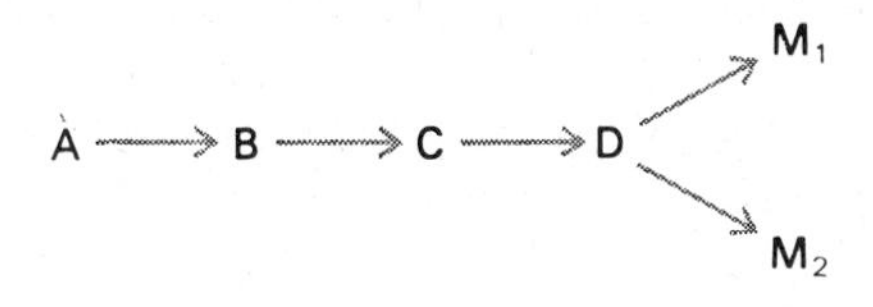

In dieser Kette ist die Folge der Reaktionen, die von A zu D führen, ein gemeinsamer Stoffwechselweg zur Biosynthese der zwei essentiellen Metaboliten M_1 und M_2. Es ist offensichtlich, daß in einer derartigen Situation eine wirksame Regulation der Reaktionen, die von A zu D führen, unter der Einwirkung einer übermäßigen Anreicherung eines der Endprodukte schwere Störungen hervorrufen kann. Bewirkt die Akkumulation von M_1 eine Hemmung oder eine Repression an irgendeinem der Enzyme des gemeinsamen Weges, dann kann die Produktion von D in solchem Maße reduziert werden, daß ein Mangel an M_2 resultiert.

Um das so gestellte Problem zu lösen, wollen wir die Kette auswählen, die vom Aspartat zu den Aminosäuren führt, deren Biosynthese wir in den vorhergehenden Kapiteln behandelt haben.

Betrachten wir das Schema dieser Kette (S. 97), so zeigt sich, daß die übermäßige Anreicherung irgendeines der Endprodukte die Produktion von Aspartylphosphat oder von Aspartat-semialdehyd reduzieren und einen Mangel für die Synthese der anderen Endprodukte zur Folge haben könnte. Die Lösung dieses Problems differiert von einem untersuchten Organismus zum anderen.

1. Die drei Aspartokinasen von *E. coli*

Drei Arten von Aspartokinasen existieren gleichzeitig in denselben Zellen. Der Einfachheit halber wollen wir sie Aspartokinase I, II und III nennen.

Die folgende Tafel beschreibt die Regulationen, denen diese drei Aktivitäten, die mit physikalischen Methoden getrennt und eindeutig als unterschiedliche Proteine bestätigt wurden, unterworfen sind [125, 140, 147, 148]:

Enzym	Repression durch	Allosterischer Inhibitor
Aspartokinase I	Threonin + Isoleucin [149]	Threonin
Aspartokinase II	Methionin [147]	keiner
Aspartokinase III	Lysin [125, 146, 149]	Lysin

Die Bilder 27 und 28 zeigen deutlich die Zusammenarbeit zwischen den Inhibitormolekülen gegenüber den Aspartokinasen I und III (vgl. Kap. II).

Ein gut einregulierter Zufluß gemeinsamer Zwischenprodukte wird so der Zelle von *E. coli* sichergestellt durch die Existenz dieser drei „isofunktionellen" Enzyme, von denen jedes von verschiedenen Repressoren reguliert wird und von denen zwei außerdem einer allosterischen Regulation unterliegen. Dieser Regulationstyp wird von zusätzlichen Regulationen an anderen kritischen Punkten der Biosynthesekette unterstützt (siehe unten).

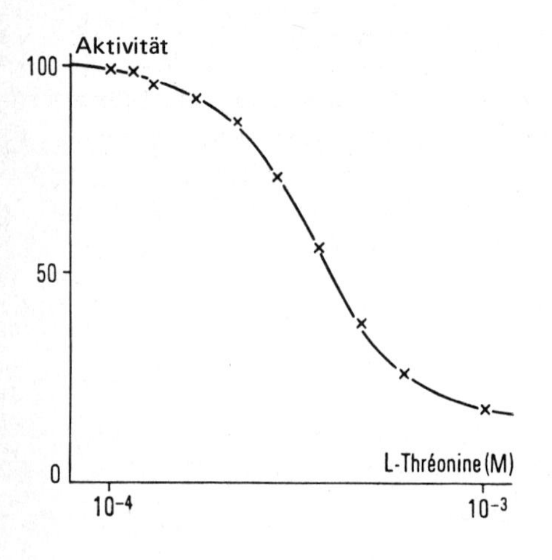

Bild 27

Kooperation von Threoninmolekülen an der Aspartokinase I (148).

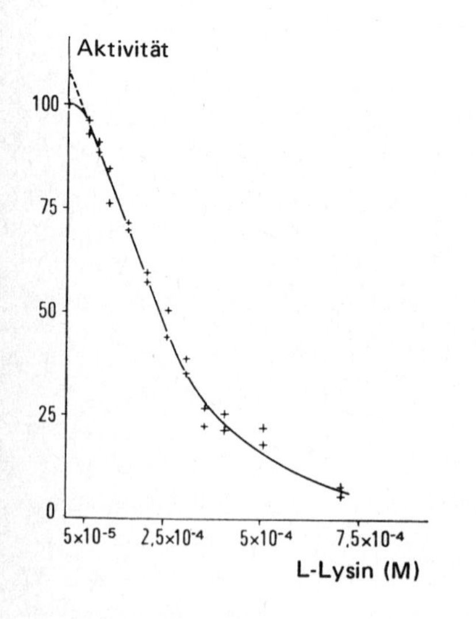

Bild 28

Kooperation zwischen Lysinmolekülen an der Aspartokinase III (150)

2. Die Aspartat-semialdehyd-Dehydrogenase von *E. coli*

Dieses Enzym, das die Reduktion des Aspartylphosphats zu Asparaginsäure-semialdehyd katalysiert, ist keiner allosterischen Regulation durch irgendein Endprodukt der Kette unterworfen, sondern seine Synthese wird spezifisch, aber nicht völlig, von Lysin gehemmt [149].

Vom Asparaginsäure-semialdehyd zur Diaminopimelinsäure und zum Lysin

Diese Verzweigung besteht mindestens aus 7 Enzymen (vgl. Schema im vorhergehenden Kapitel). Das erste von ihnen, die Dihydrodipicolinsäure-Synthetase ist einer allosterischen Hemmung durch L-Lysin unterworfen [151].

Die zwei Homoserin-Dehydrogenasen von E. coli

Dieser Organismus besitzt nebeneinander zwei Homoserin-Dehydrogenasen, die wir Homoserin-Dehydrogenase I und II nennen können [134, 147]. Die folgende Tabelle zeigt erstaunliche Übereinstimmung in den Charakteristika ihrer Regulation und der der Aspartokinasen I und II derselben Art.

Tabelle 11

Enzym	Repression durch	Allosterischer Inhibitor
Homoserin-Dehydrogenase I	Threonin + Isoleucin [149]	Threonin [125, 148]
Homoserin-Dehydrogenase II	Methionin [147]	keiner

3. Bei *E. coli* katalysiert derselbe, vom Threonin hemmbare Proteinkomplex die Phosphorylierung des Aspartats und die Reduktion des Asparaginsäure-semialdehyds [148, 152, 153, 154]

Nach Mutation war es möglich, Organismen auszulesen, die in den allosterischen Eigenschaften der Aspartokinase I bzw. der Homoserin-Dehydrogenase I modifiziert waren. Es stellte sich jedes Mal heraus, daß die andere Aktivität parallel modifiziert war. Zunächst glaubte man, daß die beiden Enzyme eine gemeinsame Polypeptidkette besäßen, die für ihre allosterischen Eigenschaften verantwortlich wäre. Man fand dann, daß den Mutanten, die die Aktivität der Homoserin-Dehydrogenase I verloren hatten, gleichfalls die der Aspartokinase I fehlte.

Rückmutationen ließen Organismen entstehen, die gleichzeitig beide Aktivitäten zurückgewonnen hatten.

Es war folglich wahrscheinlich, daß beide von ein und demselben Proteinkomplex getragen wurden. Auch eine weitgehende Reinigung des Enzyms des Wildtyps erlaubte tatsächlich nicht, die zwei Aktivitäten, deren Verhältnis im Verlauf der Reinigung konstant blieb, zu trennen (Tabelle 12).

Tabelle 12: Schema der Reinigung der Homoserin-Dehydrogenase I und der Aspartokinase I von *E. coli*

Fraktion	Homoserin-Dehydrogenase I		Aspartokinase I		Verhältnis A/B
	Gesamte Einheiten	Spezifische Aktivität A	Gesamte Einheiten	Spezifische Aktivität B	
	μ Mol/min	μ Mol/min/mg	μ Mol/min	μ Mol/min/mg	
I	1 193	0,109	226	0,021	5,2
II	1 129	0,242	208	0,044	5,5
III	1 032	0,533	206	0,107	5,0
IV	971	4,032	194	0,809	5,0
V	709	6,452	143	1,257	5,1
VI	451	67,7	90	13,5	5,0

I. Fraktion, aus der die Nucleinsäuren durch Fällung mit Streptomycin entfernt wurden.
II. Fraktion, die man nach Ammoniumsulfat-Fällung erhält.
III. Fraktion, die man nach Erhitzen in Gegenwart von Threonin erhält.
IV. Fraktion III nach Reinigung an einer Hydroxylapatit-Säule.
V. Fraktion IV nach Reinigung durch Sephadex G-200-Filtration.
VI. Fraktion V nach Reinigung an DEAE-Zelluose

Zusätzliche Argumente sprechen für die Identität der beiden Enzyme:

a) Außer der Tatsache, daß beide Aktivitäten durch ihren allosterischen Inhibitor, das Threonin, gegen thermische Inaktivierung geschützt werden, wird Homoserin-Dehydrogenase I auch durch das NADPH, eines seiner Substrate, geschützt. Wie das Experiment zeigt, bewahrt NADPH auch die Aspartokinase I vor thermischer Inaktivierung, obwohl es in keiner Weise an der katalysierten Reaktion teilnimmt (Bild 29). Als Kontrolle dieses Experiments kann gewertet werden, daß die Aspartokinase III, die genau dieselbe Reaktion wie die Aspartokinase I katalysiert, durch das L-Lysin, seinen allosterischen Effektor, völlig gegen thermische Inaktivierung geschützt wird, daß aber NADPH ohne Wirkung auf die Geschwindigkeit dieser Inaktivierung ist.

b) Die Aktivität der Aspartokinase I wird vom Homoserin und NADPH, den Substraten der assoziierten Aktivität, gehemmt; D-Homoserin und höhere und niedrigere Homologe des L-Homoserins sind ohne Wirkung.

Entsprechend wird die Aktivität der Homoserin-Dehydrogenase I vom Aspartat und ATP, also von Substraten der Aspartokinase I, gehemmt; D-Aspartat und L-Glutamat sind ohne Wirkung.

Folgende Hypothese leitet sich direkt aus diesen Beobachtungen ab:
Der Proteinkomplex besteht aus zwei miteinander im Gleichgewicht stehenden Formen:

Dehydrogenase I $\rightleftarrows$ Kinase I

ein Gleichgewicht, das durch die jeweils vorhandenen Substrate beider Formen verschoben wird. Als Beispiel kann man anführen, daß ATP das Gleichgewicht in Richtung auf die Kinase verschiebt und im Verhältnis die Zahl der Moleküle in der Dehydrogenase-Form verringert, woraus für diese eine Hemmung resultiert.

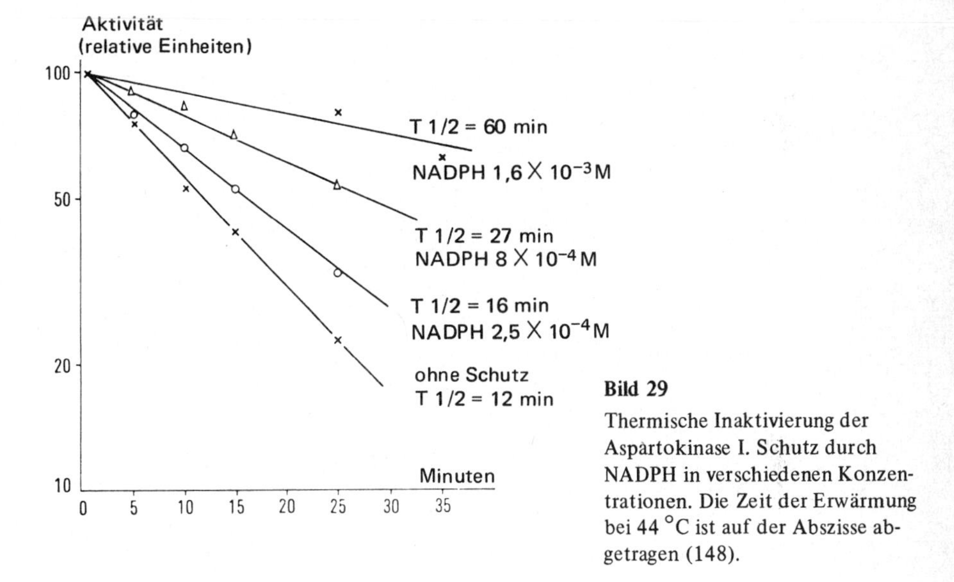

Bild 29
Thermische Inaktivierung der Aspartokinase I. Schutz durch NADPH in verschiedenen Konzentrationen. Die Zeit der Erwärmung bei 44 °C ist auf der Abszisse abgetragen (148).

c) Die Homoserin-Dehydrogenase I wird von p-Mercuribenzoat in zwei Schritten inaktiviert.

Der erste Schritt entspricht einer Desensibilisierung des Enzyms gegenüber seinem allosterischen Effektor, dem L-Threonin (Bild 30).

Die desensibilisierte Aktivität wird gegen weitergehende Wirkung des p-Mercuribenzoats geschützt durch ihre eigenen Substrate (L-Homoserin und NADPH) und die der Aspartokinase, ATP und L-Aspartat, die Konformationsänderungen in dem Teil des Moleküls induzieren, der besonders für die katalytische Aktivität der Homoserin-Dehydrogenase verantwortlich ist (Bild 31).

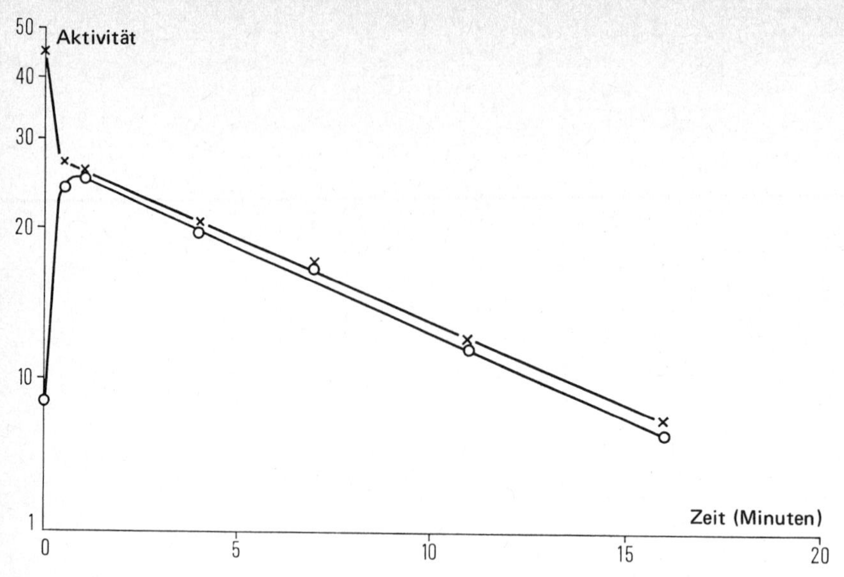

Bild 30. Kinetik der Inaktivierung der Homoserin-Dehydrogenase I durch p-Mercuribenzoat. Die Aktivität ist ausgedrückt in mμ Mol reoxydiertes NADPH pro Minute und ml (Substrate sind Asparaginsäure-semialdehyd und NADPH). Die Kurve mit den Kreuzen zeigt sehr schön die zwei Phasen der Inaktivierung. Die Kurve mit den Kreisen stellt die Werte der Enzymaktivität dar, die bei erhöhter L-Threonin-Konzentration (2×10^{-2} M) gemessen wurden. Es ist deutlich, daß die erste Phase der Inaktivierung einer Desensibilisierung des Enzyms entspricht (1953).

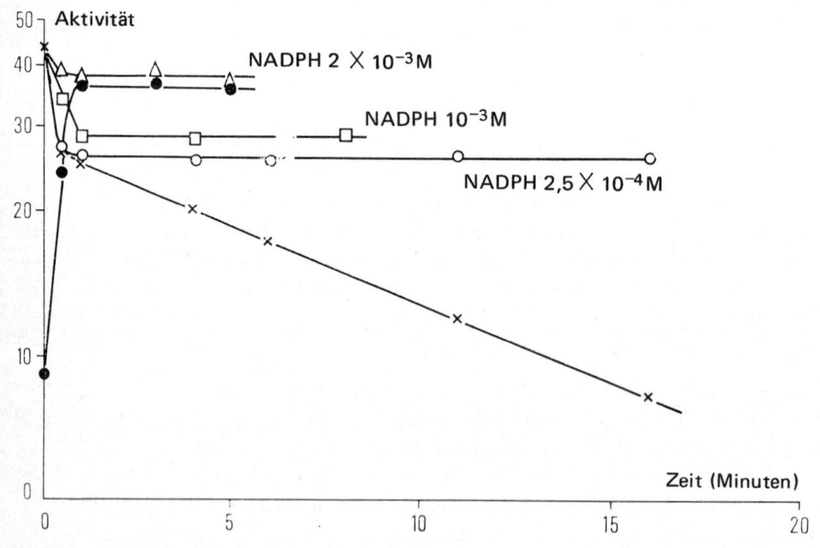

Bild 31. Schutz der Homoserin-Dehydrogenase I gegen p-MB-Inaktivierung durch verschiedene NADPH-Konzentrationen. Die Kurve mit den gefüllten Kreisen gibt die Meßwerte der Enzymaktivität in Gegenwart von 2×10^{-2}M L-Threonin wieder. Man sieht, daß der Schutz, den NADPH bietet, die Desensibilisierung des Enzyms gegenüber seinem allosterischen Effektor nicht verhindert. Die Enzymaktivitäten sind in denselben Einheiten wie in Bild 30 ausgedrückt (153).

d) Dasselbe Phänomen in zwei Schritten tritt auf, wenn man die Homoserin-Dehydrogenase unter bestimmten Bedingungen einem pH von 9 aussetzt. Hier sind die Beziehungen zwischen den zwei Aktivitäten wiederum deutlich: L-Aspartat schützt die Aktivität Homoserin-Dehydrogenase nicht nur gegen die Inaktivierung, sondern auch gegen Desensibilisierung gegenüber dem allosterischen Effektor (Bild 32).

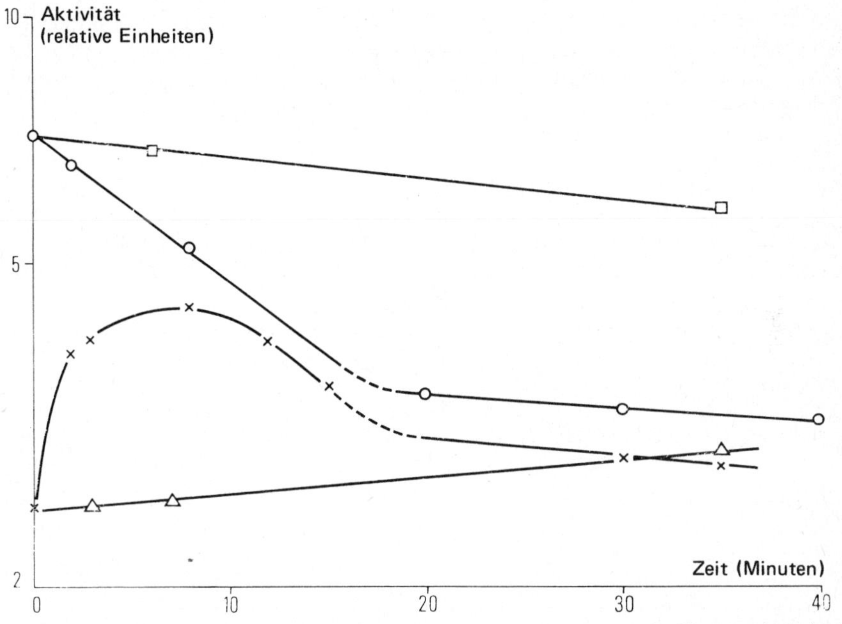

Bild 32. Die Kurve mit den Kreisen gibt die Kinetik der Inaktivierung der Homoserin-Dehydrogenase nach Einwirkung von alkalischem pH wieder. Die mit den Kreuzen zeigt die gleichen Messungen, durchgeführt in Gegenwart von 2 x 10^{-2}M L-Threonin. Man erzielt eine Desensibilisierung, die derjenigen, die man unter p-MB-Einwirkung erreicht, analog ist. Die Kurve mit den Quadraten stellt den Schutz des Enzyms durch Aspartat dar, die mit den Dreiecken die gleichen Messungen wie in der vorigen Kurve, aber durchgeführt in Gegenwart eine allosterischen Inhibitors: Aspartat schützt nicht nur gegen Inaktivierung, sondern auch gegen die Desensibilisierung (154).

Während das mittlere Molekulargewicht des Enzymkomplexes beim Wildtyp größer als 3 × 10^5 ist, war es möglich folgende Mutanten zu isolieren:

1. Verbindungen, die mit beiden Enzymaktivitäten ausgestattet sind, aber ein Molekulargewicht von 1,8 × 10^5 besitzen und in ihren allosterischen Eigenschaften modifiziert sind;
2. Verbindungen, die mit beiden Enzymaktivitäten ausgerüstet sind, deren Molekulargewicht unverändert erscheint, die aber in ihren allosterischen Eigenschaften modifiziert sind;

3. Verbindungen, die die Dehydrogenaseaktivität verloren haben und deren Molekulargewicht unverändert erscheint oder $1{,}8 \times 10^5$ beträgt;

schließlich Moleküle, die nur noch die Aktivität der Aspartokinase besitzen, völlig desensibilisiert sind und, wie durch Gelfiltration bestimmt wurde, ein Molekulargewicht von etwa 4×10^4 aufweisen [155].

Dies zeigt die Wirksamkeit genetischer Methoden für die Analyse der Quarternärstruktur von Proteinen, die erfolgreich die Analyse vervollständigt, die unter Einwirkung von Harnstoff, Kälte oder verschiedener chemischer Agenzien durchgeführt wurde.

4. Die multivalente Repression

Die Tabellen dieses Kapitels, die die verschiedenen Regulationen wiedergeben, denen die Enzyme des untersuchten Biosyntheseweges unterliegen, zeigen, daß die Aspartokinase I und Homoserin-Dehydrogenase I der Repression durch Threonin und Isoleucin unterworfen sind. Wie kann man erklären, daß beide Effektoren gleichzeitig benötigt werden?

Die einfachste Methode besteht darin, eine Doppelmutante zu verwenden, die gleichzeitig keine Homoserin-Kinase und keine Threonin-Desaminase besitzt. Diese Mutante braucht zu ihrem Wachstum unbedingt Threonin und Isoleucin. Man kann sie in einem Chemostat kultivieren (einer der Vorrichtungen, von denen wir im Kapitel VII gesprochen haben), indem man Threonin in Gegenwart eines Isoleucinüberschusses begrenzt oder Isoleucin in Gegenwart eines Threoninüberschusses limitiert. In beiden Fällen wird die Synthese der beiden betrachteten Enzyme dereprimiert (Tabelle 13). Wir haben hier eine bivalente Repression vor uns. Weiter unten kommt sogar ein Fall von quadrivalenter Repression zur Sprache.

Tabelle 13: Multivalente Repression und Derepression der Aspartokinase I und der Homoserin-Dehydrogenase I

Stamm	Wachstumsbedingungen	Spezifische Aktivität Aspartokinase I	Spezifische Aktivität Homoserin-Dehydrogenase I
Wildtyp	a) Ohne Zusatz	11.0	160
	b) + L-Isoleucin 5×10^{-2} M	1.0	45
Doppelmutante (Thr^- $Ileu^-$)	a) Bei Überschuß beider Wachstumsfaktoren	nicht nachweisbar	29
	b) Bei Threonin-Überschuß und begrenztem Isoleucin	30.0	254
	c) Bei Isoleucin-Überschuß und begrenztem Threonin	32.0	242

5. Bei *E. coli* sind die Aspartokinase II und die Homoserin-Dehydrogenase II Bestandteil eines anderen Proteinkomplexes, dessen Synthese durch Methionin reprimiert wird [147]

Genetische und biochemische Argumente, die wir hier nicht im Detail vortragen können, sprechen dafür, daß die Aspartokinase II und die Homoserin-Dehydrogenase II beim Wildtyp einen Multienzymkomplex mit einem Molekulargewicht von $1{,}5 \times 10^5$ bilden, dessen kinetische Eigenschaften sich völlig von denen des vorhergehenden unterscheiden. Man konnte Mutanten gewinnen, bei denen die Synthese dieser Aktivitäten dereprimiert ist, was die Isolierung und Untersuchung des Komplexes erleichtert.

6. Die Abzweigung, die vom Homoserin zum Methionin führt

Das erste Enzym dieser Seitenkette, das die Succinylierungsreaktion des Homoserins katalysiert, wird allosterisch durch Methionin gehemmt [156]. Außerdem werden alle Enzyme dieser Abzweigung durch L-Methionin reprimiert. Ein und dieselbe Mutation führt zur Derepression dieser Enzyme, wie der Aspartokinase II und der Homoserin-Dehydrogenase II [147].

7. Die biosynthetische Threonin-Desaminase

Dies ist eines der vom kinetischen Gesichtspunkt aus am besten erforschten allosterischen Enzyme der Mikroben, wenn auch seine Untersuchung als Protein aufgrund seiner extremen Instabilität weit im Rückstand gegenüber den Folgerungen ist, die man von ihm ableiten konnte. Weiterhin besitzt dieses Enzym historisches Interesse insofern, als bei seiner Untersuchung UMBARGER den ersten Fall der Retroinhibition bei einem Mikroorganismus beschrieben und die Aufmerksamkeit auf die Tatsache gelenkt hat, daß seine Kinetik in Abhängigkeit von der Substratkonzentration nicht den Gesetzen von MICHAELIS-HENRI gehorcht [29].

Das L-Isoleucin, das Endprodukt dieses Astes der Kette, die vom L-Threonin aus abzweigt, ist der allosterische Inhibitor dieses Enzyms. UMBARGER beschrieb diese Hemmung zunächst als „kompetitive“.

UMBARGER betont: „Führt man die graphische Analyse nach LINEWEAVER-BURK durch, muß man Substrat- oder Inhibitorkonzentration ins Quadrat erheben. Man könnte das erwarten, wenn das Enzym sich mit zwei Molekülen Substrat oder Inhibitor verbände“ (Bild 33 und Bild 11, Kap. II).

In den folgenden Jahren konnte man bestätigen, daß dieses Enzym nicht den einfachen Gesetzen von MICHAELIS-HENRI gehorcht, daß es aber, was seine Substrat- oder Inhibitorkonzentration betrifft, auch nicht einem strikt bimolekularen Gesetz folgt. Man interpretierte die gewonnenen Resultate dahingehend, daß mehrere Substrat- oder Inhibitormoleküle mit einem Enzymmolekül reagieren können und daß

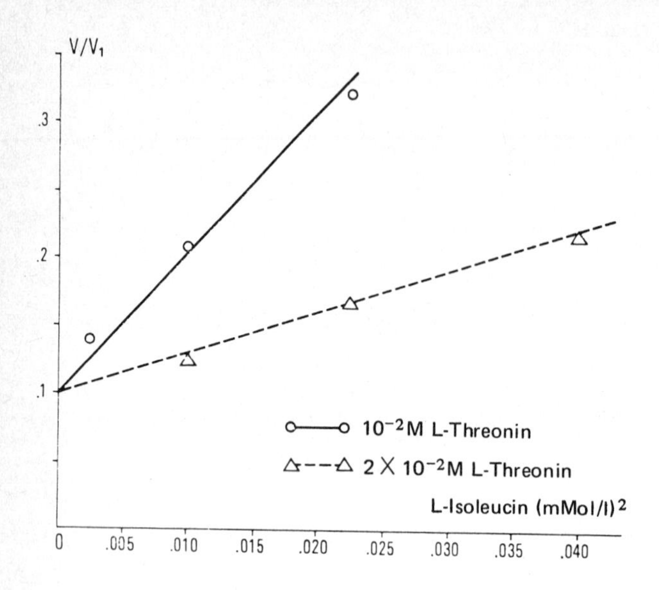

Bild 33. „Bimolekulare" Beziehung zwischen der Hemmung der biosynthetischen Threonin-Desaminase durch Isoleucin und der Konzentration dieses allosterischen Effektors (29).

unter diesen Bedingungen zwischen mehreren Ligandenmolekülen und mehreren ihrer spezifischen Rezeptoren Wechselwirkungen auftreten, die die Affinität beeinflussen [157].

Diese Arbeit war zusammen mit der über die Asparat-Transcarbamylase von *E. coli* eines der Fundamente, auf denen die Theorie der allosterischen Übergänge in ihrer aktuellen Fassung aufgebaut wurde.

Es ist unmöglich, hier alle kinetischen Argumente zu entwickeln. Wir werden uns auf einige herausragende Fakten beschränken, die für zahlreiche allosterische Enzyme charakteristisch sind.

Die Threonin-Desaminase ist sehr instabil. Ihr Inhibitor, das L-Isoleucin, stabilisiert sie deutlich.

Im Verlauf der Inaktivierung (thermischer oder spontanter), desensibilisiert sich das Enzym, d.h. es lagert sich in eine Proteinform um, die gegenüber einer Hemmung durch Isoleucin unempfindlich ist (Bild 34).

Diese Desensibilisierung kann ebenfalls durch Behandlung mit Quecksilberagenzien, durch Einlagerung von Analogen der Aminosäuren in das Enzymmolekül oder durch Mutation erreicht werden. Wir finden hier die Desensibilisierung wieder, die wir in diesem Buch bereits bei mehreren Gelegenheiten angetroffen haben, die aber

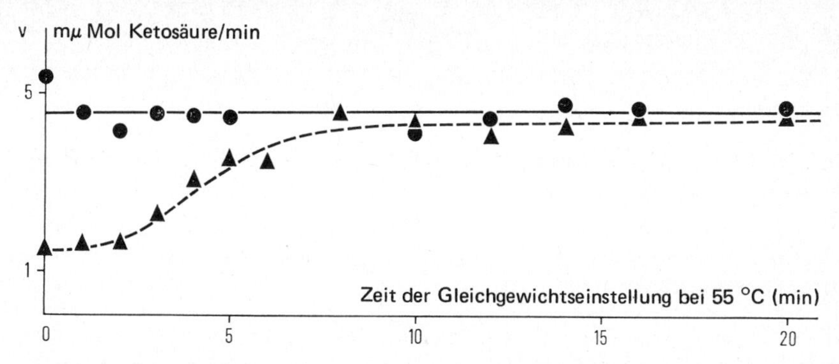

Bild 34. Desensibilisierung der biosynthetischen L-Threonin-Desaminase durch Wärmebehandlung. Die durchgezogene Kurve zeigt die Enzymaktivität in Abwesenheit des Inhibitors, die gestrichelte die Aktivität in Gegenwart von 10^{-2} M L-Isoleucin (157).

zum ersten Mal bei der Threonin-Desaminase nachgewiesen wurde. Eine wichtige Eigenschaft der desensibilisierten Präparate ist, daß sie keine kooperativen Wechselwirkungen zwischen den Substratmolekülen mehr zeigen; die Kinetik folgt jetzt strikt dem Gesetz von MICHAELIS.

In mehreren anderen Fällen haben wir gesehen, daß die Desensibilisierung mit der Dissoziation eines oligomeren Moleküls in die Protomeren, aus denen es aufgebaut ist, einherging.

In diesem speziellen Fall scheint die Desensibilisierung nicht von einer Änderung des Molekulargewichts des Enzyms begleitet zu sein.

Die Aspartokinase I-Homoserin-Dehydrogenase I wurde als homogenes Protein aus *E. coli* isoliert. Ihr Molekulargewicht liegt bei 360 000. Die Bedeutung ihrer Sulfhydryl-Gruppe wurde präzisiert [158a]. Sie ist aus sechs Untereinheiten vom gleichen Molekulargewicht von 60 000 aufgebaut. Jede der Untereinheiten enthält eine Disulfidbrücke zwischen den Ketten; die Untereinheiten sind sehr ähnlich, wenn nicht sogar identisch [158b].

Das Protein besitzt sechs Bindungsstellen für L-Threonin pro Molekül [158c].

Die Aspartokinase II-Homoserin-Dehydrogenase II wurde gleichfalls beim gleichen Organismus gereinigt dargestellt. Sie ist ein Tetramer, dessen Untereinheiten äquivalentes Molekulargewicht besitzen [158d].

Auch die biosynthetische Threonin-Desaminase aus *S. typhimurium* wurde bis zur Homogenität gereinigt [158c]; sie ist aus vier Polypeptidketten aufgebaut die sehr ähnlich, wenn nicht identisch sind [158f].

Die Struktur dieser Proteine ist also von der der Aspartat-Transamylase (siehe Kap. XV), die eine multiple Verbindung von zwei sehr unterschiedlichen Ketten ist, sehr verschieden.

Das Problem, daß sie aus identischen Ketten aufgebaut sind, ist besonders bei den oben erwähnten zwei bifunktionellen Proteinen von großem Interesse.

8. Vom Threonin zum Isoleucin

Außer der allosterischen Hemmung der Threonin-Desaminase sind die Enzyme, die vom Threonin zum Isoleucin führen, einer multivalenten Repression durch Valin, Leucin, Isoleucin und Pantothenat unterworfen [158].

Der Selektionsvorteil des Auftretens einer derartigen multivalenten Repression tritt bei der Untersuchung der Biosynthese des Valins und Leucins klar zutage. Folgendes Schema zeigt deutlich die Stoffwechselregulationen (repressive und allosterische), denen die Synthese und die Aktivitäten der Enzyme unterliegen, die an der Biosynthese des Lysins (und des DAP), des Methionins, Threonins und Isoleucins bei *E. coli* beteiligt sind:

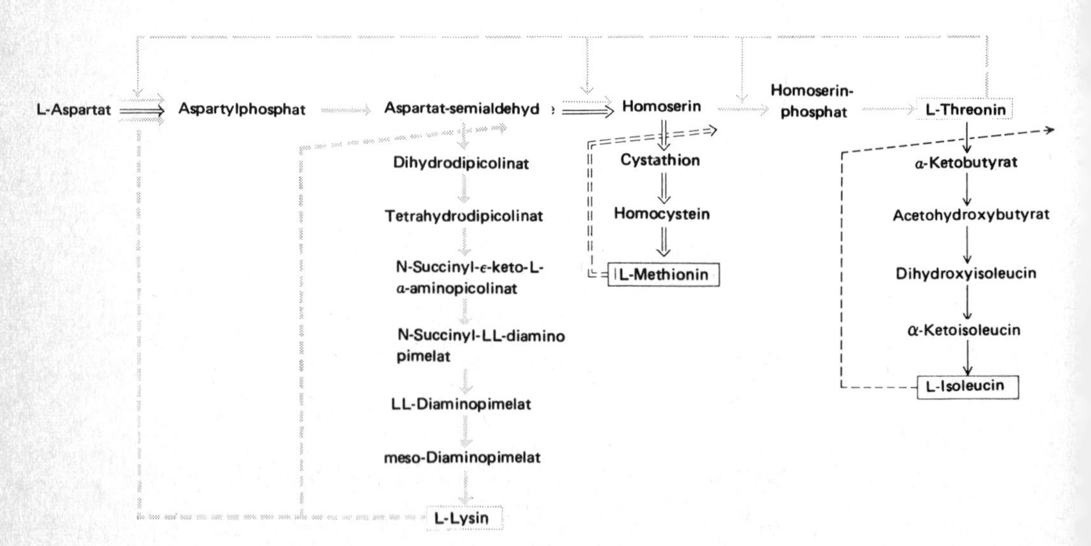

Die gestrichelten Pfeile, die die Biosynthesewege unterbrechen, zeigen die Angriffspunkte der Retro-Inhibition an; weiße Pfeile deuten eine Repression durch Methionin an, schwarze Pfeile eine trivalente Repression durch Leucin, Valin und Isoleucin. Alle mit grauen Pfeilen gezeichneten Reaktionen, die vom Aspartat zum Threonin führen, sind außer der zweiten Reaktion einer bivalenten Repression durch Threonin und Isoleucin unterworfen. Die repressiven Regulationen der Verzweigung, die vom Aspartat-semialdehyd zum Lysin führt, sind noch ungenügend bekannt.

X. Biosynthese-Regulation der von der Asparaginsäure abgeleiteten Aminosäuren bei anderen Mikroben

Im Gegensatz zu *Escherichia coli,* das mehrere isofunktionelle Enzyme verwendet, um eine differenzierte Regulation der Aktivität Aspartokinase zu bewirken, besitzen andere Arten andersartige Regulationssysteme.

1. Konzertierte Retro-Inhibition der Aktivität Aspartokinase bei *Rhodopseudomonas capsulatus* und *Bacillus polymyxa*

Diese Arten scheinen nur eine einzige Aspartokinase zu besitzen, die unempfindlich gegenüber einer Retro-Inhibition durch den Überschuß eines einzigen der essentiellen Metaboliten L-Lysin, L-Threonin oder L-Isoleucin ist. Liegen Lysin und Threonin jedoch gleichzeitig im Überschuß vor, beobachtet man eine beträchtliche Hemmung der Enzymaktivität [159, 160]. Dieser obligatorische Bedarf an zwei oder mehreren der Endprodukte zur Durchführung einer Hemmung wurde „konzertierte" oder multivalente Retro-Inhibition genannt. Der Regulationsmechanismus scheint weniger raffiniert zu sein als derjenige, der die Existenz isofunktioneller Enzyme verwendet, weil er nicht die unabhängige Regulation der ersten Reaktion der verzweigten Biosyntheseketten gestattet.

Stattdessen stellt er eine Alternativlösung für die Schwierigkeit dar, die durch die Existenz verzweigter Biosynthesewege aufgetreten ist. Bild 35 zeigt ein typisches Experiment, das mit einem Extrakt aus *Rps. capsulatus* durchgeführt wurde. Die konzertierte Hemmung durch Threonin oder Lysin ist niemals vollkommen, was, wie es scheint, wichtig dafür ist, daß die Synthese des Methionins weiter ablaufen kann, selbst in Gegenwart eines Überschusses der beiden allosterischen Effektoren.

Die Synthese der einzigen Aspartokinase von *Rps. capsulatus* wird durch die Gegenwart von Methionin im Kulturmedium reprimiert [161].

Folglich wird das Wachstum dieses im Wildtyp prototrophen Organismus teilweise durch einen Überschuß an Methionin oder einen Überschuß der Kombination Threonin + Lysin im Kulturmedium gehemmt; das Wachstum setzt erst in Gegenwart aller drei Aminosäuren wieder ein (Bild 36).

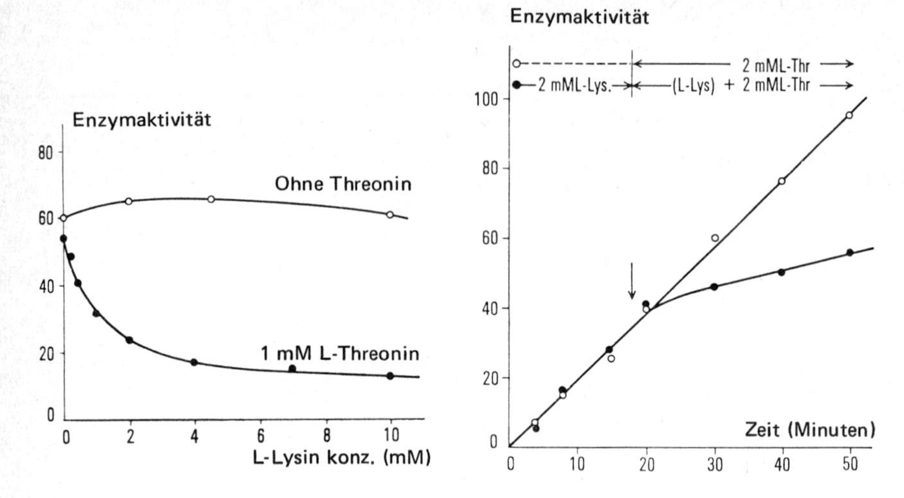

Bild 35. Zwei Experimente, die die konzertierte Retro-Inhibition der einzigen Aspartokinase von *Rhodopseudomonas capsulatus* verdeutlichen. Das erste Experiment zeigt, daß Lysin allein ohne Wirkung ist, daß die Hemmung aber bei zunehmender Lysin-Konzentratioen in Gegenwart von Threonin wächst.
Auf dem rechten Bild geben die weißen Kreise die Enzymaktivität in Abwesenheit des allosterischen Effektors, die schwarzen die in Gegenwart von Lysin gemessene wieder. Zur Zeit T = 18 Minuten gibt man Threonin zum Inhibitionsgemisch. Man beobachtet nur in der Probe, die Lysin enthält, eine Hemmung (159).

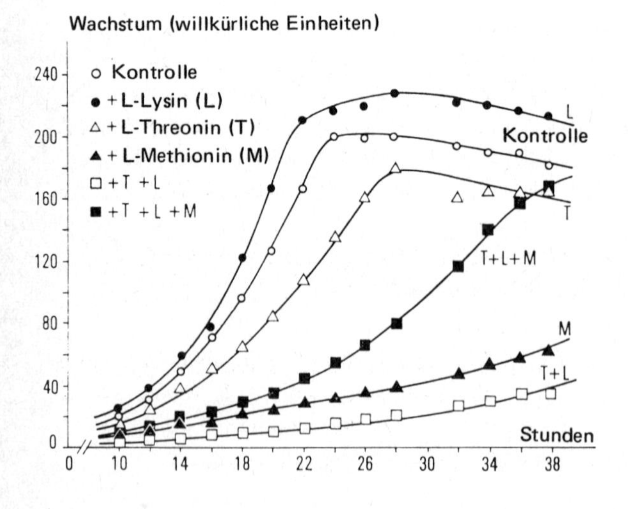

Bild 36
Wirkung der Zugabe von Aminosäuren auf das Wachstum von *Rhodopseudomonas capsulatus.* L-Lysin wird in einer Konzentration von 10^{-3}M zugegeben und L-Threonin und L-Methionin 5 x 10^{-4}M. Nur Methionin und die Kombination Threonin + Lysin zeigen nachweisbare Hemmwirkung. Das Gemisch der drei Aminosäuren zeigt ein fast normales Wachstum (161).

2. Spezifische Umkehrung der Retro-Inhibition durch einen essentiellen Metaboliten, durch andere essentielle Metaboliten, bei *Rhodospirillum rubrum* [162]

Dieser Organismus besitzt wie *Rps. capsulatus* nur eine Aspartokinase und offenbar nur eine Homoserin-Dehydrogenase. Eine Untersuchung über die Repression der Synthese dieser Enzyme gibt es nicht.

Die Retroinhibition durch L-Threonin wurde jedoch im Detail untersucht. Beide Enzyme werden durch L-Threonin gehemmt. Die Hemmung wird im Fall der Aspartokinase durch Zugabe von Isoleucin zum Reaktionsgemisch, bei der Dehydrogenase durch Zugabe von Methionin oder Isoleucin umgekehrt. Tabelle 14 zeigt daß in Abwesenheit des Inhibitors L-Isoleucin oder Methionin eine aktivierende Wirkung auf die Aspartokinase ausüben. Lysin ist völlig ohne Wirkung.

Tabelle 14: Wirkung bestimmter Aminosäuren auf die Aktivität der Aspartokinase von *Rhodospirillum rubrum*

Zusätze (10^{-4} M)	Enzymaktivität (willkürliche Einheiten)
Keine	41
L-Isoleucin	74
L-Methionin	70
L-Threonin	0
L-Threonin + L-Isoleucin	47
L-Threonin + L-Methionin	4
L-Isoleucin + L-Methionin	69

Die Wirkung verschiedener Liganden auf die Homoserin-Dehydrogenase wurde im Hinblick auf den Aggregatzustand dieses Enzyms untersucht [163].

Wie Zentrifugationsexperimente im Saccharosegradienten ergeben haben, ruft Threonin eine Aggregation des Enzyms zu einer inaktiven Form, wahrscheinlich zu einem Dimer, hervor. Diese ist durch die allosterischen Modifikatoren Isoleucin oder Methionin reversibel. Wie man in Bild 37 sieht, können die beiden Formen des Enzyms gleichfalls unterschieden werden, und zwar durch Gel-Filtration an Sephadex G 200 in Gegenwart von Puffern, die die verschiedenen Effektoren enthalten.

Man hat diese Beobachtungen dahingehend interpretiert, daß sie die Bedeutung der Umwandlung Monomer $\rightleftarrows$ Polymer für die Regulation der Aktivität der Homoserin-Dehydrogenase dieses Organismus aufzeigen.

Bei diesem Organismus, der nur eine Aspartokinase besitzt, muß die Vergrößerung des intrazellulären Reservoirs an Threonin oberhalb eines kritischen Niveaus eine Verminderung der Konzentration der gemeinsamen Vorstufen nach sich ziehen, und zwar aufgrund der allosterischen Hemmung der Kinase und der Dehydrogenase.

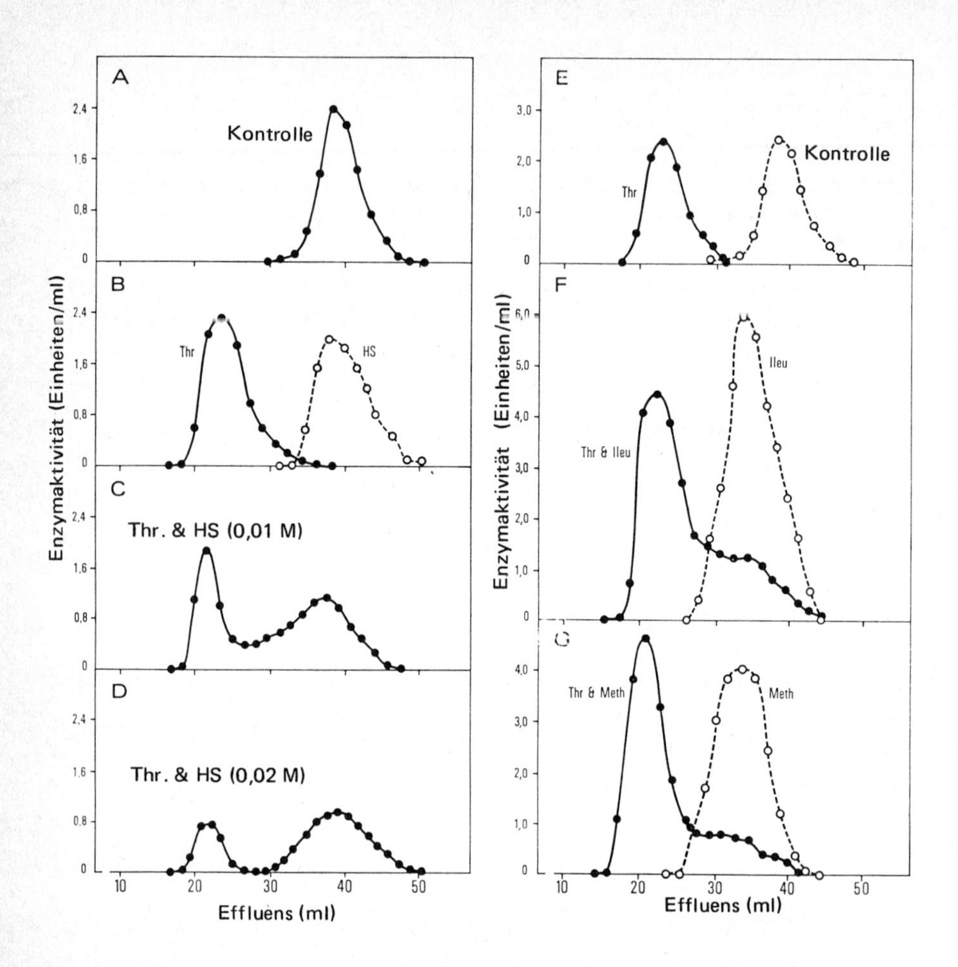

Bild 37. Elutionsdiagramme der Homoserin-Dehydrogenase von ***Rhodospirillum rubrum*** aus Sephadex G 200 in Gegenwart oder Abwesenheit von Substrat und/oder allosterischen Modifikatoren.

A: Enzym in Puffer ohne Zusätze filtriert;
B: Enzym mit Threonin filtriert;
C und D: Enzym mit verschiedenen Threonin- und Homoserin-Konzentrationen filtriert;
E: Enzym mit Threonin filtriert;
F und G: Enzym mit Threonin und modifizierenden Agenzien filtriert.

Die gestrichelten Kurven stammen aus anderen Versuchen und wurden zum Vergleich aufgetragen. Man sieht, daß Threonin eine Aggregation des Enzyms hervorruft, die in Gegenwart entsprechender Substratkonzentrationen (C und D) reversibel ist. Bei F und G ist der Gipfel mit hohem Molekulargewicht, der für das Threonin-behandelte Enzym charakteristisch ist, stets vorhanden. Man beobachtet aber eine ausgedehnte Schleppe, die in die Gegend reicht, wo man die Form mit geringerem Molekulargewicht erwartet.

Nun ist aber die Threonin-Desaminase von *R. rubrum,* im Gegensatz zu der von *E. coli,* praktisch unempfindlich gegenüber Isoleucin; es ist also wahrscheinlich, daß die Isoleucin-Synthese unter diesen Bedingungen weiterläuft. Es bleibt aber das Problem, eine normale Synthese der DAP, des Lysins und des Methionins zu gewährleisten. Die spezifische Reversion der allosterischen Hemmung (bewirkt durch Threonin) der Aspartokinase und der Homoserin-Dehydrogenase liefert die Antwort:

Es scheint danach, daß das Anwachsen des Verhältnisses Isoleucin zu Threonin das Signal darstellt zur beschleunigten Produktion gemeinsamer Zwischenprodukte, die zur Synthese der DAP, des Lysins und des Methionins notwendig sind.

3. Die Homoserin-Dehydrogenasen von *Saccharomyces cerevisiae* und von *Micrococcus glutamicus* [164, 165]

Bei diesen zwei Arten wird die Homoserin-Dehydrogenase durch Methionin spezifisch reprimiert. Wie bei *E. coli* ist bei *M. glutamicus* Threonin der allosterische Inhibitor, während bei *S. cerevisiae* die Aktivität durch Threonin und Methionin gehemmt wird, von denen letzteres der weitaus aktivere Effektor ist.

Diese letzten Beispiele wurden gewählt, um zu illustrieren, auf welch verschiedenen Wegen die verschiedenen Organismen zum selben Ziel der harmonischen Integration der Geschwindigkeiten der Synthesen ihrer verschiedenen Zellbestandteile gelangen können [162].

XI. Die Biosynthese von Glutamat und den davon abgeleiten Aminosäuren. Ihre Regulation

1. Glutamat-Synthese

Diese Aminosäure kann aus der Transaminierung zwischen der α-Ketoglutarsäure und der Asparaginsäure oder einer bestimmten Anzahl anderer Aminosäuren hervorgehen:

$$COOH{-}CH_2{-}CH_2{-}CO{-}COOH + R{-}\underset{\displaystyle NH_2}{\underset{|}{CH}}{-}COOH$$

$$\rightleftarrows COOH{-}CH_2{-}CH_2{-}\underset{\displaystyle NH_2}{\underset{|}{CH}}{-}COOH + R{-}CO{-}COOH$$

Wie bereits erläutert, ist die α-Ketoglutarsäure ein Zwischenprodukt des Tricarbonsäurezyklus. Der Hauptweg der Einführung des Stickstoffs in Form der Amino-Gruppe in die Proteine führt über die reduzierende Aminierung der α-Ketoglutarsäure zu Glutamat, die von der Glutamat-Dehydrogenase katalysiert wird:

$$COOH{-}CH_2{-}CH_2{-}CO{-}COOH + NH_3 + NADPH + H^+$$

$$\downarrow\uparrow$$

$$COOH{-}CH_2{-}CH_2{-}CH{-}\underset{\displaystyle NH_2}{\underset{|}{C}}OOH + NADP^+ + H_2O$$

Die zentrale Rolle der Glutaminsäure-Dehydrogenase wird durch die Tatsache beleuchtet, daß Mutanten von *Neurospora crassa,* die sie nicht mehr besitzen, nur noch wachsen können, wenn man ihnen irgendeine Aminosäure zuführt, die ihre α-Aminogruppe durch Transaminierung übertragen kann [166]. Solche Mutanten können nach einer beträchtlichen Latenzzeit auf einem Minimalmilieu wachsen, ohne daß sich dieses Wachstum auf eine Rückmutation zurückführen ließe:

Neurospora crassa produziert außerdem eine Glutaminsäure-Dehydrogenase, die NAD- und nicht NADP-abhängig ist, die von der behandelten Mutation nicht betroffen ist und daher als Hilfsmechanismus zur Verwendung von Ammoniak funktionieren kann.

Während die Glutaminsäure-Dehydrogenase von *Neurospora* das Objekt zahlreicher genetischer Untersuchungen war, die die Basis unseres Wissen über die Mechanismen der intraallelen Komplementation bilden [167], diente die der Rinderleber als Objekt zahlreicher Untersuchungen über die Quarternärstruktur oligomerer Proteine

[168]. Glutamat ist einmal selbst ein Bestandteil von Proteinen, zum anderen bildet es den Ausgangsstoff aller oder eines Teils der Kohlenstoffatome des Glutamins, Prolins, Arginins und, nur bei bestimmten Organismen, des Lysins.

2. Glutamin-Biosynthese

Sie wird von einem Enzym, der Glutamin-Synthetase, deren Vorkommen nicht auf die Mikroben beschränkt ist, durchgeführt. Dieses Enzym wurde gereinigt aus verschiedenen Objekten gewonnen und rein aus *E. coli* isoliert [169]. Sie katalysiert folgende Reaktionen:

L-Glutamat + NH_3 + ATP → L-Glutamin + ADP + Pi
L-Glutamat + NH_2OH + ATP → L-Glutamylhydroxamat + ADP + Pi

2.1. Regulation der Aktivität der Glutamin-Synthetase von *E. coli*

Diese allosterische Regulation verdient im einzelnen untersucht zu werden, weil sie sich von den Schemata der verzweigten Biosynthesewege, die wir bisher kennengelernt haben, unterscheidet.

Zunächst muß man feststellen, daß aus der Amido-Gruppe des Glutamins über Zwischenstufen von Reaktionen, die wir im geeigneten Augenblick untersuchen werden, die Stickstoffatome folgender Moleküle hervorgehen: Tryptophan, Adenylsäure, Cytidylsäure, Glucosamin-6-phosphat, Histidin und Carbamylphosphat. Außerdem konnte man bei *E. coli* nachweisen, daß Glutamin, mit Pyruvat bzw. Glyoxalat als zweitem Substrat, als Substrat für Transaminasen dienen und so zu Alanin und Glycin führen kann.

Es ist äußerst interessant, festzustellen, daß die acht aufgezählten Verbindungen Inhibitoren der Glutamin-Synthetase von *E. coli* [170] und verschiedener anderer Organismen wie *Salmonella typhimurium, Pseudomonas fluorescens, Neurospora crassa, Bacillus licheniformis* und *Chlorella pyrenoidosa* sind.

Zahlreiche andere Stickstoffverbindungen, deren Stickstoff sich nicht vom Glutamin herleitet, wirken nicht als Inhibitoren. Keiner der untersuchten Organismen besitzt isofunktionelle Glutamin-Synthetasen (wie im Fall der Aspartokinasen oder der Homoserin-Dehydrogenasen von *E. coli*), und keine Glutamin-Synthetase zeigt das Phänomen der konzertierten Hemmung (wie im Fall der Aspartokinase von *Rhodopseudomonas capsulatus*). Das Enzym von *E. coli,* das am besten untersucht ist, stellt den ersten bekannten Fall der sogenannten kumulativen allosterischen Hemmung dar [169].

Dieses Phänomen äußert sich folgendermaßen: Jeder der einzeln untersuchten allosterischen Inhibitoren ruft nur eine partielle Hemmung hervor, auch bei praktisch sättigenden Konzentrationen. Untersuchungen mit verschiedenen Kombinationen der möglichen Inhibitoren zeigen, daß jeder unabhängig von den anderen wirkt, und daß die Gegenwart eines Inhibitors die Aktivität eines anderen nicht beeinflußt. Folglich wird die Restaktivität, wenn zwei oder mehrere der Endprodukte gleichzeitig in sättigenden Konzentrationen vorliegen, gleich dem Produkt der Restaktivitäten jedes einzelnen Inhibitors bei sättigender Konzentration sein. Zum Beispiel beträgt die Restaktivität des untersuchten Enzyms bei sättigenden Konzentrationen der Inhibitoren Tryptophan, Cytidylsäure, Carbamylphosphat und Adenylsäure 84 %, 86 %, 87 % und 59 %. Sind die vier Inhibitoren gleichzeitig vorhanden, liegt die Restaktivität bei $0{,}84 \times 0{,}86 \times 0{,}87 \times 0{,}59 = 0{,}37$. Somit hemmen sie die Aktivität gemeinsam um 63 %, während keine Verbindung für sich allein eine starke Hemmung ausüben kann. In Gegenwart aller acht Inhibitoren liegt die kumulative Hemmung in der Größenordnung von 93 %.

Wie bei den anderen verzweigten Systemen, die wir untersucht haben, wäre dieser Mechanismus, der zu einer partiellen Reduktion der Gesamtaktivität durch jedes der Endprodukte führt, uninteressant und könnte sich sogar als Nachteil für den Zellhaushalt erweisen, wenn nicht für jede einzelne Verzweigung individuelle Regulationsmechanismen existierten. Wir werden weiter unten sehen, daß solche Mechanismen für Adenylsäure, Cytidylsäure, Tryptophan, Histidin und Carbamylphoshat bekannt sind.

2.2. Die Glutamin-Synthetase von *E. coli* als Protein [170]

Dieses Enzym wurde als homogenes Protein vom Molekulargewicht $6{,}8 \times 10^5$ gewonnen. Es dissoziiert unter Guanidin-Einwirkung in zwölf bis vierzehn wahrscheinlich identische Untereinheiten (aufgrund der Analyse durch Trypsin-Hydrolyse gewonnener Fragmente) vom Molekulargewicht $5{,}3 \times 10^4$.

Elektronenmikroskopische Aufnahmen des nativen Enzyms zeigen, daß es aus zwölf Untereinheiten in zwei Lagen zu je sechs aufgebaut ist. Bei Zugabe einer 1 M Harnstofflösung und eines Schwermetalle-chelierenden Agens bei pH 8,0 dissoziiert das native Enzym in inaktive Untereinheiten, die sich in Gegenwart von Mn^{2+}-Ionen wieder zu einem aktiven Enzym reassoziieren können, das dieselben physikalischen Eigenschaften wie das native besitzt, vorausgesetzt, daß die Reassoziierung bei 4 °C stattfindet. Bei 25 °C bewirkt die Zugabe von Mn^{2+}-Ionen gleichfalls eine Reassoziierung, das gewonnene Aggregat ist jedoch nicht mehr enzymatisch aktiv.

Der Mechanismus, der dieser kumulativen Hemmung zugrundeliegt, ist noch nicht klar; in der Tat ist es schwierig, ein einfaches Modell zu entwerfen, das allen experimentellen Beobachtungen Rechnung trägt. Jedes Modell muß die beschränkte Hemmkapazität eines jeden Effektors bei sättigender Konzentration und das Fehlen eines Zusammenwirkens oder eines Antagonismus zwischen den einzelnen Effektoren bei sättigender Konzentration berücksichtigen. Diese letzte Bedingung deutet darauf hin, daß das Enzym unterschiedliche allosterische Zentren für jeden der acht Inhibitoren besitzen muß.

Die Existenz unterschiedlicher aktiver Zentren wird auch durch folgende Befunde bestätigt: die Hemmung durch Glycin, Cytidylsäure und Tryptophan ist gegenüber dem Glutamat kompetitiv, die durch Glucosamin-6-phosphat und Histidin bewirkte kompetitiv zum Ammoniak, während die durch Alanin, Adenylsäure oder Carbamylphosphat gegenüber keinem der zwei Substrate kompetitiv ist. Dieses Ergebnis fordert wenigstens drei Ansatzstellen. 1 M Harnstofflösung (in Abwesenheit eines chelierenden Agens) desensibilisiert das Enzym gegen Tryptophan, Histidin und Glucosamin-6-phosphat; man leitet daraus die Existenz wenigstens einer zusätzlichen Ansatzstelle ab. Die Behandlung des Enzyms mit 30 % Aceton bewirkt keinen Verlust der katalytischen Aktivität, ruft aber eine gesteigerte Hemmbarkeit durch Alanin und Glycin hervor: wir gelangen so zu sechs Ansatzstellen. Ein weiterer Unterschied geht aus der Beobachtung hervor, daß Adenylsäure und Histidin das Enzym gegen Mercaptidierung durch p-Chloro-mercuriphenylsulfat schützen, während Carbamylphosphat und Cytidylsäure die Geschwindigkeit der Inaktivierung durch dieses Agens beschleunigen.

Betrachtet man diese Resultate gemeinsam, gelangt man zu acht voneinander unabhängigen Bindungsstellen. Direkte Untersuchungen über die Zahl der Bindungsstellen mit Methoden diesen Typs oder der Dialyse im Gleichgewicht sind unbedingt notwendig, wenn man für dieses und die anderen allosterischen Enzyme ein Modell konstruieren will, das den beobachteten Effekten Rechnung trägt.

2.3. Enzymatische Inaktivierung der Glutamin-Synthetase von *E. coli*, induziert durch ihre Substrate [171, 172]

Bei diesem Organismus wird die Synthese der Glutamin-Synthetase reprimiert, wenn das Wachstum in Gegenwart von NH_4^+-Ionen stattfindet. Die Zugabe dieser Ionen in vivo zu dereprimierten Zellen bewirkt nicht nur die Repression der Neusynthese des Enzyms, sondern ebenfalls eine rasche irreversible „Inaktivierung" des bereits gebildeten Enzyms.

Man kann diese Inaktivierung in vitro, in Gegenwart von Glutamin, ATP und Mg^{2+}-Ionen, in Anwesenheit eines inaktivierenden Enzyms erreichen. Vermutlich ist der in vivo beobachtete Effekt auf eine Synthese des Glutamins aus NH_4^+-Ionen zurückzuführen, der eine Inaktivierung der Glutamin-Synthetase durch das inaktivierende Enzym folgt. Wählt man dieselbe Ausdrucksweise wie für die Phosphorylasen, so läßt sich das Phänomen durch folgendes Schema darstellen:

$$\underset{\text{aktiv}}{\text{Glutamin-Synthetase a}} \rightarrow \underset{\text{inaktiv}}{\text{Glutamin-Synthetase b}}$$

Das Modifikator-Enzym adenyliert die Glutamin-Synthetase, wobei ein Maximum von zwölf Adenylresten in kovalenter Bindung zu einem Dodekamer gebunden sind. Einzelheiten über dieses Phänomen kann man in einer neueren umfassenden

Übersicht finden [172a]. Die Adenyl-Gruppe bildet eine Esterbindung mit der Hydroxyl-Gruppe eines Tyrosinrests der Polypeptidkette [172b]. Da *E. coli* außerdem ein spezifisches Enzym besitzt, das die Glutamin-Synthetase desadenyliert, ein Enzym, das durch α-Ketoglutarat stimuliert und durch Glutamin gehemmt wird [172c], scheint es, daß dieser Organismus seinen Stickstoffstoffwechsel reguliert, indem er die Glutamin-Synthetase verändert, eines der wesentlichen Enzyme zur Bindung des organischen Stickstoffs.

3. L-Prolin-Biosynthese [173, 174]

Die distale Carboxyl-Gruppe des Glutamats wird zu einer Aldehyd-Gruppe reduziert:

$$COOH{-}CH_2{-}CH_2{-}\underset{NH_2}{\underset{|}{CH}}{-}COOH \rightleftharpoons \begin{matrix} CH_2{-}CH_2 \\ | \quad\quad | \\ CHO \quad \underset{NH_2}{\underset{|}{CH}}{-}COOH \end{matrix}$$

Glutaminsäure-γ-semialdehyd

Diese Verbindung erfährt eine Zyklisierung zur Δ^1-Pyrrolin-5-carboxylsäure. Die Reaktion findet im wäßrigen Milieu spontan statt. Die Verbindung wird daraufhin zu L-Prolin reduziert:

$$\begin{matrix} CH_2{-}CH_2 \\ | \quad\quad | \\ CHO \quad \underset{NH_2}{\underset{|}{CH}}{-}COOH \end{matrix} \rightleftharpoons \begin{matrix} CH_2{-}{-}CH_2 \\ | \quad\quad\quad | \\ CH \quad\quad CH{-}COOH \\ \diagdown\!\!\diagdown \; N \; \diagup \end{matrix} \xrightarrow{+2H} \begin{matrix} CH_2{-}{-}CH_2 \\ | \quad\quad\quad | \\ CH_2 \quad\quad CH{-}COOH \\ \diagdown \; NH \; \diagup \end{matrix}$$

Δ^1-Pyrrolin-5-carboxylat L-Prolin

4. Arginin-Biosynthese [175, 176, 177]

Im Laufe der Evolution haben die Mikroorganismen einen Mechanismus entwickelt, der dem im Verlaufe der Untersuchung der Lysin-Biosynthese bereits behandelten analog ist, der darin besteht, eine Aminogruppe zu schützen, um eine spontante Zyklisierung zu vermeiden.
Dieses Mal haben wir es jedoch mit einer Acetylierung statt einer Succinylierung zu tun. Eine spezifische Acetylase, die bei *E. coli* durch Arginin retroinhibiert wird, bildet die N-Acetylglutaminsäure:

$$COOH{-}CH_2{-}CH_2{-}\underset{NH{-}CO{-}CH_3}{\underset{|}{CH}}{-}COOH$$

die zu N-Acetylglutamat-semialdehyd reduziert wird. Man sieht, daß diese Verbindung die acetylierte Form einer Zwischenstufe der Prolin-Biosynthese ist.

Fehlt die Acetylierung, wird der gesamte Semialdehyd in Richtung auf die Prolin-Synthese abgeleitet. Der N-Acetylglutamat-semialdehyd wird durch Transaminierung zu N-α-Acetylornithin umgelagert:

$$\begin{array}{ll}
\mathrm{CHO{-}CH_2{-}CH_2{-}\underset{\displaystyle |\atop \displaystyle NH{-}CO{-}CH_3}{CH}{-}COOH} & + \ \mathrm{R{-}\underset{\displaystyle |\atop \displaystyle NH_2}{CH}{-}COOH} \\
 & \rightleftharpoons \\
\mathrm{NH_2{-}CH_2{-}CH_2{-}CH_2{-}\underset{\displaystyle |\atop \displaystyle NH{-}CO{-}CH_3}{CH}{-}COOH} & + \ \mathrm{R{-}CO{-}COOH} \\
\text{N-}\alpha\text{-Acetylornithin} &
\end{array}$$

Die N-Acetylgruppe der letzteren Verbindung wird nun bei bestimmten Organismen durch eine spezifische Desacylase eliminiert, während sie bei anderen von neuem auf die Aminogruppe des Glutamats übertragen wird. Das so gebildete Ornithin wird daraufhin zu Citrullin umgesetzt; diese Reaktion wird durch die Ornithin-Transcarbamylase, ein Enzym, das außer Ornithin das Carbamylphosphat als Substrat besitzt, katalysiert.

$$\mathrm{NH_2{-}CH_2{-}CH_2{-}CH_2{-}\underset{\displaystyle |\atop \displaystyle NH_2}{CH}{-}COOH + NH_2{-}COO \sim PO_3H_2}$$

$$\rightarrow \mathrm{\underset{\displaystyle |\atop \displaystyle CO{-}NH_2}{NH}{-}CH_2{-}CH_2{-}CH_2{-}\underset{\displaystyle |\atop \displaystyle NH_2}{CH}{-}COOH + P_i}$$

L-Citrullin

Citrullin ist das Substrat einer Reaktion mit ATP und Aspartat:

$$\mathrm{\underset{\displaystyle |\atop \displaystyle CONH_2}{NH}{-}(CH_2)_3{-}\underset{\displaystyle |\atop \displaystyle NH_2}{CH}{-}COOH} + \begin{array}{c}\mathrm{COOH}\\|\\\mathrm{CH{-}NH_2}\\|\\\mathrm{CH_2}\\|\\\mathrm{COOH}\end{array}\mathrm{+ ATP} \rightarrow \begin{array}{c}\mathrm{NH}\\\|\\\mathrm{C}\\|\\\mathrm{NH}\\|\\\mathrm{(CH_2)_3}\\|\\\mathrm{CH{-}NH_2}\\|\\\mathrm{COOH}\end{array}\!\!\begin{array}{c}\\\\\mathrm{{-}NH{-}}\\\\\\\\\\\\\\\\\end{array}\!\!\begin{array}{c}\mathrm{COOH}\\|\\\mathrm{CH}\\|\\\mathrm{CH_2}\\|\\\mathrm{COOH}\\\\\\\\\\\end{array}\mathrm{+ AMP + PP}$$

Argininosuccinat

Das so entstandene Succinyl-arginin wird nun durch das Enzym Argininosuccinase zu Arginin und Fumarsäure hydrolysiert:

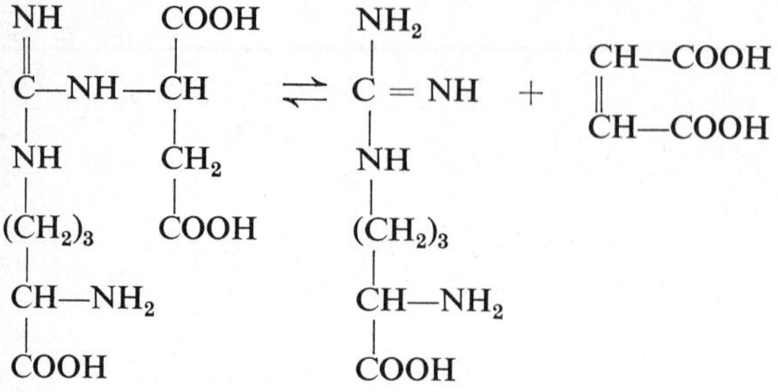

$$\begin{array}{lll} \mathrm{NH} & \mathrm{COOH} & \\ \| & | & \\ \mathrm{C{-}NH{-}CH} & & \\ | & | & \\ \mathrm{NH} & \mathrm{CH_2} & \\ | & | & \\ \mathrm{(CH_2)_3} & \mathrm{COOH} & \\ | & & \\ \mathrm{CH{-}NH_2} & & \\ | & & \\ \mathrm{COOH} & & \end{array} \rightleftharpoons \begin{array}{l} \mathrm{NH_2} \\ | \\ \mathrm{C=NH} \\ | \\ \mathrm{NH} \\ | \\ \mathrm{(CH_2)_3} \\ | \\ \mathrm{CH{-}NH_2} \\ | \\ \mathrm{COOH} \end{array} + \begin{array}{l} \mathrm{CH{-}COOH} \\ \| \\ \mathrm{CH{-}COOH} \end{array}$$

Argininosuccinat L-Arginin

4.1. Regulation der Synthese von Arginin, Putrescin und Prolin

Wir haben gesehen, daß die Acetylierung von Glutamat, die erste spezifische Reaktion der Arginin-Synthese, durch diese Aminosäure allosterisch gehemmt wird. Zudem reprimiert ein Argininüberschuß bei *E. coli* die Synthese aller Enzyme, die an seiner Biosynthese beteiligt sind [178].

Die Arginin-Synthese kann jedoch nicht als völlig lineare Kette betrachtet werden. Tatsächlich ist eines der Zwischenprodukte der Kette, das Ornithin, die Vorstufe eines Diamins, des Putrescins:

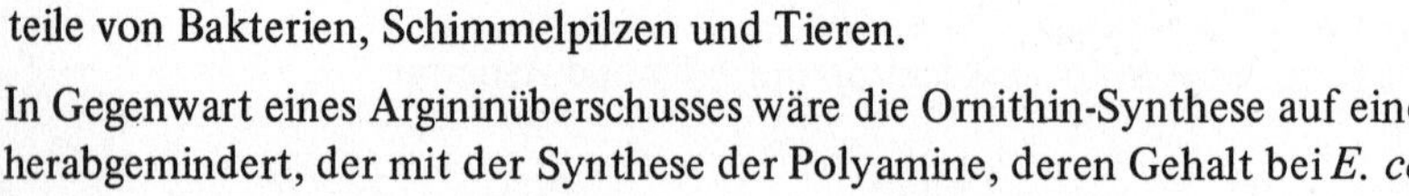

$$\mathrm{H_2N{-}CH_2{-}CH_2{-}CH_2{-}\underset{\underset{\displaystyle NH_2}{|}}{CH}{-}COOH} \rightarrow \mathrm{H_2N{-}(CH_2)_4{-}NH_2} + \mathrm{CO_2}$$

Diese Reaktion wird durch Ornithin-Decarboxylase katalysiert.

Putrescin wurde bei den grammnegativen Bakterien und den Schimmelpilzen gefunden. Spermin und Spermidin, die sich davon ableiten, sind universelle Bestandteile von Bakterien, Schimmelpilzen und Tieren.

In Gegenwart eines Argininüberschusses wäre die Ornithin-Synthese auf einen Satz herabgemindert, der mit der Synthese der Polyamine, deren Gehalt bei *E. coli* bei ungefähr 15 mg pro Gramm Protein liegt, unvereinbar ist.

Daher wurde eine neue Art der Putrescinproduktion aus Arginin, die weniger direkt als die Decarboxylierung des Ornithins ist, selektioniert. Sie besteht in einer Decarboxylierung des Arginins:

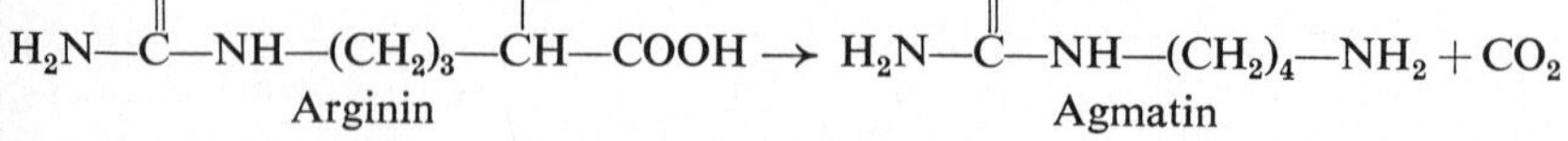

$$\mathrm{H_2N{-}\overset{\overset{\displaystyle NH}{\|}}{C}{-}NH{-}(CH_2)_3{-}\overset{\overset{\displaystyle NH_2}{|}}{CH}{-}COOH} \rightarrow \mathrm{H_2N{-}\overset{\overset{\displaystyle NH}{\|}}{C}{-}NH{-}(CH_2)_4{-}NH_2} + \mathrm{CO_2}$$

Arginin Agmatin

Die Agmatin-Ureohydrolase hydrolysiert das Produkt dieser Decarboxylierung zu Putrescin und Harnstoff:

$$H_2N{-}\overset{\overset{\displaystyle NH}{\|}}{C}{-}NH{-}(CH_2)_4{-}NH_2 + H_2O \rightarrow \underset{\text{Putrescin}}{H_2N{-}(CH_2)_4{-}NH_2} + \underset{\text{Harnstoff}}{H_2N{-}\overset{\overset{\displaystyle O}{\|}}{C}{-}NH_2}$$

Dieses Regulationsschema ist ein neues Beispiel für die Verschiedenheit der Lösungen, die im Laufe der Evolution entwickelt wurden, um die Schwierigkeiten, die durch die Existenz verzweigter Systeme aufgetreten sind, zu überwinden. Das Schema

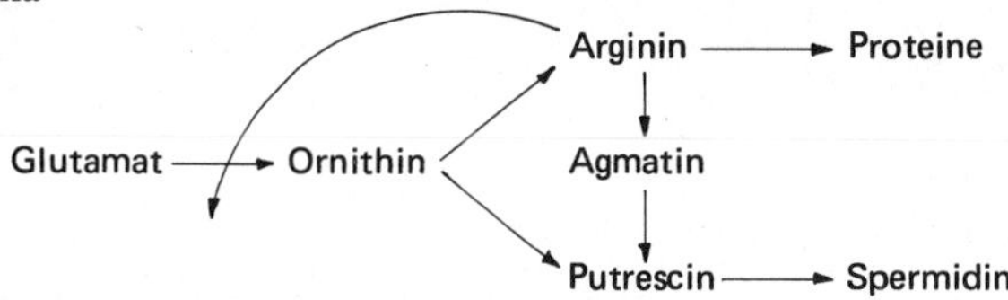

zeigt, daß die Arginin-Synthese tatsächlich einem verzweigten System angehört, dessen Gabelpunkt beim Ornithin liegt.

Der wirtschaftlichste Weg der Putrescinproduktion ist offensichtlich die Decarboxylierung von Ornithin. Werden jedoch reprimierbare Stämme von *E. coli* in Gegenwart eines Argininüberschusses kultiviert, wird die Synthese der biosynthetischen Enzyme, die zum Arginin führen, gehemmt. Unter diesen Bedingungen ist die Umwandlung von Arginin zu Putrescin die einzige Alternative für die Biosynthese der Polyamine [179].

Eine der wichtigen Verbindungen für die Arginin-Biosynthese ist das Carbamylphosphat. Es ist, wie wir im folgenden sehen werden, auch eine Vorstufe der Pyrimidine. L-Prolin und seine Analogen hemmen die Bildung von Δ^1-Pyrrolincarboxylat aus Glutamat durch Zellsuspensionen von *E. coli* [180].

5. L-Lysin-Synthese bei Hefen und Schimmelpilzen

Bei diesen Organismen kondensiert sich die Carboxylgruppe des α-Ketoglutarats mit der Methylgruppe des Acetats zur Homocitronensäure. Diese Reaktion gleicht der der Bildung von Citrat aus Acetyl-CoA und Oxalacetat oder der der Bildung von α-Isopropylmalat (β-Carboxy-β-hydroxyisocaproat), die wir bei der Untersuchung der Biosynthese von L-Leucin im folgenden Kapitel wiedertreffen werden:

$$\underset{\alpha\text{-Ketoglutarat}}{\begin{array}{c} COOH \\ | \\ CO \\ | \\ (CH_2)_2 \\ | \\ COOH \end{array}} + CH_3COOH \rightarrow \underset{\text{Homocitrat}}{\begin{array}{c} COOH \\ | \\ OH{-}C{-}CH_2{-}COOH \\ | \\ (CH_2)_2 \\ | \\ COOH \end{array}}$$

Homocitrat wird nun in zwei enzymatischen Schritten zu Homoisocitrat isomerisiert. Homoaconitat ist ein freies Zwischenprodukt dieser Reaktion, die an die von der Aconitase katalysierte erinnert, die wir im Verlaufe der Untersuchung des Tricarbonsäurezyklus kennengelernt haben. Homoisocitrat wird dann oxydiert und decarboxyliert unter Bildung von α-Ketoadipinsäure, dem nächst höheren Homologen der α-Ketoglutarsäure:

$$\mathrm{COOH{-}(CH_2)_3{-}CO{-}COOH}$$

α-Ketoadipinsäure

Eine Transaminierung führt zur α-Aminoadipinsäure:

$$\begin{array}{l}\mathrm{COOH{-}(CH_2)_3{-}CH{-}COOH}\\ \qquad\qquad\qquad\quad|\\ \qquad\qquad\qquad\mathrm{NH_2}\end{array}$$

α-Aminoadipinsäure

Diese Dicarbonsäure wird durch einen Reaktionstyp, den wir bereits bei den niedrigeren Homologen, Asparaginsäure und Glutaminsäure untersucht haben, zum Semialdehyd reduziert:

$$\begin{array}{l}\mathrm{CHO{-}(CH_2)_3{-}CH{-}COOH}\\ \qquad\qquad\qquad|\\ \qquad\qquad\quad\mathrm{NH_2}\end{array}$$

α-Aminoadipinsäure-semialdehyd

Diese Verbindung kondensiert sich mit einem neuen Molekül Glutamat zu einem Molekül Saccharopin:

$$\begin{array}{lll}\mathrm{CH_2} & \mathrm{{-}NH{-}} & \mathrm{CH{-}COOH}\\ | & & |\\ \mathrm{(CH_2)_3} & & \mathrm{(CH_2)_2}\\ | & & |\\ \mathrm{CH{-}NH_2} & & \mathrm{COOH}\\ | & & \\ \mathrm{COOH} & & \end{array}$$

Saccharopin

Letzteres ist das Substrat eines Enzyms, das das L-Lysin freisetzt:

$$\begin{array}{l}\mathrm{H_2N{-}(CH_2)_4{-}CH{-}COOH}\\ \qquad\qquad\qquad|\\ \qquad\qquad\quad\mathrm{NH_2}\end{array}$$

Die Biosynthese des L-Lysins ist eine interessante Ausnahme der außerordentlichen Konvergenz der Biosynthesewege. Bei den Bakterien und den Gefäßpflanzen wird diese Aminosäure über den Weg der Diaminopimelinsäure synthetisiert, während sie bei den Hefen und Schimmelpilzen über die α-Aminoadipinsäure entsteht.

Die Diaminopimelinsäure selbst ist ein wichtiger Baustein vieler Bakterienarten, in denen es einen integrierten Bestandteil der komplexen Struktur ihrer Zellwand darstellt. Bisher wurde trotz sehr eingehender Untersuchungen kein Organismus gefunden, bei dem die zwei Biosynthesewege gleichzeitig auftreten.

Man kann sich vorstellen, daß der Weg über die Aminoadipinsäure vielleicht ökonomischer ist als der über die Diaminopimelinsäure und im Verlauf der Evolution der Hefen und Schimmelpilze ausgelesen wurde.

Die Bakterien, bei denen die Diaminopimelinsäure eine für die Zellwand nötige Verbindung ist, mußten nur eine zusätzliche Decarboxylase erwerben, um ihr Lysin zu gewinnen, und sparten so die Synthese der Enzyme des Weges über die α-Aminoadipinsäure.

Folgendes Schema faßt die Biosynthese der Aminosäuren der Glutaminsäure-Familie zusammen:

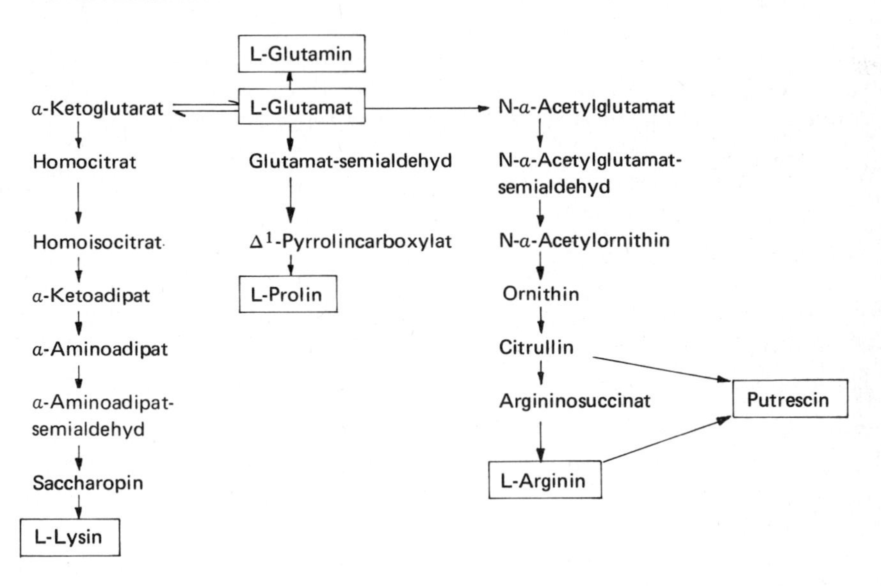

XII. Die Biosynthese der Aminosäuren, die sich von der Phosphoglycerinsäure und der Brenztraubensäure ableiten

1. Biosynthese von Glycin und Serin

Erst vor kurzem erlaubte die Verwendung geeigneter Mutanten und einer adaequaten Enzymanalyse zu entscheiden, welche dieser Aminosäuren vor der anderen synthetisiert wird [181].

Ein spezifisches Enzym oxydiert das 3-Phosphoglycerat, eine Zwischenform der Glykolyse, zu 3-Phosphohydroxypyruvat:

$$\underset{\text{3-Phosphoglycerat}}{H_2O_3P{-}O{-}CH_2{-}CHOH{-}COOH} + NAD^+ \rightleftarrows \underset{\text{3-Phosphohydroxypyruvat}}{H_2O_3P{-}O{-}CH_2{-}CO{-}COOH} + NADH + H^+$$

Das 3-Phosphohydroxypyruvat ist das Substrat einer Transaminierungsreaktion, deren Produkt Phosphoserin ist:

$$H_2O_3P{-}O{-}CH_2{-}\underset{\displaystyle NH_2}{\underset{|}{CH}}{-}COOH$$

Phosphoserin

Eine spezifische Serinphosphat-Phosphatase hydrolysiert diese Verbindung zu L-Serin:

$$CH_2OH{-}\underset{\displaystyle NH_2}{\underset{|}{CH}}{-}COOH$$

L-Serin

Die Umwandlung Serin ⇄ Glycin vollzieht sich unter der Wirkung der Serin-hydroxymethyl-Transferase [182]:

$$\text{Serin} \rightleftarrows \text{Glycin} + \text{Formaldehyd}$$

Der Mechanismus dieser Reaktion, die als Modell der Übertragung von C_1-Resten angesehen werden kann, verdient, daß man bei ihm verweilt: Man konnte nachweisen, daß

1. das C_1-Fragment, das vom Serin abgespalten wird, ein Derivat des Formaldehyds ist,
2. daß dieses Derivat eine Tetrahydrofolsäureverbindung ist,

3. daß Pyridoxalphosphat zu dieser Reaktion ebenfalls notwendig ist. Die Formelbilder der Tetrahydrofolsäure und ihres „Formaldehyd"-Derivats, des N-5, 10-Methylentetrahydrofolat:

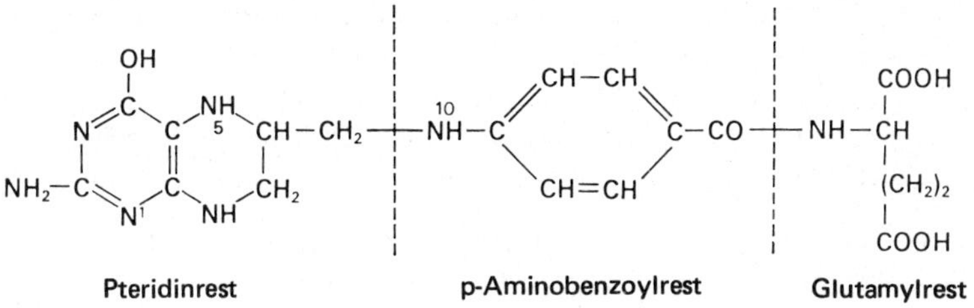

Pteridinrest p-Aminobenzoylrest Glutamylrest

Tetrahydrofolsäure (FH_4)

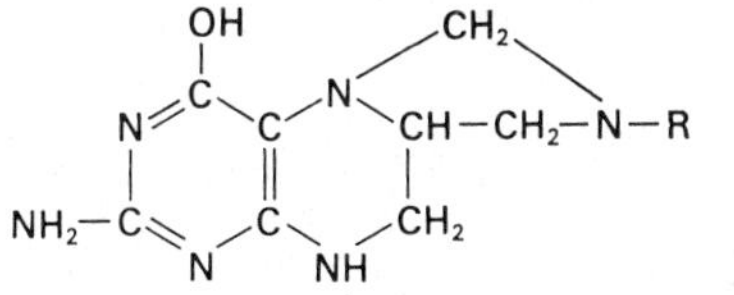

N-5, 10-Methylen-tetrahydrofolsäure (CH_2—OH—FH_4)

Man kann die Umwandlung wie folgt formulieren:

$$\text{Serin} + FH_4 \rightleftarrows \text{Glycin} + CH_2OH\text{–}FH_4$$
$$CH_2OH\text{–}FH_4 \rightleftarrows HCHO + FH_4$$

Summe: $$\text{Serin} \rightleftarrows \text{Glycin} + HCHO$$

Man nimmt an, daß das Pyridoxalphosphat an dieser Reaktion durch Bildung einer SCHIFFschen Base zwischen der Aminogruppe der Aminosäure und der Formylgruppe des Pyridoxalphosphats beteiligt ist.

Das System der konjugierten Doppelbindungen erstreckt sich vom α-Kohlenstoff der Aminosäure zum N-Atom des Pyridinrings, ermöglicht eine Lockerung der Bindung der Hydroxymethylgruppe des Serins und erleichtert so ihre Abspaltung.

Isotopenversuche beweisen, daß *E. coli* und *Clostridium pasteurianum* unter bestimmten Wachstumsbedingungen unter Wirkung eines Enzyms, der Threonin-Aldolase, Glycin aus Threonin gewinnen können:

$$CH_3\text{—}CHOH\text{—}\underset{\substack{|\\ NH_2}}{CH}\text{—}COOH \rightarrow H_2N\text{—}CH_2\text{—}COOH + CH_3\text{—}CHO$$

L-Threonin Glycin Acetaldehyd

1.1. Regulation der Serin- und Glycin-Synthese

In tierischen Geweben beobachtete man eine Hemmung der Serinphosphat-Phosphatase durch Serin. Da die Oxydation des Phosphoglycerats und die Transaminase reversibel sind, kann die praktisch irreversible Hydrolyse des Phosphoserins als möglicher Angriffspunkt eines Regulationsmechanismus angesehen werden.

Bei den Enterobacteriaceen ist umgekehrt die Phophatase gegenüber Serin unempfindlich, das stattdessen die Oxydation des Phosphoglycerats, die erste Reaktion seines Biosyntheseweges, hemmt [183].

Bisher wurden keine detaillierten Untersuchungen über die Regulation durch Repression der Biosynthese von Glycin und Serin durchgeführt (1966).

2. Cystein-Biosynthese [184, 185]

Man kennt seit langem auxotrophe Mutanten, die nicht imstande sind, das Sulfat-Ion als einzige Schwefelquelle zu verwenden, die aber auf Sulfit wachsen können.

Andere Mutanten können weder das Sulfat noch das Sulfit verwenden, aber auf Thiosulfat wachsen.

Eine Reihe rezenter Publikationen beweist, daß der einzige Weg der Verwendung des Sulfats durch die Bakterien und die Schimmelpilze über eine Aktivierung des Sulfats durch ATP führt, katalysiert durch die Sulfat-Adenyltransferase (oder ATP-Sulfurylase):

$$\text{ATP} + \text{Sulfat} \rightarrow \text{Adenosin-5}'\text{-phosphosulfat} + \text{Pyrophosphat}$$

Eine spezifische Kinase, die Adenylsulfat-Kinase führt zu einem in 3'-Position phosphoryliertem Derivat:

$$\text{Adenosin-5}'\text{-phosphosulfat} + \text{ATP} \rightarrow \text{3}'\text{-Phosphoadenosin-5}'\text{-phosphosulfat} + \text{ADP}$$

Diese letztere Verbindung ist das Substrat verschiedener Enzyme, die in der Leber die Bildung von sulfurierten Phenol-Derivaten, Arylaminen und Steroiden, katalysieren. Die Reduktion des Phosphoadenosinphosphosulfats (PAPS) zu Sulfit wurde bei der Hefe im Detail untersucht [186, 187]. Sie umfaßt die Einwirkung von zwei thermolabilen und einem thermostabilen Protein. Letzteres besitzt eine Disulfidgruppe. Eins der beiden thermolabilen Proteine reduziert diese Disulfidgruppe; das reduzierende Agens dabei ist NADPH. Das zweite thermolabile Protein katalysiert in Gegenwart von PAPS und dem reduzierten thermostabilen Protein die Bildung von Sulfit:

$$\text{PAPS} \rightarrow \text{3}'\text{-Phosphoadenosin-5}'\text{-phosphat} + SO_3^{2-}$$

Die Sulfit-Reduktase reduziert dann das Sulfit-Ion zum Sulfid-Ion.

Thiosulfat wurde als Zwischenstufe ausgeschlossen; seine oben erwähnte Verwendung durch die Mutanten erfolgt über eine reduzierende Spaltung, die zu Sulfit und zu Sulfid führt. Ein Enzym, die O-Acetylserin-Sulfhydrylase katalysiert bei den Enterobacteriaceen die Reaktion des Sulfid-Ions mit einem Serinderivat, dem O-Acetylserin, zum L-Cystein [188]:

$$HS{-}CH_2{-}\underset{\displaystyle NH_2}{\underset{|}{CH}}{-}COOH$$

L-Cystein

O-Acetylserin wird aus Acetyl-CoA und L-Serin über die Serin-Transacetylase synthetisiert [188].

2.1. Regulation der Cystein-Synthese

Bei der Hefe findet diese Regulation auf verschiedenen Niveaus statt. Die Synthese der ATP-Sulfurylase wird durch Methionin reprimiert, und ihre Aktivität wird durch das Sulfidion allosterisch gehemmt [189]. Weiterhin wird die Synthese der Sulfit-Reduktase durch Cystein reprimiert. Obendrein werden sowohl die ATP-Sulfurylase wie die Synthese des PAPS durch geringe Konzentrationen der Reaktionsprodukte gehemmt. Die unmittelbarste Regulation vollzieht sich also unter der Hemmwirkung durch die Reaktionsprodukte. Außerdem ist das Sulfid ebenfalls ein wirksamer Inhibitor. Es ist also wenig wahrscheinlich, daß Cystein im Überschuß gebildet wird. Sollten aus physiologischen Gründen die Regulationsbarrieren nicht mehr funktionieren, würde das Methionin die Synthese der ATP-Sulfurylase und das Cystein die der Sulfit-Reduktase reprimieren.

Bei den Enterobacteriaceen reprimiert die Zugabe von Cystein zum Kulturmedium die Synthese der Proteine, die für die Reduktion von PAPS und Sulfid verantwortlich sind, sowie die O-Acetylserinsulfhydrylase. Außerdem haben wir im Kapitel I gesehen, daß man bei diesen Organismen eine sehr wirksame Repression der Sulfat-Permease durch Cystein beobachtet. Die Serin-Transacetylase wird allosterisch durch L-Cystein gehemmt. Diese Hemmung ist nicht kompetitiv gegenüber dem L-Serin, aber kompetitiv gegenüber dem Acetyl-CoA [188].

3. Alanin-Synthese

Bei einer bestimmten Anzahl von Mikroorganismen kann das Pyruvat das Substrat einer reduzierenden Aminierung zu Alanin sein [190]:

$$CH_3{-}CO{-}COOH + NH_3 + NADH + H^+ \rightleftarrows CH_3{-}\underset{\displaystyle NH_2}{\underset{|}{CH}}{-}COOH + NAD^+ + H_2O$$

Folgender Prozeß, eine Transaminierung zwischen dem Glutamat und dem Pyruvat, ist jedoch bei allen Lebewesen weitaus verbreiteter:

$$CH_3{-}CO{-}COOH + COOH{-}CH_2{-}CH_2{-}\underset{\displaystyle NH_2}{\underset{|}{CH}}{-}COOH$$

$$\rightleftarrows CH_3{-}\underset{\displaystyle NH_2}{\underset{|}{CH}}{-}COOH + COOH{-}CH_2{-}CH_2{-}CO{-}COOH$$

4. Valin-Synthese

Diese Biosynthese verläuft absolut parallel zu der des Isoleucins und verwendet außerdem die gleichen Enzyme. Die α-Aceto-α-Hydroxysäure-Synthetase, die wir eine Kondensation zwischen einem Acetaldehydmolekül, das aus dem Pyruvat entstand, und einem α-Ketobuttersäuremolekül katalysieren sahen, kann ebenfalls eine Kondensation zwischen einem Acetaldehydmolekül und einem zweiten Molekül Pyruvat vollziehen.

Dieses Enzym benötigt zur Funktion die Anwesenheit von Mg^{2+}-Ionen und Thiaminpyrophosphat. Die Reaktion geht in zwei Schritten vor sich:

Zunächst bildet sich ein Molekül α-Hydroxyäthyl-thiaminpyrophosphat (vgl. S. 46) oder aktiver Acetaldehyd, der sich mit einem zweiten Molekül Pyruvat zum α-Acetolactat kondensiert. Die Reaktion kann folgendermaßen zusammengefaßt werden:

$$2\,CH_3{-}CO{-}COOH \rightarrow CH_3{-}CO{-}\overset{\displaystyle OH}{\overset{|}{\underset{\displaystyle CH_3}{\underset{|}{C}}}}{-}COOH + CO_2$$

α-Acetolactat

Unter der Einwirkung der Reduktoisomerase vollzieht sich eine ähnliche Umlagerung wie die, die wir bei der Untersuchung der Isoleucin-Biosynthese betrachtet haben. Sie umfaßt eine Reduktion der Carbonylgruppe des α-Acetolactats und die Bildung von α, β-Dihydroxy-β-methylbutyrat:

$$CH_3{-}CO{-}\overset{\displaystyle OH}{\overset{|}{\underset{\displaystyle CH_3}{\underset{|}{C}}}}{-}COOH \rightarrow CH_3{-}\overset{\displaystyle OH}{\overset{|}{\underset{\displaystyle CH_3}{\underset{|}{C}}}}{-}CHOH{-}COOH$$

α, β-Dihydroxy-β-methylbutyrat

Die für α, β-Dihydroxysäuren spezifische Dehydrase katalysiert die Abspaltung eines Wassermoleküls unter Bildung von α-Keto-β-methylbuttersäure:

$$(CH_3)_2CH-CO-COOH$$

Die gleiche Transaminase wie beim Isoleucin wirkt auf diese α-Ketosäure ein und läßt L-Valin entstehen:

$$(CH_3)_2CH-CH(NH_2)-COOH$$

L-Valin

Die Zusammenhänge im Auftreten einer Reihe von Enzymen, die bei Mikroorganismen gemeinsam an der Biosynthese des Valins wie des Isoleucins wirken, beleuchtet folgendes Schema:

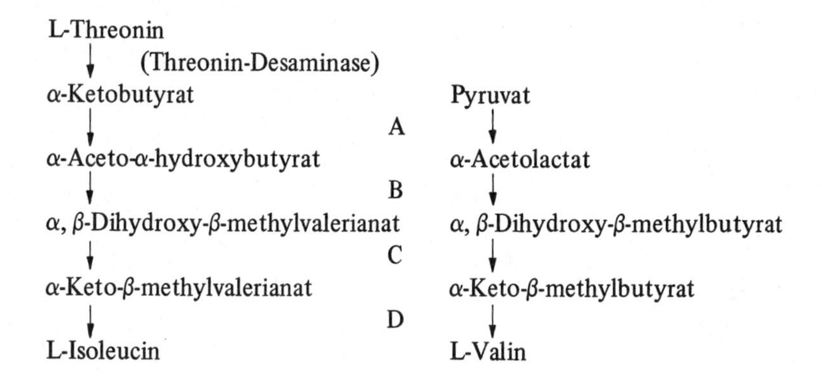

Jede Mutante, der die Threonin-Desaminase fehlt, wird auxotroph für Isoleucin sein; jede Mutante, der α-Aceto-α-hydroxysäure-Synthetase, Reduktoisomerase, Dehydrase oder Transaminase fehlen (Reaktionen A, B, C oder D), wird einen doppelten Bedarf für ihr Wachstum zeigen: Valin + Isoleucin. Wir haben gesehen, daß Isoleucin die Threonin-Desaminase allosterisch retro-inhibiert. Das schafft keine Schwierigkeiten für das Wachstum, weil das Endprodukt der gehemmten Reaktion, das Isoleucin, im Überschuß vorliegt. Im Gegensatz dazu ist eine wirksame Retro-Inhibition der α-Aceto-α-hydroxysäure-Synthetase durch Valin problematisch, weil sie automatisch einen Mangel an Isoleucin herbeiführen würde. Dies ist tatsächlich der Fall bei zahlreichen Mikroorganismen, deren Wachstum durch Valin gehemmt wird; diese Hemmung wird durch Zugabe von Isoleucin aufgehoben.

5. Leucin-Synthese [191, 192, 193]

Die α-Keto-β-methylbuttersäure, die dem Valin entsprechende Ketosäure, ist die direkte Vorstufe des Leucins. Sie wird von einem Molekül Acetyl-CoA zum α-Isopropylmalat acetyliert.

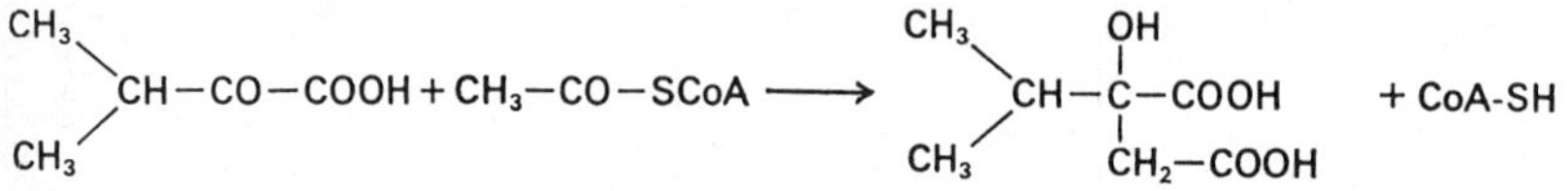

$$(CH_3)_2CH-CO-COOH + CH_3-CO-SCoA \longrightarrow (CH_3)_2CH-C(OH)(COOH)-CH_2-COOH + CoA\text{-}SH$$

α-Isopropylmalat

Diese Verbindung wird dehydriert und danach wieder rehydriert zu β-Isopropylmalat:

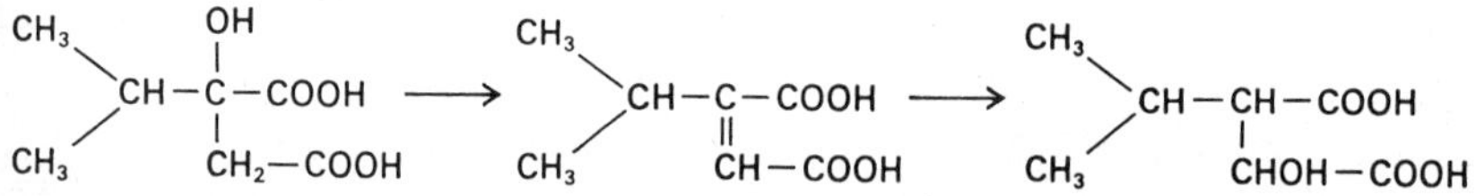

$$(CH_3)_2CH-C(OH)(COOH)-CH_2-COOH \longrightarrow (CH_3)_2CH-C(COOH)=CH-COOH \longrightarrow (CH_3)_2CH-CH(COOH)-CHOH-COOH$$

α-Isopropylmalat β-Isopropylmalat

Letztere Verbindung ist das Substrat einer oxydativen Decarboxylierung, die zur Bildung der α-Ketoisocapronsäure führt:

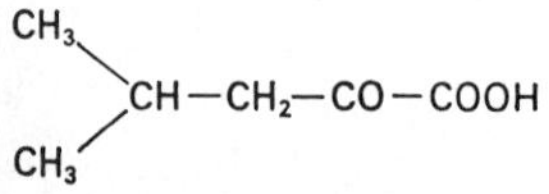

$$(CH_3)_2CH-CH_2-CO-COOH$$

α-Ketoisocapronsäure

Zum Schluß führt eine Transaminierung zum L-Leucin:

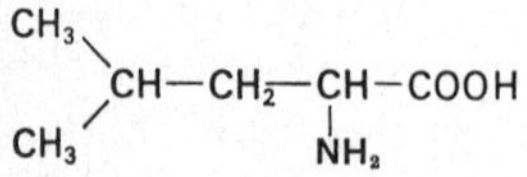

$$(CH_3)_2CH-CH_2-CH(NH_2)-COOH$$

L-Leucin

Wie wir in einem späteren Kapitel sehen werden, ist die α-Keto-β-methylbuttersäure gleichfalls die Vorstufe eines Vitamins, der Pantothensäure.

6. Regulation der Synthese von Valin, Leucin und Isoleucin

Wie bereits erläutert, wird die Threonin-Desaminase durch Isoleucin und die α-Aceto-α-hydroxysäure-Synthetase durch Valin retro-inhibiert. In beiden Fällen war der Ansatzpunkt der allosterischen Hemmung das erste spezifische Enzym der Synthese der betreffenden Aminosäure. Auch die Verzweigung, die zum Leucin führt, folgt dieser Regel: Die α-Isopropylmalat-Synthetase wird von L-Leucin allosterisch retro-inhibiert.

Die Regulationen durch Repression sind komplexer: Man muß sich in Erinnerung rufen, daß jeder der vier letzten Schritte der Biosynthese des Valins und Isoleucins von den gleichen Enzymen katalysiert wird.

Die Repression der Synthese dieser Enzyme bietet ein schwieriges Problem, da zwei essentielle Metaboliten von ihrer Wirkung abhängen. Außerdem hat die Ausgangsreaktion, die die Biosynthese des Leucins bewirkt, ein Zwischenprodukt der Valin-Synthese als Substrat.

Die Lösung des Problems: Valin, Leucin, Isoleucin und Pantothenat werden gemeinsam für die Repression der Enzyme des Biosyntheseweges, der zum Valin und zum Isoleucin führt, benötigt. Im Gegensatz dazu genügt Leucin allein, um die Synthese der Enzyme seines Biosyntheseweges zu reprimieren.

Tabelle 15 (nach FREUNDLICH, BURNS und UMBARGER) zeigt die begrenzenden Einflüsse jeder der Aminosäuren auf mehrere der beteiligten Enzyme im Chemostat.

Tabelle 15

Limitierende Aminosäure	Threonin-Desaminase	Dihydroxysäure-Dehydrase	α-Isopropylmalat-Synthetase
Keine	4	5,8	1,2
Isoleucin	74	30	3,6
Valin	77	37	2,4
Leucin	58	24	12

Die Ergebnisse sind in spezifischen Einheiten ausgedrückt, μ Mol gebildetes Produkt pro mg Protein pro Stunde.

Dieses Phänomen erhielt von den Autoren die Bezeichnung „multivalente Repression"; es bietet eine andere Lösung für das Problem der verzweigten Biosyntheseketten, als wir in den vorhergehenden Fällen angetroffen haben [158].

Das folgende Schema faßt die Reaktionen zusammen, die an der Biosynthese der Aminosäuren, die sich von der Phosphoglycerinsäure und von der Brenztraubensäure ableiten, beteiligt sind.

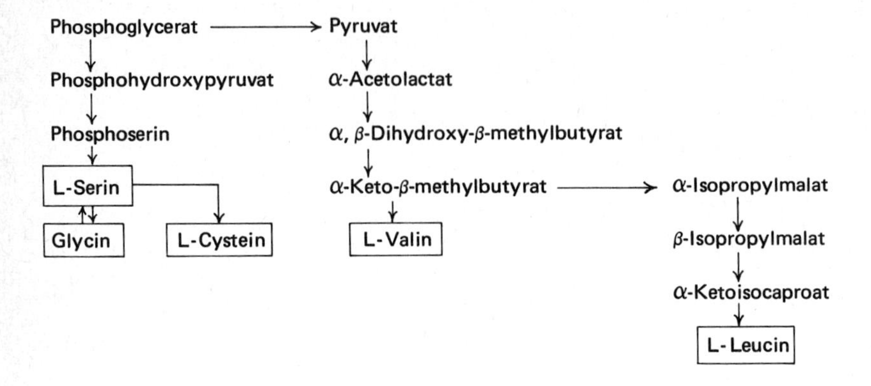

XIII. Die Biosynthese der aromatischen Aminosäuren und ihre Regulation

Die Glucose ist eine aliphatische Substanz. Folglich stellt die Synthese von Phenylalanin, Tyrosin und Tryptophan aus diesem Zucker dem Biochemiker das Problem der Biosynthese des aromatischen Kerns.

Die Lösung dieses Problems ergab sich vor etwa 15 Jahren durch die Isolierung von polyauxotrophen Mutanten, die zu ihrem Wachstum die Anwesenheit der drei aromatischen Aminosäuren und der p-Aminobenzoesäure (einer Vorstufe der Folsäure) im Kulturmedium benötigen.

Allein das Auftreten dieses multiplen Bedarfs als Folge einer einzigen Mutation genügt, den Verdacht aufkommen zu lassen, daß die Störung in der Unfähigkeit liegt, eine gemeinsame Vorstufe der vier essentiellen Metaboliten zu synthetisieren. Nachdem er erfolglos 55 zyklische mehr oder weniger hydrogenierte Derivate getestet hatte, entdeckte B. D. DAVIS, daß die Shikimisäure die vier Wachstumsfaktoren ersetzen konnte. Außerdem war das Wachstum proportional der zugeführten Menge an Shikimisäure.

Andere Bakterienmutanten, deren Störung einen späteren Schritt der aromatischen Biosynthese betrifft, reichern Shikimisäure in den Filtraten ihrer Kulturen an.

Daraus folgerte man: die Shikimisäure ist die gesuchte Vorstufe; ihre Identifizierung beruhte jedoch nur auf der chromatographischen Analyse und auf der Reaktion der Mutanten.

In der Folgezeit wurde die Verbindung mit den klassischen Methoden der organischen Chemie isoliert und charakterisiert. Die Shikimisäure war seit dem 19. Jahrhundert als seltener Bestandteil bestimmter Pflanzen bekannt.

Wie wird diese Verbindung bei *E. coli* gebildet?

1. Die Bildung der Shikimisäure [194, 195, 196, 197]

Erythrose-4-phosphat und Phosphoenolpyruvat, Verbindungen, die wir vom Glucosestoffwechsel her kennen, werden unter Einwirkung einer spezifischen Aldolase einer Kondensation unterworfen und bilden eine Verbindung mit 7 Kohlenstoffatomen, die 7-Phospho-3-desoxy-D-arabino-heptulosonsäure (PDAH):

$$
\begin{array}{lllll}
\mathrm{CHO} & & & & \mathrm{COOH} \\
| & & & & | \\
\mathrm{CHOH} & & \mathrm{COOH} & & \mathrm{C=O} \\
| & & | & & | \\
\mathrm{CHOH} & + & \mathrm{C{-}O{-}PO_3H_2} & \rightarrow & \mathrm{CH_2} \\
| & & \| & & | \\
\mathrm{CH_2OPO_3H_2} & & \mathrm{CH_2} & & \mathrm{(CHOH)_3} \\
 & & & & | \\
\text{Erythrose-4-phosphat} & & & & \mathrm{CH_2OPO_3H_2} \\
 & & & & \text{PDAH}
\end{array}
$$

Ein oder mehrere Enzyme sind notwendig, dieses Zuckerderivat in die 5-Dehydrochinasäure umzuwandeln. Bei der Umlagerung müssen NAD^+ und Kobaltionen vorhanden sein. Der Bedarf an NAD^+ bleibt unerklärlich, weil die Reaktion keinen Elektronentransfer zu beinhalten scheint.

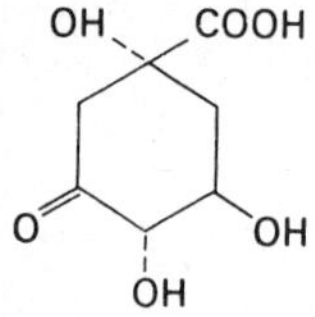

5-Dehydrochinasäure

Die Dehydrochinasäure ist zwar eine zyklische, jedoch keine aromatische Verbindung, da sie nicht das System der charakteristischen konjugierten Doppelbindungen besitzt. Das Enzym Dehydrochinase, dessen Bedarf an Cofaktoren man nicht kennt, katalysiert die Eliminierung eines Wassermoleküls unter Bildung der Dehydroshikimisäure, einer Verbindung, die einen Ansatz zur Aromatisierung zeigt:

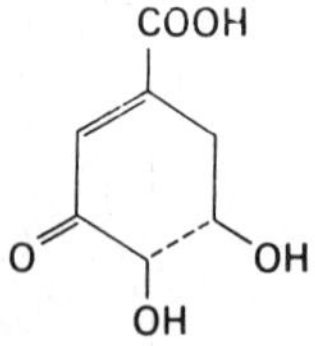

5-Dehydroshikimisäure

Die 5-Dehydroshikimat-Reduktase reduziert diese Verbindung mit Hilfe von NADPH zu dem Zwischenprodukt, das wir am Anfang dieses Kapitels angeführt haben, der Shikimisäure (3, 4, 5,-Trihydroxycyclohexen-1-carboxylsäure):

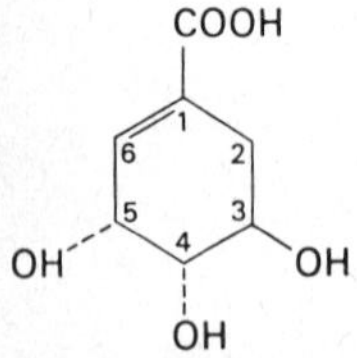

Shikimisäure

Die ersten Forscher auf dem Gebiet der aromatischen Synthese untersuchten die Verteilung der Radioaktivität im Tyrosin und Phenylalanin, die aus Organismen isoliert worden waren, die ihr Wachstum in Gegenwart von Glucose, Acetat oder Pyruvat vollzogen hatten. Diese Methoden erlaubten nicht, die beiden Bausteine des aromatischen Kerns zu unterscheiden. In einer Reihe von Arbeiten wurde daraufhin die Verteilung der Radioaktivität auf die verschiedenen Kohlenstoffatome der Shikimisäure untersucht, die von einer Mutante von *E. coli* akkumuliert wurde, nachdem diesem Organismus an spezifischen Positionen markierte Glucose als einzige Kohlenstoffquelle geboten worden war [198]. Die Resultate zeigen, daß die Carboxylgruppe und die Kohlenstoffatome 1 und 2 der Shikimisäure sich von einem Zwischenprodukt der Glykolyse mit drei C-Atomen und die übrigen vier sich von einer Tetrose ableiten.

Dies legte die Deutung nahe, daß vielleicht durch Kondensation eines C_3- und eines C_4-Derivats ein Zwischenprodukt mit 7 C-Atomen gebildet worden war. Wir haben gesehen, daß diese Voraussagen in allen Punkten durch die enzymatische Analyse bestätigt wurden.

Dieser Fall ist typisch für ein Ergebnis, das man erzielte, indem man das Problem von verschiedenen Seiten mit den konvergenten Methoden der Selektion biochemischer Mutanten, der Kennzeichnung durch Isotopen und der enzymologischen Methoden, in Angriff nahm.

2. Bildung von Chorismat [199, 200, 201]

Die Shikimisäure ist nicht die Verbindung, von der die vier Synthesen abzweigen, die zu den drei Aminosäuren und zur p-Aminobenzoesäure führen. Sie wird zunächst phosphoryliert:

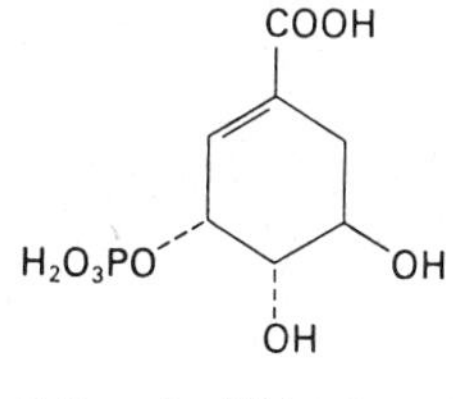

COOH

H_2O_3PO OH

OH

5-Phosphoshikimat

Das 5-Phosphoshikimat reagiert mit einem Molekül Phosphoenolypyruvat zum 3-Enolpyruvyl-5-phosphoshikimat:

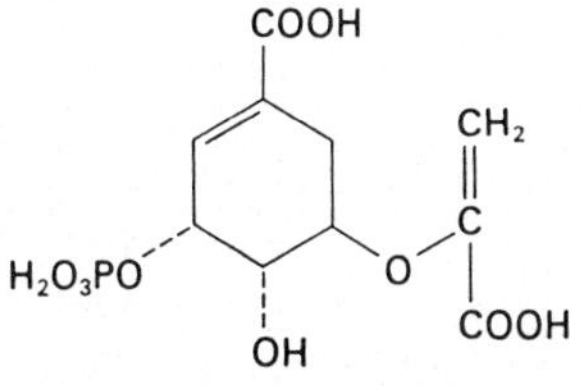

COOH

CH_2

C

H_2O_3PO O

COOH

OH

3-Enolpyruvyl-5-phosphoshikimat

Diese Verbindung verliert ihre Phosphatgruppe. Die so gewonnene Rumpfverbindung, die gemeinsame Vorstufe, von der sich alle Synthesen aromatischer Verbindungen ableiten, hat den Namen Chorismat erhalten (nach einem griechischen Wort, das Trennung bedeutet):

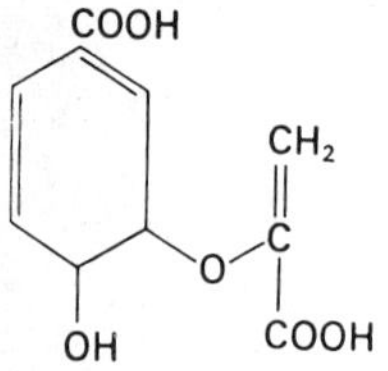

Chorismat

3. Biosynthese von Phenylalanin und Tyrosin aus Chorismat [204, 205]

Es ist sehr wahrscheinlich, daß die erste nachweisbare Vorstufe der Biosynthese dieser zwei Aminosäuren, die Prephensäure, durch folgende molekulare Umlagerung aus dem Chorismat entsteht [202, 203]:

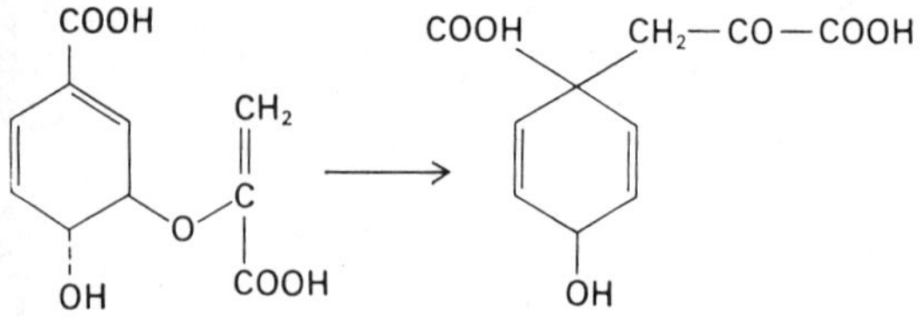

Chorismat → Prephensäure

Das Enzym, das diese Umlagerung katalysiert, heißt Chorismat-Mutase. Der Übergang vom Prephenat zum nächsten Zwischenprodukt, dem Phenylpyruvat, umfaßt eine Decarboxylierung und eine Dehydratisierung; diese Umlagerung geht mit einer Aromatisierung des Kerns einher. Das Enzym, das diese Reaktion katalysiert, heißt Prephenat-Dehydratase:

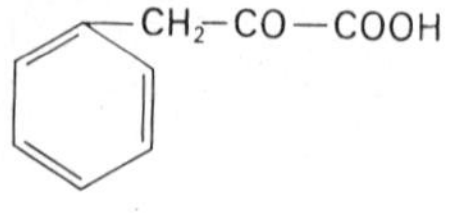

Phenylbrenztraubensäure

Schließlich führt eine Transaminierung von dieser α-Ketosäure zum Phenylalanin:

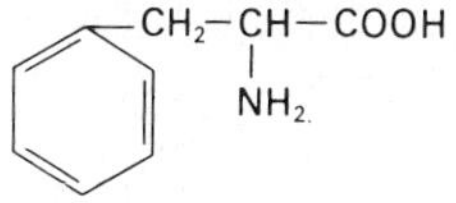

$C_6H_5-CH_2-CH(NH_2)-COOH$

L-Phenylalanin

Die Prephensäure ist eine gemeinsame Vorstufe von Phenylalanin und Tyrosin. Die Prephenat-Dehydrogenase (die man nicht mit der Prephenat-Dehydratase verwechseln darf) katalysiert die oxydative Decarboxylierung der Prephensäure; diese Reaktion benötigt NAD^+ als Elektronenakzeptor; es entsteht die dem Tyrosin entsprechende α-Ketosäure:

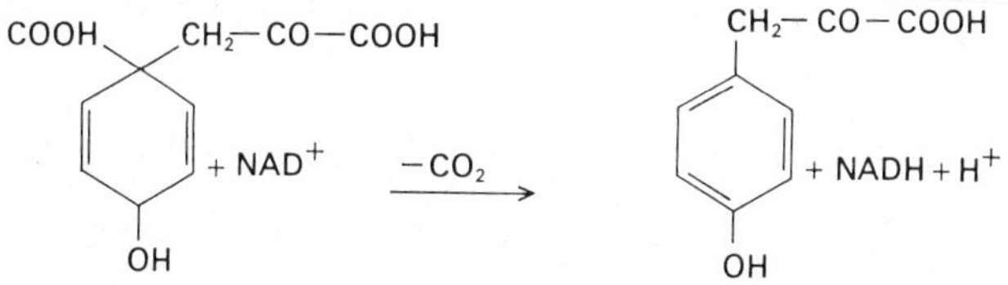

$$\text{Prephensäure} + NAD^+ \xrightarrow{-CO_2} \text{p-Hydroxyphenyl-BTS} + NADH + H^+$$

Prephensäure: COOH, $CH_2-CO-COOH$, OH — p-Hydroxyphenyl-BTS: $CH_2-CO-COOH$, OH

Eine Transaminierung führt von der p-Hydroxyphenyl-brenztraubensäure zum L-Tyrosin:

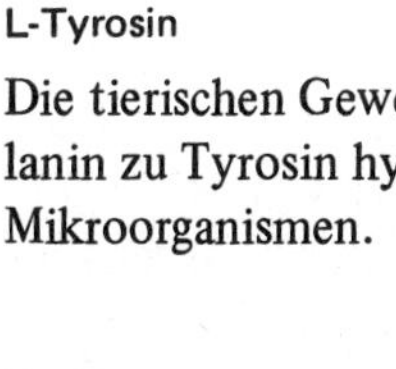

$HO-C_6H_4-CH_2-CH(NH_2)-COOH$

L-Tyrosin

Die tierischen Gewebe besitzen eine Phenylalanin-Hydroxylase, die direkt Phenylalanin zu Tyrosin hydroxylieren kann. Dieses Enzym fehlt bei der Mehrzahl der Mikroorganismen.

4. Tryptophan-Biosynthese [206, 207, 208]

Ältere Untersuchungen hatten bereits gezeigt, daß bestimmte Mikroorganismen, die Tryptophan für ihr Wachstum benötigen, gleichfalls wachsen können, wenn man zum Kulturmilieu Indol oder Anthranilsäure an Stelle von Tryptophan zugibt. Einige Reaktionen, die an der Tryptophan-Biosynthese mitwirken, sind jetzt im Detail bekannt.

In einer Reaktion, deren Mechanismus noch ungenügend geklärt ist, reagiert Chorismat mit Glutamin; diese Reaktion, die von der Anthranilat-Synthetase katalysiert wird, liefert die Anthranilsäure (o-Aminobenzoesäure):

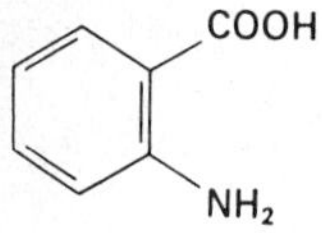

Anthranilsäure

Die Anthranilat-Phosphoribosyltransferase katalysiert die Reaktion zwischen der Anthranilsäure und dem 5-Phosphoribosyl-1-pyrophosphat zum Ribotid der Anthranilsäure. Die Phosphoribosylanthranilat-Isomerase lagert dann das Ribotid zum Desoxyribulotid um:

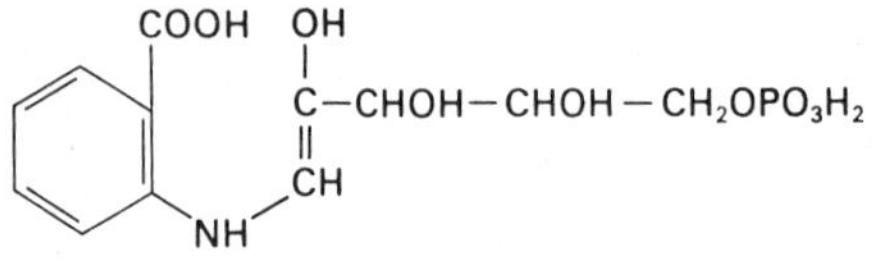

Anthranilat-desoxyribulotid

Die Indolglycerophosphat-Synthetase katalysiert eine Decarboxylierung und den Ringschluß zum Indolglycerophosphat:

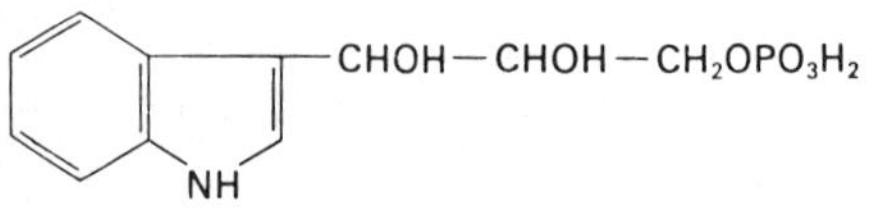

Indolglycerophosphat

Der letzte Schritt der Tryptophan-Biosynthese wird von der Tryptophan-Synthetase katalysiert, einem Enzym, das vom Gesichtspunkt seiner Primärstruktur aus eingehend erforscht ist.

Das aus *E. coli* gewonnene Enzym wurde als Objekt für die Untersuchungen der Colinearität zwischen den Nucleotidsequenzen der Desoxyribonucleinsäure und der von ihr abgelesenen Aminosäuresequenz gewählt. Auch für die Untersuchungen über die Mutagenese und den genetischen Code war es ein Objekt von unschätzbarem Wert.

Außer diesen Ergebnissen, die bereits rechtfertigen, daß man sich etwas eingehender mit seinen Eigenschaften beschäftigt, zeigt es Charakteristika, die eine detaillierte Behandlung verdienen.

4.1. Die Tryptophan-Synthetase [209, 210]

Sowohl die Tryptophan-Synthetase aus *E. coli* wie die aus *Neurospora crassa* katalysieren folgende drei Reaktionen:

a) Die Kondensation von Indolglycerophosphat (IGP) und Serin in Gegenwart von Pyridoxalphosphat; die Reaktion umfaßt die Bildung von Tryptophan bei gleichzeitiger Eliminierung von Glycerinaldehydphosphat:

$$\text{IGP} + CH_2OH-\underset{\displaystyle NH_2}{\underset{|}{CH}}-COOH \longrightarrow$$

$$\longrightarrow CHO-CHOH-CH_2OPO_3H_2 + \text{(Indol-3-yl)}-CH_2-\underset{\displaystyle NH_2}{\underset{|}{CH}}-COOH$$

L-Tryptophan

b) Die Kondensation zwischen Indol und Serin in Gegenwart von Pyridoxalphosphat, die ebenfalls zu Tryptophan führt:

$$\text{Indol} + CH_2OH-\underset{\displaystyle NH_2}{\underset{|}{CH}}-COOH \longrightarrow \text{(Indol-3-yl)}-CH_2-\underset{\displaystyle NH_2}{\underset{|}{CH}}-COOH$$

Indol L-Serin L-Tryptophan

Diese Reaktion erklärt das Verhalten bestimmter Mikroorganismen und Mutanten, die Indol verwenden können, auch wenn diese Verbindung kein normales Zwischenprodukt ist.

c) Die Kondensation von Indol und Glycerinaldehydphosphat zum Indolglycerophosphat:

$$\text{Indol} + CHO-CHOH-CH_2OPO_3H_2 \rightleftarrows \text{(Indol-3-yl)}-CH_2-CHOH-CH_2OPO_3H_2$$

Indol Glycerinaldehydphosphat Indolglycerophosphat

Das Enzym von *E. coli* ist aus zwei Typen unterschiedlicher Polypeptidketten aufgebaut, die schon lange unter den Bezeichnungen Kette A und Kette B bekannt sind; jede von ihnen ist die Übersetzung eines bestimmten Cistrons. Man weiß inzwischen, daß das Protein A selbst aus zwei identischen, sogenannten α-Ketten und das Protein B aus zwei identischen mit β bezeichneten Ketten zusammengesetzt ist. Jede α-Kette besitzt ein Molekulargewicht von 29 500 und jede β-Kette eines von 49 500. Die vollständige Tryptophan-Synthetase hat folglich ein Molekulargewicht von (29 500 + 49 500) × 2 = 158 000. Man sagt, die Tryptophan-Synthetase besitzt die Struktur $\alpha^2 \beta^2$.

Trennt man die beiden Ketten A und B des Enzyms von *E. coli,* so kann keine die physiologische Reaktion a) katalysieren. Die Kette A kann jedoch noch die Reaktion c) durchführen und die Kette B die Reaktion b). Diese Reaktionen laufen jedoch mit relativen Geschwindigkeiten ab, die wesentlich unterhalb der beim intakten Enzym beobachteten liegen. Es scheint also, daß jede der zwei Ketten eine für Indol spezifische Bindungsstelle besitzt, im Fall der Kette A für die Reaktion c) und im Fall der Kette B für die Reaktion b).

Die Reassoziation der zwei Ketten hat eine Aktivierung dieser beiden Einzelreaktionen und die Bildung eines katalytischen Zentrums für die Reaktion a) zur Folge: Die aktiven Zentren der beiden Ketten sind sicherlich in ganz besonderer Weise auf dem Komplex (A + B) angeordnet, denn das Indolglycerophosphat wird zu Tryptophan umgesetzt, ohne daß das freie Indol als Zwischenprodukt an der Reaktion teilnimmt.

Die detaillierte biochemische Analyse des Enzyms von *Neurospora crassa* hat folgende Eigenschaften aufgezeigt: Vorkommen von zwei verschiedenen Zentren, die sich mit Indol verbinden und die spezifisch für die Reaktionen b) bzw. c) sind; gegenseitige Abhängigkeit der Reaktionen b) und c); keine Teilnahme des Indols als freies Zwischenprodukt der Tryptophan-Synthese.

Folglich sind die katalytisch aktiven Zentren der Enzyme, die aus den beiden Organismen extrahiert wurden, sehr ähnlich, weil sie in beiden Fällen aus zwei unterschiedlichen katalytischen Elementen aufgebaut zu sein scheinen, die zusammenwirken müssen, um die drei Reaktionen mit maximaler Geschwindigkeit katalysieren zu können.

Dieses Enzym hat außerdem ein ähnliches Molekulargewicht wie das von *E. coli* und scheint ebenfalls aus vier Polypeptidketten aufgebaut zu sein, von denen je zwei identisch sind. Die Strukturen der Untereinheiten und der Aufbau der Enzyme aus den beiden Organismen legen einen gemeinsamen Ursprung im Verlaufe der Evolution nahe.

Die Tryptophan-Synthetase der Blaualge *Anabaena variabilis* und der Grünalge *Chlorella ellipsoidea* sowie die von *B. subtilis* besitzen ebenfalls zwei unterschiedliche Bestandteile. Bei diesen Organismen scheint jedoch die Kette B für sich in der Lage zu sein, die Reaktion b) mit maximaler Geschwindigkeit zu katalysieren, während die Assoziierung der Ketten A und B immer für Reaktion a) und die maximale Aktivität der Reaktion c) nötig ist.

Aus diesen Ergebnissen leitet sich die wesentliche Folgerung ab, daß die Wechselwirkung nicht identischer Polypeptidketten beim Zustandekommen der Enzymaktivitäten der Zelle eine bedeutende Rolle spielen kann.

5. Die Regulation der Biosynthese der aromatischen Aminosäuren

Bestimmte Gesichtspunkte der Biosynthese-Regulation der aromatischen Aminosäuren bei *E. coli* gleichen stark dem, das wir bei einer anderen verzweigten Kette, der der vom Aspartat abgeleiteten Aminosäuren, gesehen haben. Die erste Aktivität der Kette, die Kondensation zwischen Erythrose-4-phosphat und Phosphoenolpyruvat, wird durch drei unterschiedliche PDAH-Aldolasen katalysiert [211, 212]. Die erste wird durch Phenylalanin retro-inhibiert; ihre Synthese wird durch die Anwesenheit dieser Aminosäure im Kulturmedium reprimiert. Die Synthese der zweiten wird durch Tyrosin, einen allosterischen Inhibitor seiner Aktivität, reprimiert; das dritte schließlich wird durch keinen der essentiellen Metaboliten der Kette retro-inhibiert, jedoch reprimiert Tryptophan seine Aktivität. Diese letzte Aldolase kommt bei *E. coli* nur in sehr geringer Konzentration vor. Die Situation ist der der drei Aspartokinasen absolut parallel. Beim selben Organismus entdeckt man weiter unten in der Kette einen neuen Fall isofunktioneller Enzyme: Die zwei Chorismat-Mutasen, von denen eine durch Phenylalanin, die andere durch Tyrosin gehemmt wird [205]. Die Situation ist der der zwei Homoserin-Dehydrogenasen bei *E. coli* parallel, soweit die repressive Regulation der Chorismat-Mutasen untersucht wurde. Die Parallelität zwischen den beiden Systemen wird deutlicher, wenn man erfährt, daß die Phenylalanin-empfindliche Chorismat-Mutase und die Prephenat-Dehydratase einen Teil desselben Proteinkomplexes bilden.

Derselbe Fall liegt bei der gegenüber Tyrosin sensiblen Chorismat-Mutase und der Prephenat-Dehydrogenase vor. Bei *Bac. subtilis* findet man nur eine PDAH-Aldelase; eine wirksame Hemmung durch irgendeines der Endprodukte wäre für den Organismus schädlich. In einem analogen Fall verwendete *Rhodopseudomonas capsulatus* die konzertierte allosterische Retro-Inhibition, *Rhodospirillum rubrum* die spezifische Reversion der Hemmung durch einen essentiellen Metaboliten mit Hilfe eines weiteren essentiellen Metaboliten.

Hier ergab sich eine andere Lösung [213]:

Der Retro-Inhibitor ist nicht ein Endprodukt, sondern ein Produkt, dessen Position in der Kette vor den Verzweigungen liegt, die zu den Endprodukten führen. In diesem Fall bilden Chorismat und Prephensäure die allosterischen Retro-Inhibitoren der PDAH-Aldolase. Dieses Enzym wurde weitgehend gereinigt. Es zeigt keine Wechselwirkung zwischen Substratmolekülen; die Chorismatmoleküle bewirken jedoch eine kooperative Hemmung; die Hemmung ist absolut nicht kompetitiv. Dieses Enzym gehört also zur Klasse der allosterischen Enzyme vom Typ V (nach der Definition in Kapitel II).

5.1. Die Proteinkomplexe der Enzyme, die die Synthese von Tryptophan aus Chorismat durchführen

Bei Neurospora crassa stehen die vier enzymatischen Schritte der Synthese des Indolglycerophosphats aus Chorismat nur unter dem Einfluß von drei genetischen Loci.

Die Phosphoribosylanthranilat-Isomerase und die Indolglycerophosphat-Synthetase scheinen ein und dasselbe Enzym zu sein, weil Punktmutationen auf einem einzigen Locus beide Aktivitäten zerstören.

Andere Punktmutationen am gleichen Locus oder an einem anderen nicht gekoppelten Locus bewirken den Verlust der Aktivität Anthranilat-Synthetase.

Man erklärt den Befund dadurch, daß ein Molekülkomplex zwischen den Produkten der zwei Loci die drei Reaktionen katalysiert. Dieser Komplex wurde teilweise gereinigt [214]; die Standardmethoden der Fraktionierung erlaubten nicht, ihn in aktive Untereinheiten aufzutrennen.

Wir haben bereits derartige Komplexe angetroffen im Verlauf der Untersuchung der komplexen Proteine, die die Aktivitäten Aspartokinase und Homoserin-Dehydrogenase I und II bei *E. coli* katalysieren, und bei der Untersuchung der Aktivitäten Chorismat-Mutase, die an die Prephenat-Dehydrogenase bzw. an die Prephenat-Dehydratase desselben Organismus gekoppelt sind.

Erinnert sei auch an die Fälle der Pyruvat- und α-Ketoglutarat-Oxydasen von *E. coli* und an den Komplex, der die Synthese der Fettsäuren mit langer Kette bei *Saccharomyces cerevisiae* katalysiert.

Bei der Hefe beobachtet man ein andersgeartetes Aggregat. Die Synthese der Anthranilat-Synthetase und der Indolglycerophosphat-Synthetase steht unter dem Einfluß eines einzigen genetischen Locus, die Phosphoribosylanthranilat-Isomerase ist jedoch ein völlig getrenntes Enzym.

Bei *E. coli* schließlich trägt ein einziges Molekülaggregat die Aktivitäten Anthranilat-Synthetase und Anthranilat-Phosphoribosyltransferase [215].

In diesem besonderen Fall, in dem die Bestandteile des Aggregats physiologisch aufeinanderfolgende Aktivitäten katalysieren, kann man sich vorstellen, daß das Anthranilat niemals eine freie Zwischenstufe der Tryptophan-Synthese in vivo ist. Dieses Argument gilt für alle Fälle, in denen die Proteine, die ein molekulares Aggregat bilden, aufeinanderfolgende Reaktionen derselben Kette katalysieren; es läßt sich aber schwer aufrechterhalten, wenn die katalysierten Reaktionen z.B. die erste und die dritte einer Reaktionsfolge sind, wie im Fall der Aspartokinase und der Homoserin-Dehydrogenase oder im Fall des Aggregats bei *Neurospora,* das in diesem Abschnitt untersucht wurde. Folgendes Schema resumiert die Schritte, die man bei der Biosynthese der aromatischen Aminosäuren fand:

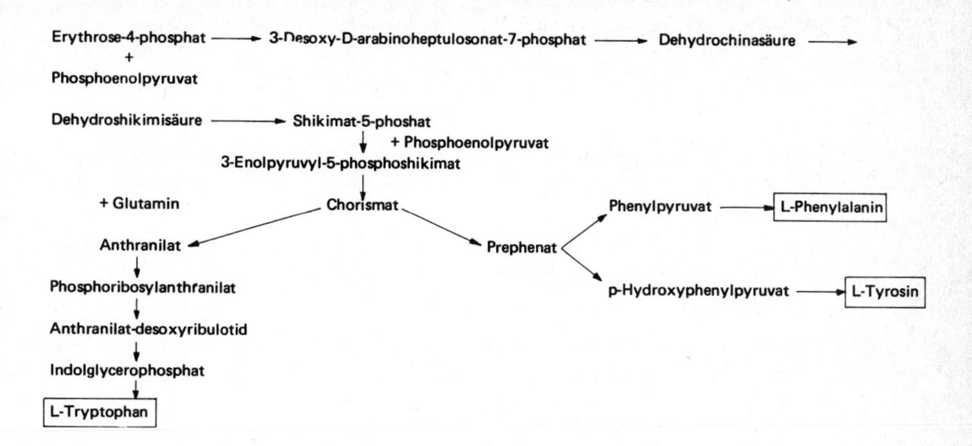

Das folgende Schema zeigt den gegenwärtigen Stand unserer Kenntnisse über die feed-back-Hemmung der Biosynthese dieser Aminosäuren bei *E. coli:*

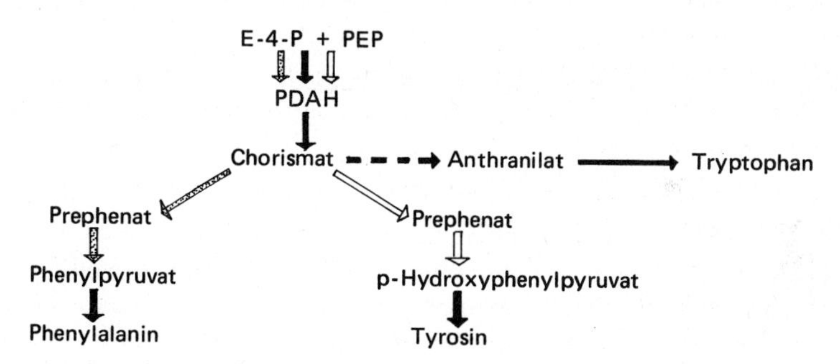

Die grau gezeichneten Reaktionen werden durch Phenylalanin gehemmt; die weiß gezeichneten durch Tyrosin und die gestrichelt dargestellte Reaktion durch Tryptophan.

Bei *Bac. subtilis* existiert im Gegensatz dazu nur eine einzige PDAH-Aldolase, die durch Chorismat und Prephenat gehemmt wird:

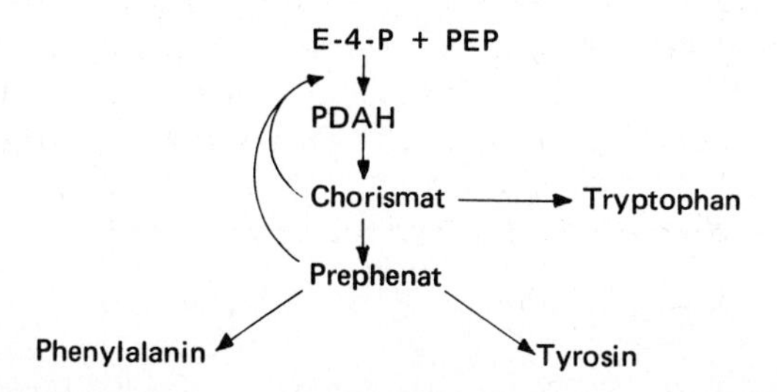

XIV. Die Histidin-Biosynthese und ihre Regulation

Das Enzym, das abgekürzt PR-ATP-Pyrophosphorylase heißt, katalysiert die Reaktion zwischen ATP und 5-Phosphoribosyl-1-pyrophosphat (PRPP) zum N-1-(5'-Phosphoribosyl)-ATP [216]:

```
                                        O—P—P
                                        |
N=C—NH2                                 HC———————┐
|  |                                    |        |
CH C—N                                  (CHOH)2  O
‖  ‖   ⟩CH                              |        |
N—C—N—ribose-5'-P-P-P        +          CH———————┘
                                        |
                                        CH2OPO3H2

      ATP                  |                 PRPP
                           ↓   —PP

                      +
                      N=C—NH2
                      |  |
HC———————┐            CH C—N
|        |            ‖  ‖   ⟩CH
(CHOH)2  O            N—C—N—ribose-5'-P-P-P
|        |
CH———————┘
|
CH2OPO3H2             N-1-(5'-Phosphoribosyl)-ATP
```

Die zweite Zwischenstufe der Biosynthesekette des Histidins wurde kürzlich identifiziert: Es handelt sich um N-1-(5'-Phosphoribosyl)-AMP, das aus der vorhergehenden Verbindung durch PR-ATP-Pyrophosphohydrolase, die einen Pyrophosphatrest entfernt, gebildet wird.

Ein anderes Enzym, die PR-AMP-1,6-Cyclohydrolase, lagert diese Verbindung zu Phosphoribosylformimino-aminomidazolcarboxamidribotid um:

```
                          O
                          ‖
                      NH  C—NH2
                      |   |
HC———————┐            CH  C—N
|        |            ‖   ‖   ⟩CH
(CHOH)2  O            N—C—N—ribose-5'-P
|        |
HC———————┘
|
CH2OPO3H2
```

N-1-(5'-Phosphoribosyl)-5-formimino-4-carboxamido-1-(5'-phosphoribosid)

Eine Isomerase lagert diese Verbindung zum entsprechenden Ribulosid um:

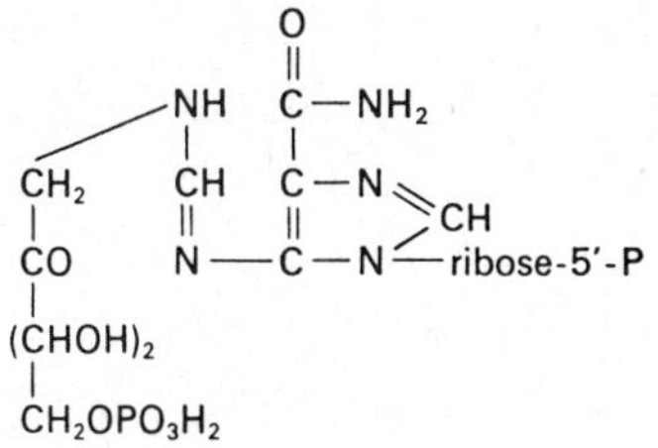

N-1-(5′-Phosphoribulosyl)-5-formimino-4-carboxamido-1-(5′-phosphoribosid)

Glutamin dient als Donator der Aminogruppe für die folgende Reaktion, die zur Bildung von Imidazolglycerophosphat führt [217]:

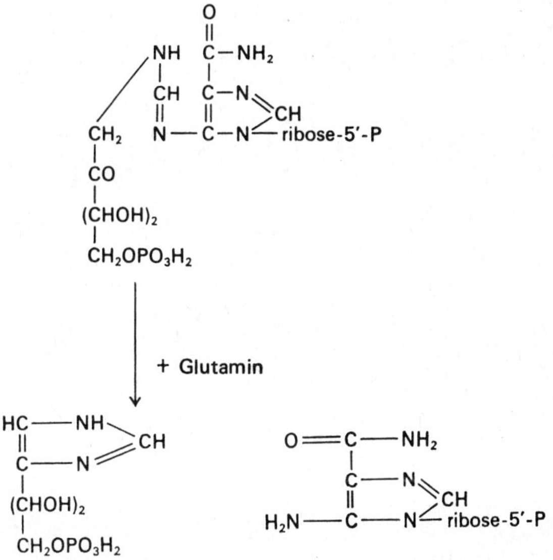

+ Glutamin

Imidazolglycerophosphat

5-Amino-4-carboxamidoimidazol-1-(5′-phosphoribotid)

Das andere Reaktionsprodukt, das 5-Amino-4-carboxamidoimidazolribotid, ist selbst auch eine Vorstufe des ATP. Der Purinkern des ATP spielt somit in der Biosynthese des Histidins eine zyklische Rolle.

Eine spezifische Dehydrase spaltet ein Wassermolekül vom Imidazolglycerophosphat-Molekül ab und lagert es zu Imidazolacetolphosphat [218] um:

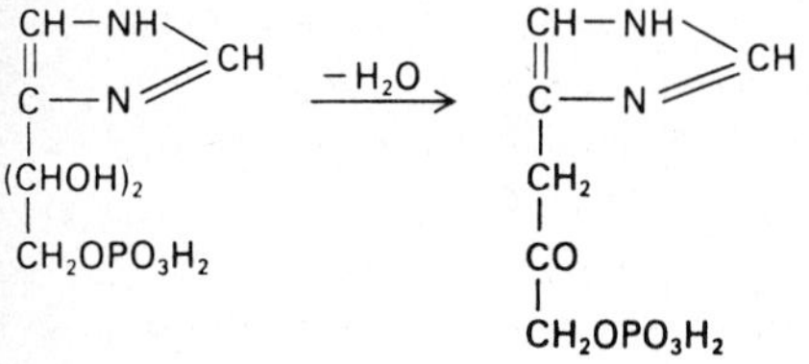

```
CH—NH\                         CH—NH\
||     CH       -H2O           ||     CH
C—N//         ———————>         C—N//
|                              |
(CHOH)2                        CH2
|                              |
CH2OPO3H2                      CO
                               |
                               CH2OPO3H2
```

Imidazolacetolphosphat

Eine Transaminase [219] lagert dieses letztere zu Histidinphosphat um, das von einer spezifischen Phosphatase zu Histidinol dephosphoryliert wird [220]. Letzteres wird nun unter Wirkung der Histidinol-Dehydrogenase zu Histidin oxydiert. Bei dieser Reaktion tritt wahrscheinlich Histidinal als Zwischenprodukt auf, wenn man es auch noch niemals nachweisen konnte [221]:

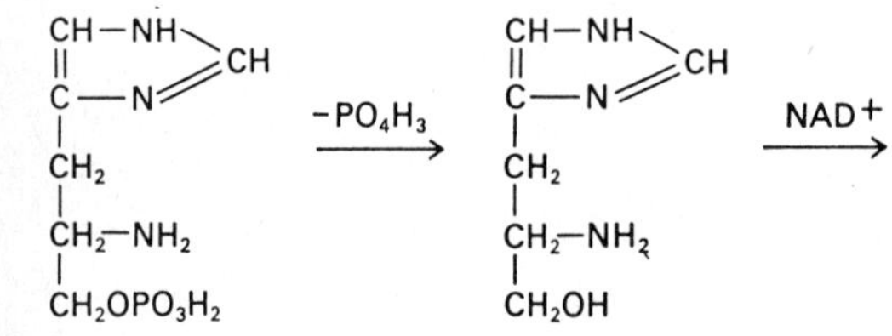

```
CH—NH\                          CH—NH\
||     CH                       ||     CH
C—N//          -PO4H3           C—N//           NAD+
|             ————————>         |             ————————>
CH2                             CH2
|                               |
CH2—NH2                         CH2—NH2
|                               |
CH2OPO3H2                       CH2OH
```

Histidinolphosphat Histidinol

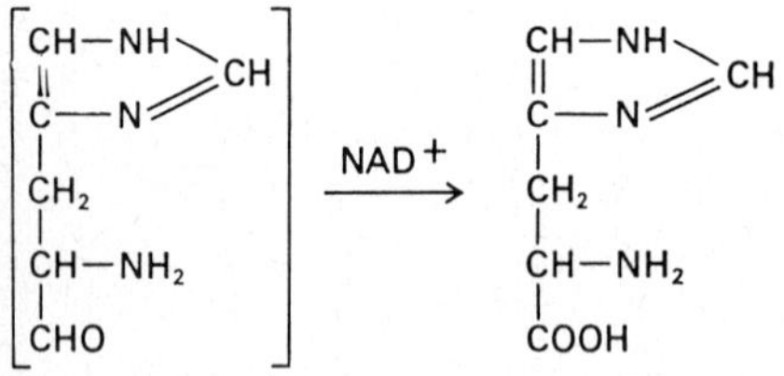

```
⎡CH—NH\     ⎤                   CH—NH\
⎢||     CH  ⎥                   ||     CH
⎢C—N//      ⎥                   C—N//
⎢|          ⎥     NAD+          |
⎢CH2        ⎥  ————————>        CH2
⎢|          ⎥                   |
⎢CH—NH2     ⎥                   CH—NH2
⎢|          ⎥                   |
⎣CHO        ⎦                   COOH
```

Histidinal L-Histidin

Die Histidinol-Dehydrogenase von *Salmonella typhimurium* wurde gereinigt: Ein kristallisiertes Präparat katalysiert die Oxydation des Histidinols und des Histidinals [221a]. Trotz der Existenz von zwei komplementären Regionen auf dem Gen, das dieses Protein codiert, scheint es aus zwei sehr ähnlichen oder identischen Untereinheiten aufgebaut zu sein [221b].

Das Enzym liegt wahrscheinlich als funktionelle Einheit vor, die die zwei Etappen der Oxydation katalysiert, ohne das Histidinal jemals als freies Zwischenprodukt gebildet würde [222].

Bei den Enterobacteriaceen (*E. coli* und *S. typhimurium*) liegen die Gene, unter deren Einfluß die Synthese der verschiedenen Enzyme der Biosynthesekette des Histidins steht, auf den Bakterienchromosomen nebeneinander und bilden eine koordinierte Regulationseinheit (Operon). Mit anderen Worten, die Synthese aller dieser Enzyme ist gleichzeitig einer koordinierten repressiven Regulation unterworfen [223]. Die Biosynthesereaktionen des Histidins bei *Neurospora crassa* und *Saccharomyces cerevisiae* sind mit denen identisch, die wir bei den Enterobacteriaceen antreffen. Die Gene, die verschiedenen Enzymaktivitäten entsprechen, sind jedoch nicht zusammen gruppiert, sondern auf verschiedene Loci der einzelnen Chromosomen verteilt. Während bei *S. typhimurium* die Imidazolglycerophosphat-Dehydrogenase und die Histidinolphosphat-Phosphatase unter dem Einfluß desselben Gens stehen, sind es unterschiedliche Gene, die die Synthese dieser zwei Enzyme bei *Neurospora* und bei der Hefe kontrollieren. Es ist nicht ausgeschlossen, daß die beiden unter dem Einfluß desselben Gens stehenden Aktivitäten von *Salmonella* und bestimmte Enzymaktivitäten von *Neurospora* auf multifunktionellen Proteinaggregaten gelagert sind, wie wir sie bereits kennengelernt haben.

1. Die allosterische Hemmung der PR-ATP-Pyrophosphorylase durch Histidin [224]

Dieses Enzym wurde gereinigt und in einer spezifischen Aktivität erhalten, die 600 mal höher liegt als die der Rohextrakte aus dem Wildtyp von *S. typhimurium.* Histidin wirkt als nicht kompetitiver Hemmstoff gegenüber den beiden Substraten ATP und PRPP. Zwischen den Substratmolekülen entdeckte man keine kooperative Wechselwirkung. Leider wurden derartige Wechselbeziehungen nicht für den Fall des Histidins untersucht. Die Desensibilisierung gegenüber Histidin kann spontan durch Altern des Enzyms in der Kälte oder durch Wirkung von Quecksilberagenzien ohne merklichen Verlust der katalytischen Aktivität erreicht werden. Es ist klar, daß sich in diesem Fall wiederum das Zentrum für die Regulation vom katalytisch wirksamen unterscheidet.

Die Tatsache, daß das Histidin eine Konformationsänderung des Enzyms induziert, wird durch die Beschleunigung, die das Histidin im Verlauf der tryptischen Hydrolyse des Enzyms bewirkt, nachgewiesen. Diese Konformationsänderung steht jedoch nicht notwendigerweise mit der allosterischen Hemmung im Zusammenhang, weil Histidin die gleiche Beschleunigung der Verdauung durch Trypsin beim nativen wie beim desensibilisierten Enzym hervorruft. ATP und PRPP bieten im Gegensatz dazu einen Schutz vor der Hydrolyse. Unabhängig davon durchgeführte Messungen haben gezeigt, daß das native und das desensibilisierte Enzym sich mit gleicher Wirksamkeit mit Histidin verbinden können; das läßt vermuten, daß die beobachtete Bindung an einem Zentrum mit Affinität zum Histidin erfolgt, das sich von dem an der allosterischen Hemmung beteiligten unterscheidet. Konzentrationen von Quecksilberagenzien, die weit höher als die desensibilisierenden liegen, führen zur irreversiblen Inaktivierung des Enzyms, begleitet von einer Veränderung der Sedimentationskonstante, was auf eine Dissoziation in Untereinheiten hinweist. Da diese Veränderung nicht bei den niedrigeren Konzentrationen von Quecksilberagenzien, die zur Desensibilisierung führen, beobachtet wird, scheint es unwahrscheinlich, daß Umlagerungen von Monomeren in Polymere am Mechanismus der Regulationswirkung des Histidins beteiligt sind.

XV. Die Biosynthese der Pyrimidinnucleotide und -desoxynucleotide und ihre Regulation

1. Synthese des Carbamylphosphats [225, 226, 227]

Bei den Bakterien vollzieht sich die Synthese dieser Verbindung, der erste Schritt der Pyrimidin-Synthese, aus Ammoniak oder einem Ammoniakdonator, aus CO_2 und ATP:

$$NH_3 + CO_2 + ATP \rightarrow \underset{\text{Carbamylphosphat}}{H_2N{-}COO{-}PO_3H_2} + ADP$$

Bei vielen Arten ist Glutamin der wirkliche Ammoniakdonator. Das Enzym, das diese Reaktion katalysiert, wurde Carbamat-Kinase (oder Carbamyl-Phosphomutase) genannt, weil man glaubt, daß das Carbamat als Zwischenprodukt gebildet wird. Es unterscheidet sich von einem anderen Enzym, der Carbamylphosphat-Synthetase, das in der Leber der Urodelen gefunden wurde und folgende Reaktion katalysiert:

$$NH_3 + CO_2 + 2ATP \rightarrow H_2N{-}COO{-}PO_3H_2 + 2ADP + P_i$$

Dieses Enzym benötigt N-Acetylglutamat als Cofaktor. Letzteres nimmt an der Reaktion nicht teil, scheint aber einen Einfluß auf die Konformation des Enzyms auszuüben. Wir haben im Kapitel XI gesehen, daß das Carbamylphosphat gleichfalls eine Vorstufe des Arginins ist. Dies wirft das Problem der getrennten Regulation der zwei Biosynthesen auf. Die erste Reaktion, die wirklich spezifisch für die Pyrimidin-Synthese ist, ist die Carbamylierung des Aspartats.

2. Die Synthese von Cytidintriphosphat und Uridintriphosphat [228, 229, 230, 231, 232, 30]

Die Aspartat-Transcarbamylase (ACT-ase) ist ein Enzym, das die Kondensation zwischen einem Molekül Aspartat und einem Molekül Carbamylphosphat durchführen kann. Diese Reaktion gleicht formal der der Ornithin-Transcarbamylase (OTC-ase), von der im Kapitel XI die Rede war:

$$H_2N{-}COO{-}PO_3H_2 + COOH{-}CH_2{-}\underset{\displaystyle NH_2}{\underset{|}{CH}}{-}COOH \longrightarrow \begin{matrix} & & COOH \\ & & | \\ NH_2 & & CH_2 \\ | & & | \\ CO & & CH{-}COOH \\ & \diagdown NH \diagup & \end{matrix} + PO_4H_3$$

Carbamylaspartat
(oder Ureidosuccinat

Die Dihydroorotase, eine Dehydrase, katalysiert den Schluß des Pyrimidinringes:

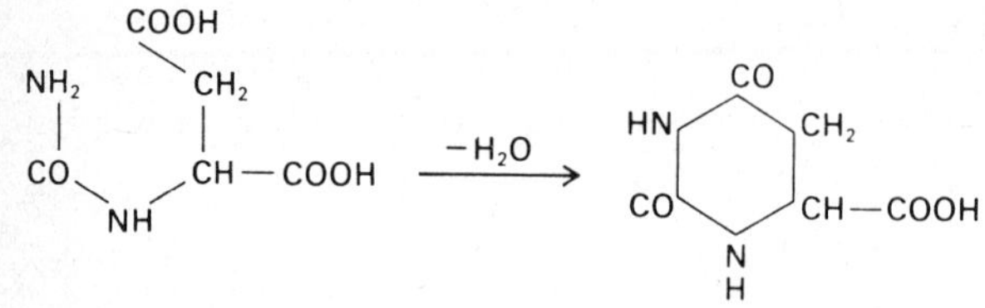

$$\xrightarrow{-H_2O}$$

Carbamylaspartat　　　Dihydroorotat

Die Dihydroorotat-Dehydrogenase katalysiert die Bildung der Orotsäure, der Wasserstoffüberträger ist in diesem Fall nicht NAD^+ oder $NADP^+$, sondern Flavin-adenin-dinucleotid (FAD):

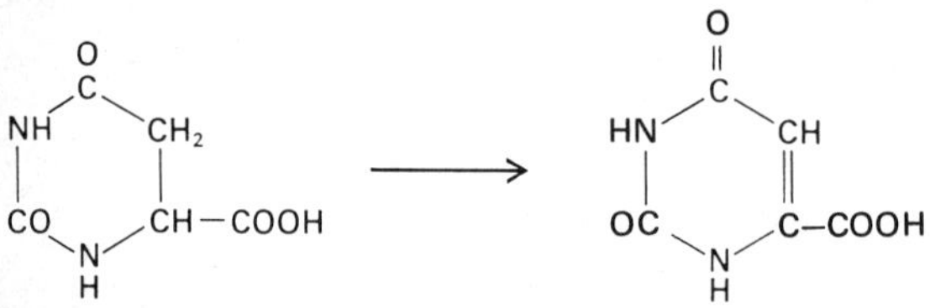

$$\longrightarrow$$

Dihydroorotat　　　Orotat (oder Uracil-4-Carboxylat)

Der normale Biosyntheseweg beschreitet nicht die direkte Decarboxylierung des Orotats zum Uracil, sondern eine Reaktion des Orotats mit 5-Phosphoribosyl-1-pyrophosphat (PRPP), zu Orotidin-5′-phosphat, das dann eine spezifische Decarboxylase zum Uridin-5′-phosphat (UMP) umlagert:

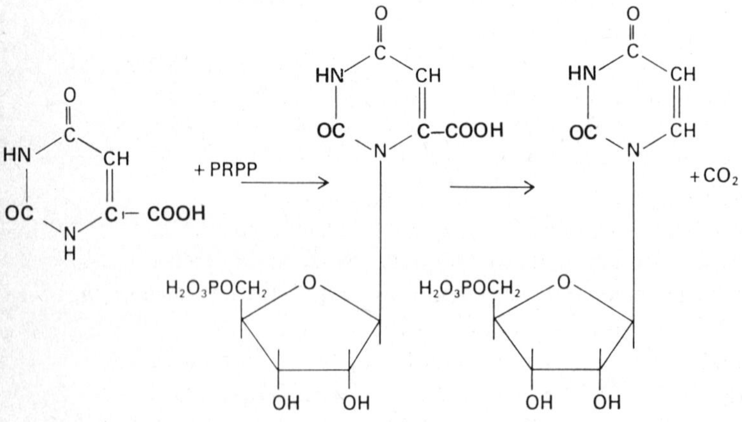

$$\xrightarrow{+PRPP} \quad \longrightarrow \quad +CO_2$$

Orotat　　　Orotidin-5′-phosphat　　　Uridin-5′-phosphat (UMP)

Spezifische Kinasen lagern das Nucleosidmonophosphat (UMP) in Nucleosiddiphosphat (UDP) und Nucleosidtriphosphat (UTP) um. Diese Kinasen [233, 234] verwenden ATP als Donator der Phosphatgruppe. UDP und UTP werden direkt zur Synthese der Ribonucleinsäure (RNA) und bestimmter Coenzyme gewonnen. Das zweite Pyrimidinnucleotid, das Cytidintriphosphat, entsteht unter Einwirkung der UTP-Aminase aus UTP [235]:

$$UTP + NH_3 + ATP \rightarrow CTP + ADP + PO_4H_3$$

Bei den Mikroorganismen kann exogenes Uracil unter Einwirkung mehrerer Enzyme direkt zur UTP-Synthese verwendet werden. Das erste, die Uridinphosphorylase, katalysiert folgende reversible Reaktion:

$$\text{Uracil} + \text{Ribose-1-phosphat} \rightleftarrows \text{Uridin} + \text{Pi}$$

Diese Reaktion scheint für die Zellen der Säugetiere wenig Bedeutung zu besitzen; letztere sind jedoch unter Bedingungen des schnellen Wachstums in der Lage, folgende Umlagerungen mit beträchtlicher Geschwindigkeit zu vollziehen:

$$\text{Uridin} \xrightarrow{ATP} \text{UMP} \xrightarrow{ATP} \text{UDP} \xrightarrow{ATP} \text{UTP} \longrightarrow \text{CTP}$$

3. Die Synthese von Desoxycytidindiphosphat und Desoxycytidintriphosphat

In einer neueren Arbeit wurde gezeigt, daß bei *E. coli* die Synthese des Desoxycytidindiphosphats (dCDP) sich in einer direkten Reduktion des Cytidindiphosphats (CDP) vollzieht; der Riboseanteil des CDP-Moleküls wird dabei zur Desoxyribose reduziert.

Das System CDP-Reduktase, das sich aus mehr als einem Enzym zusammensetzt, benötigt ATP und Mg^{2+} [236, 237, 238].

Die ersten Beobachtungen ergaben, daß die Rohextrakte für diese Reduktion NADPH benötigten. Durch Reinigung dieses Systems gewann man ein Präparat, das die CDP-Reduktion in Gegenwart von NADPH nicht mehr katalysierte, sondern das nun für die Reaktion reduzierte Liponsäure benötigte.

Bestimmte Beobachtungen wiesen jedoch darauf hin, daß das Dihydrolipoat nicht der natürliche Wasserstoffdonator, sondern eine „Modellsubstanz" war und daß der eigentliche Wasserstoffdonator im Verlaufe der Reinigung eliminiert worden war. Wie sich inzwischen herausstellte, ist diese Substanz ein thermostabiles Protein von geringem Molekulargewicht, das Thioredoxin.

Das Thioredoxin kann aus *E. coli* in oxydierter Form, die wir Thioredoxin (S_2) nennen wollen, isoliert werden. Die Umwandlung in das reduzierte Thioredoxin $(SH)_2$ wird von einem Enzym, der Thioredoxin-Reduktase, mit Hilfe von NADPH katalysiert. Die Reduktase ist ein Flavoprotein, das das einzige Cystin des Thioredoxins zu zwei Cysteinen reduziert. In Gegenwart katalytischer Mengen von Thioredoxin-Reduktase und von Thioredoxin werden andere Substanzen, die Disulfidbrücken besitzen, reduziert (z.B. oxydiertes Lipoat und Glutathion und Insulin). Das System Thioredoxin-Thioredoxin-Reduktase hat also vielleicht weit umfangreichere Funktionen als die, die CDP-Reduktion zu gewährleisten.

Folgendes Schema faßt den Mechanismus der Reduktion des CDP in diesem komplexen System zusammen:

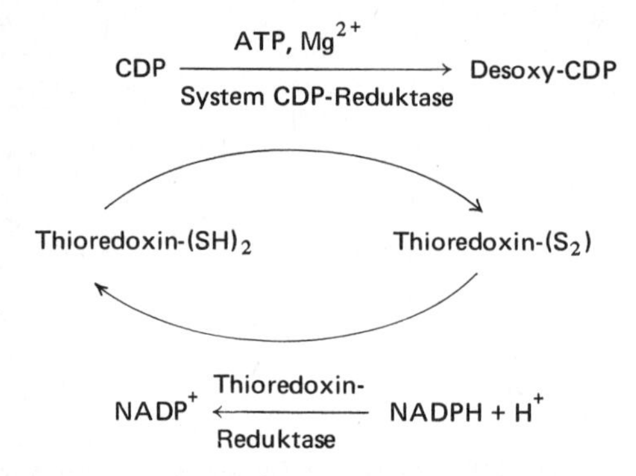

Das Schema zeigt deutlich, daß das Thioredoxin in Gegenwart der Thioredoxin-Reduktase, vorausgesetzt das NADPH im Überschuß vorliegt, eine katalytische Rolle spielt.

Das Molekulargewicht von Thioredoxin liegt bei 12 000. Dieses Protein liefert ein weiteres Beispiel für ein Protein mit kleinem Molekulargewicht, das lange Zeit unentdeckt blieb, weil eine andere natürliche „Modellsubstanz" vorher entdeckt worden war (in diesem Fall das Lipoat, im Fall des ACP das Coenzym A).

Man hat nachgewiesen, daß *Lactobacillus leichmanii* zur Reduktion der Ribonucleotide außer Thioredoxin Vitamin B_{12} als Coenzym benötigt. Eine Kinase phosphoryliert das dCDP zum dCTP, einem der Vorstufen der Desoxyribonucleinsäure.

4. Die Synthese des zweiten Pyrimidindesoxynucleotids. Desoxythymidintriphosphat

Ein Enzym, die Desoxycytidylat-Aminohydrolase, katalysiert die Desaminierung von Desoxycytidylat (dCMP) zu Desoxyuridylat (dUMP). Dieses Enzym wurde bei den Bakterien, in Seeigeleiern und in den Geweben warmblütiger Tiere gefunden [239]:

$$dCMP + H_2O \rightarrow dUMP + NH_3$$

Die Thymidylat-Synthetase katalysiert die Umwandlung von dUMP zu Desoxythymidinmonophosphat (dTMP). Cofaktor dieser Reaktion ist die 5, 10-Methylentetrahydrofolsäure, ein Mitglied einer Familie von Verbindungen, die man in allen Fällen antrifft, in denen ein Methyl- oder Hydroxymethylrest übertragen werden soll:

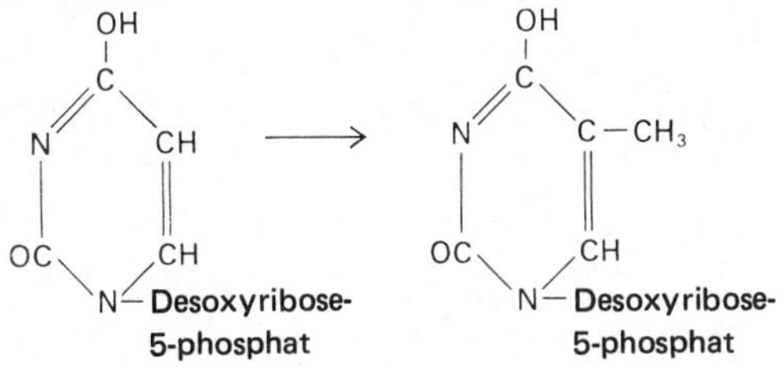

OH
C
N CH ⟶ N C−CH_3
OC CH OC CH
N−Desoxyribose-5-phosphat N−Desoxyribose-5-phosphat

Desoxyuridin-monophosphat (dUMP) Desoxythymidin-monophosphat (dTMP)

Spezifische Kinasen phosphorylieren dTMP zu Desoxythymidintriphosphat (dTTP).

Die beiden einzigen Pyrimidine, die man in der DNA findet, sind Cytosin und Thymin.

Uracil kommt in der DNA nicht vor, weil eine spezifische Kinase fehlt, die dUMP in dUTP umwandeln kann. Wird dUTP künstlich hergestellt und der DNA-Polymerase als Substrat angeboten, dann bekommt man eine künstliche DNA, die Uracil enthält.

Die Desoxythymidin-Kinase ist imstande, die direkte Phosphorylierung des Desoxyribosids zu dTMP zu katalysieren.

5. Die Regulation der Synthese der Pyrimidinribonucleotide und -desoxyribonucleotide

Außer den Regulationen vom repressiven Typ, die wir hier nicht im Detail behandeln wollen, vollzieht sich die Regulation der Aktivität der Enzyme, die an der Synthese der Pyrimidinvorstufen von RNA und DNA beteiligt sind, auf mindestens 6 verschiedenen Niveaus:

1. Die Carbamylierung des Aspartats durch Aspartat-Transcarbamylase;
2. die Umlagerung des Carbamylaspartats zu Dihydroorotat;
3. die Reduktion des CDP zu dCDP durch das System Desoxycytidin-Reduktase;
4. die Desaminierung des Desoxycytidylats durch die Desoxycytidylat-Aminohydrolase;
5. und 6. die direkten Phorphorylierungen von Uridin und Desoxythymidin durch die entsprechenden Kinasen.

Folgendes Schema faßt die in diesem Kapitel behandelten Synthesen zusammen und zeigt die Stellen der allosterischen Regulation, die man bei verschiedenen Organismen gefunden hat:

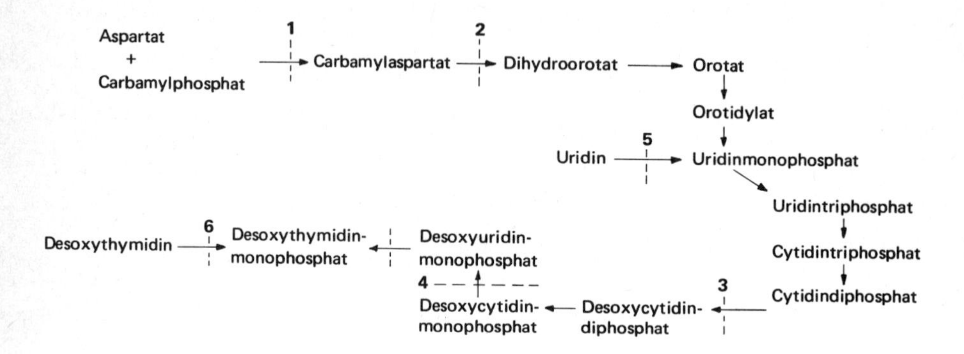

Wir werden jede der Reaktionen aus diesem etwas komplizierten Schema, an denen die allosterischen Effektoren angreifen, Schritt für Schritt untersuchen.

5.1. Die Aspartat-Transcarbamylase von *E. coli*

Dieses Enzym wurde aus einer Mutante von *E. coli*, die die Pyrimidine zu ihrem Wachstum benötigt, kristallisiert unter Bedingungen physiologischer Derepression, die die Gewinnung von Rohextrakten erlaubten, in denen dieses Protein mehr als 10 % der gesamten löslichen Proteine ausmachte. Es ist das bisher am meisten untersuchte allosterische Enzym. Diese Untersuchungen bilden die Grundlage des größten Teils der zur Zeit gültigen Vorstellungen über die Regulation des Stoffwechsels und ihren Mechanismus [240, 241, 242]. Die Sättigungskurve des Enzyms in Abhängigkeit von der Aspartatkonzentration ist sigmoid. Das zeigt, wie wir bei mehreren Gelegenheiten gesehen haben, daß mehr als ein Substratmolekül sich an jedes Enzymmolekül binden kann und daß die Bindung eines ersten Moleküls die des zweiten erleichtert. Cytidintriphosphat, das Endprodukt des Biosyntheseweges, der bei der Carbamylierung des Aspartats beginnt, ist ein spezifischer Inhibitor des Enzyms. Die Hemmung durch CTP ist kompetitiv gegenüber dem Aspartat und manifestiert sich durch eine Verschiebung des Punkts mit 50 % Aktivität in Richtung auf gesteigerte Aspartatkonzentrationen (Bild 38). Mit anderen Worten, die Affinität des Enzyms gegenüber Aspartat nimmt in Gegenwart von CTP ab, die Zusammenarbeit zwischen Substratmolekülen tritt jedoch immer noch zutage. Ein Einfluß auf den Wert von V_{max} ist nicht erkennbar. ATP, der Antagonist von CTP, wirkt dessen Inhibitorwirkung entgegen.

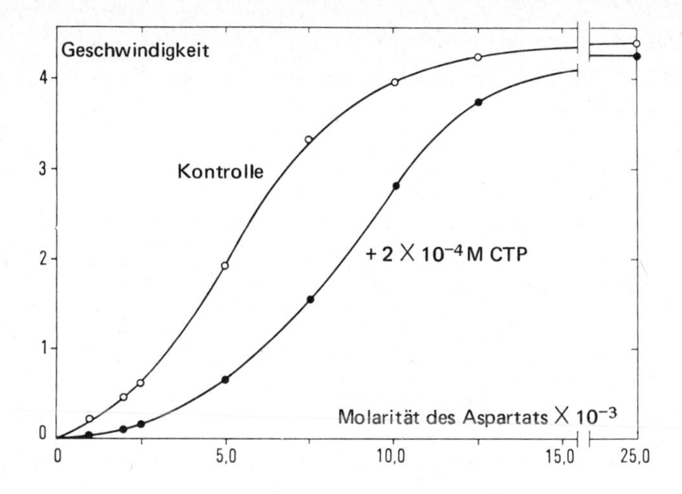

Bild 38
Verschiebung der sigmoiden Sättigungskurve der Aspartat-Transcarbamylase durch CTP. Im Experiment verwendet man eine feste Carbamylphosphat- und variable Aspartat-Konzentration.

ATP vermag zudem das nicht gehemmte Enzym bedeutend zu aktivieren. Diese Aktivierung geht einher mit einem Anwachsen der meßbaren Affinität des Enzyms gegenüber dem Aspartat und mit einer Normalisierung der Sättigungskurve gegenüber diesem Substrat, die durch das Gesetz von Michaelis-Henri beschrieben wird. Das läßt vermuten, daß das ATP eine Konformationsänderung induziert, die zum Verlust der kooperativen Wechselwirkungen zwischen den Substratmolekülen führt.

Wenn die Hemmung durch CTP auch kompetitiv gegenüber dem Aspartat ist, so konnte doch unzweifelhaft nachgewiesen werden, daß Aspartat und CTP sich an verschiedenen Stellen der Enzymoberfläche binden. Dies wurde gezeigt durch die Desensibilisierung des Enzyms gegenüber seinem allosterischen Inhibitor und vor allem durch die physikalische Trennung verschiedener Untereinheiten, von denen eine das katalytisch wirksame und die andere das Zentrum mit Affinität zum allosterischen Inhibitor besitzt.

Physikalische und chemische Messungen haben ergeben, daß das Enzym ein Molekulargewicht von 310 000 besitzt. Durch Wärmebehandlung, unter Einwirkung von Harnstoff in niedriger Konzentration, oder auch durch Behandlung mit Quecksilberagenzien wird die Empfindlichkeit gegenüber CTP zerstört, ohne daß die katalytische Aktivität modifiziert würde. Diese Desensibilisierung ist von größeren Veränderungen im Molekulargewicht des Enzyms begleitet. Wie sich herausstellte, dissoziiert das Enzym unter dem Einfluß von p-Mercuribenzoat in zwei Bestandteile, die durch Zentrifugierung im Saccharosegradienten getrennt werden können (Bild 39).

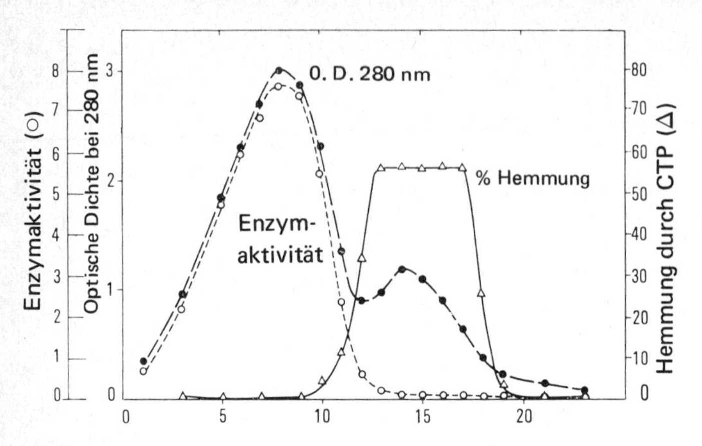

Bild 39. Trennung der beiden Bestandteile der Aspartat-Transcarbamylase von *E. coli* im Saccharose-Gradienten.
7 mg p-MB-behandeltes Enzym werden bei 38000 Ump 20 Stunden lang bei 10 °C zentrifugiert. Dann wird das Zentrifugenröhrchen angebohrt, und es werden Fraktionen zu je 12 Tropfen gesammelt. Die schwarzen Kreise geben das Proteinprofil wieder, die weißen zeigen die Enzymaktivität nach Zugabe von 2-Mercaptoäthanol an.
Das Regulatorprotein wird nachgewiesen, indem man Fraktion 6 einsetzt, die zu untersuchende Fraktion zugibt und ihre Aktivität in Abwesenheit und Gegenwart von 4×10^{-4}M CTP mißt.

Während das native Enzym eine Sedimentationskonstante von 11,8 S besitzt, beträgt diese bei den getrennten Bestandteilen 5,8 bzw. 2,8 S. Die 5,8 S-Fraktion trägt die katalytische Aktivität; diese Fraktion, die eine größere spezifische Aktivität als das native Enzym aufweist, unterscheidet sich von diesem durch ihre völlige Unempfindlichkeit gegenüber CTP und ATP. Der 5,8 S-Anteil genügt also für die katalytische Aktivität, aber nicht für die Regulation. Die Kinetik der Aktivität dieser Fraktion in Abhängigkeit von der Substratkonzentration folgt dem Gesetz von MICHAELIS.

Die Zugabe von 2-Mercaptoäthanol zur leichteren Fraktion läßt keine katalytische Aktivität sichtbar werden, gibt dieser Fraktion aber die Fähigkeit wieder, sich mit CTP zu verbinden, die das Enzym unter dem Einfluß der Quecksilberagenzien verloren hatte. Der 2,8 S-Bestandteil enthält also die Eigenschaft der Hemmbarkeit des Enzyms durch CTP, spielt aber keine katalytische Rolle.

Gibt man nach Behandlung mit p-Mercuribenzoat ohne vorhergehende Trennung 2-Mercaptoäthanol zum Gemisch der zwei Fraktionen, gewinnt man das Enzym fast vollständig mit seinen nativen Sedimentations- und Hemmungseigenschaften wieder. Der 2,8 S-Bestandteil ist für die Reaggregation unentbehrlich. Kein Bestandteil kann allein nach Eliminierung der Quecksilberverbindung eine Aggregation durchführen. Aus der Kenntnis des Gewichtanteils des 5,8 S- und des 2,8 S-Bestandteils konnte man schätzen, daß von den 310 000 Dalton nativen Enzyms 190 000 zur katalytischen Einheit und 120 000 zur regulierenden Einheit gehören.

Durch das Sedimentationsgleichgewicht ergab sich, daß die Molekulargewichte angenähert bei 96 000 für die katalytische und bei 30 000 für die regulierende Einheit liegen sollten (s. u.). Man leitete daraus ab, daß das native Enzym aus zwei katalytischen und vier regulierenden Einheiten zusammengesetzt ist. Nach der Terminologie von MONOD, WYMAN und CHANGEUX kann man das native Enzym als ein Oligomer betrachten, dessen Protomere jeweils aus der Assoziation einer katalytischen und zweier regulierender Einheiten bestehen (Bild 40).

Bild 40. Zwei mögliche Modelle des nativen Moleküls der Aspartat-Transcarbamylase. Beide Modelle zeigen das Vorkommen von zwei katalytischen Untereinheiten (weiß) und vier regulativen (grau). Die längliche Form und die Einschnürung der katalytischen Untereinheiten dienen nur der Veranschaulichung und nehmen auf das Vorkommen kleinerer Untereinheiten, wie man sie unter Guanidin-Einwirkung erhält, Rücksicht. In Wirklichkeit zeigen Viskosiätsmessungen, das das native Molekül globulär und kompakt ist (241).

Die Struktur der Aspartat-Transcarbamylase wurde neuerdings nachuntersucht, mehr im Hinblick auf die Polypeptidketten als auf die Untereinheiten. Die Aminosäuresequenz der regulierenden Kette R wurde bestimmt. Ihr Molekulargewicht liegt bei 17 000 (und nicht bei 30 000). Das Molekulargewicht der katalytisch wirkenden Kette beträgt etwa 33 000. Da das Molekulargewicht des nativen Enzyms bei 310 000 liegt, ergibt eine Überschlagsrechnung klar, daß die Aspartat-Transcarbamylase eine Struktur vom Typ R_6 C_6 besitzt. Eine Reinterpretation der schon früher bekannten Tatsachen zeigt, daß das p-Mercuribenzoat das Enzym in zwei C_3-Einheiten und drei R_2-Einheiten aufspaltet [242a].

Eine kristallographische Untersuchung [242b] wies nach, daß das Protein eine Symmetrieachse dritter und eine zweiter Ordnung besitzt; dies beschränkt die Möglichkeiten der Anordnung der Ketten im Raum, indem es eine identische Umgebung für jedes der Paare (RC) des Hexamers festsetzt. Es ist offensichtlich, daß die Ergebnisse der Untersuchungen über die Bindung [242c] neu interpretiert werden müssen.

Die katalytisch wirksame Untereinheit zeigt in verdünntem Puffer bei pH 7 keine spontane Tendenz zur Dissoziierung. In Gegenwart von 5,8 M Guanidinhydrochlorid dissoziiert sie in vier Ketten mit einem Molekulargewicht von etwa 25 000.

Eine vorläufige Bestimmung der Zahl der Substratrezeptoren deutet darauf hin, daß jede katalytische Einheit vom Molekulargewicht 96 000 vier Rezeptorstellen für das Maleat, ein Analoges des Aspartats, besitzt. Es ist interessant festzustellen, daß die Anwesenheit von Carbamylphosphat für die reversible Verbindung der katalytisch wirksamen Untereinheit und des Maleats unentbehrlich ist. Diese Experimente beweisen den Aufbau dieses Enzyms aus Untereinheiten und außerdem, daß die kompetitive Hemmung nicht die Folge einer Konkurrenz von Inhibitor und Substrat um eine gemeinsame Ansatzstelle ist, weil zwei unterschiedliche Zentren auf zwei verschiedenen Ketten angeordnet sind.

Diese Ergebnisse bieten eine andere Erklärung an: Der allosterische Effektor induziert eine Konformationsänderung, die zu einer verminderten Affinität des Enzyms zum Substrat am katalytisch wirksamen Zentrum führt.

Nach dem vorgeschlagenen Modell unterliegen die Protomere im nativen Oligomer starken Wechselwirkungen; das Enzym liegt in „kontrahierter" Form vor und besitzt geringe Affinität gegenüber dem Aspartat. Eine bestimmte Anzahl von Veränderungen in der Umgebung, darunter die Verbindung mit Aspartat, mit Nucleotiden und die Veränderung des pH beeinflussen die Wechselbeziehungen zwischen den Protomeren (Bild 41). Insbesondere verstärkt CTP die Wechselwirkungen, wodurch das Enzym gegenüber geringen Asparatkonzentrationen weniger aktiv wird.

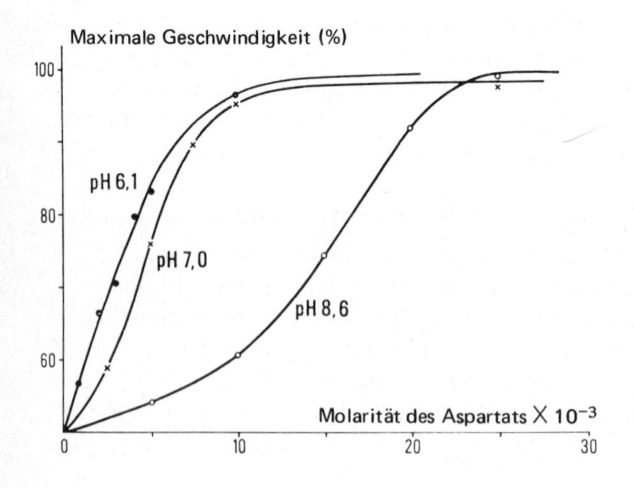

Bild 41
Effekt des pH auf die Kinetik der Aspartat-Transcarbamylase. Die Aktivität ist bei alkalischem pH viel stärker, die verwendeten Enzymmengen lagen bei pH 8,6 10mal höher als bei pH 6.1.

Das Verschwinden der Wechselwirkungen bei der isolierten katalytischen Einheit spricht ebenfalls für das Modell. Ein anderes Argument leitet sich aus der Beobachtung ab, daß die Sedimentationsgeschwindigkeit des Enzyms geringfügig abnimmt, wenn man es in Gegenwart seiner Substrate zentrifugiert (3–4%), als ob das Oligomer in einer „aufgelockerten" Form vorläge.

Es ist eines der wenigen Enzyme, bei denen man andere als nur rein kinetische Argumente für Konformationsänderungen im Zusammenhang mit der Bindung von Substraten, Aktivatoren oder Inhibitoren anführen kann.

Seine regulative Untereinheit bildet das erste Beispiel einer Klasse nicht enzymatischer Proteine, die die Zelle zur Regulation der Aktivität der eigentlichen Enzyme produziert. Man kann sich vorstellen, daß diese regulierenden Proteine durch Mutation von Genen entstanden sind, die für die Struktur primitiver Enzyme mit entsprechender Affinität zu den Schlüsselmetaboliten verantwortlich waren.

Man darf hoffen, daß die physikalische und chemische Untersuchung der Aspartat-Transcarbamylase auch weiterhin dazu beitragen wird, das Verständnis des Mechanismus allosterischer Effekte zu erweitern.

5.2. Die Regulation der Dihydroorotase-Aktivität

Dieses Enzym, das die zweite Reaktion der Pyrimidin-Synthese katalysiert, spricht bei den Mikroorganismen, bei denen es untersucht wurde, nicht auf die allosterische Regulation an. Das aus Ascites-Hepatomzellen extrahierte Enzym ist empfindlich für eine Hemmung durch die Purin- und Pyrimidinnucleotide. Da die Aspartat-Transcarbamylase aus demselben Untersuchungsgut empfindlich gegenüber denselben Inbibitoren ist, ist die Möglichkeit einer multifunktionellen Assoziation nicht ausgeschlossen. Die Cytidin- und Thymidinderivate sind am wirksamsten.

5.3. Die Regulation der Nucleosiddiphosphat-Reduktion [243, 244]

Die direkte Reduktion des CDP zu dCDP spricht auf die allosterische Regulation an. Folgende Fakten wurden kürzlich entdeckt: Erstens ist das aus *E. coli* rein dargestellte System, das CDP mit Hilfe von Thioredoxin reduziert, ebenfalls imstande, UDP zu dUDP zu reduzieren. In Gegenwart geeigneter allosterischer Effektoren wird von diesem System auch die Reduktion von ADP und GDP zu den entsprechenden Desoxyribonucleosidphosphaten katalysiert. Man muß es in Zukunft korrekter „Ribonucleosiddiphosphat-Reduktase" statt CDP-Reduktase nennen.

ATP, das die Reduktion der Pyrimidinribonucleotide stimuliert, ist auf die der Purinnucleotide praktisch ohne Wirkung; deren Reduktion wird stattdessen von dTTP und dGTP stimuliert. Ersteres aktiviert stets die GDP-Reduktion, das zweite die des ADP. dATP hemmt beide Reaktionen stark; diese Hemmung wird von ATP, aber nicht von dTTP aufgehoben. Gegenwärtig gilt folgende Interpretation dieser auf den ersten Blick komplizierten Wechselbeziehungen: Die verschiedenen Nucleotide verhalten sich wie allosterische Effektoren, indem sie bestimmte Zustände eines oder mehrerer beteiligter Enzyme stabilisieren und so die Substratspezifität determinieren. So stabilisiert ATP einen Zustand, der für die Reduktion der Pyrimidinribonucleotide günstig ist, das dGTP einen für die Purinribonucleotid-Reduktion, dTTP einen für beide Reduktionstypen günstigen und dATP einen inaktiven Zustands des Enzyms.

Diese Effekte können die Grundlage eines physiologischen Mechanismus zur Einstellung eines Gleichgewichts der verschiedenen zur enzymatischen DNA-Synthese nötigen Substrate bilden (Bild 42). Bild 43 zeigt schematisch die hier aufgezählten verschiedenen Wechselbeziehungen.

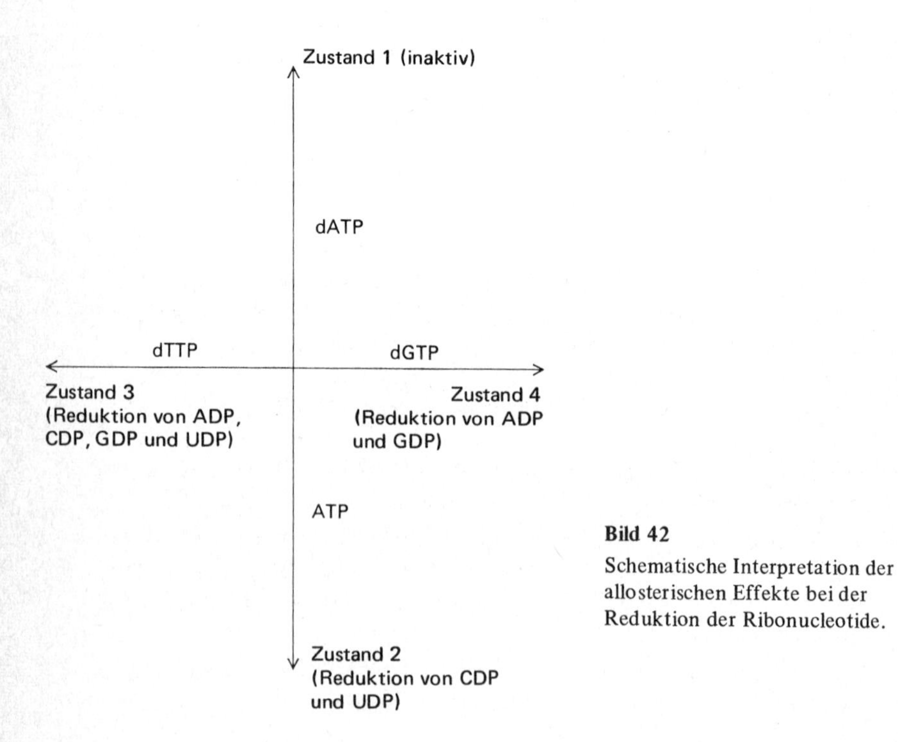

Bild 42

Schematische Interpretation der allosterischen Effekte bei der Reduktion der Ribonucleotide.

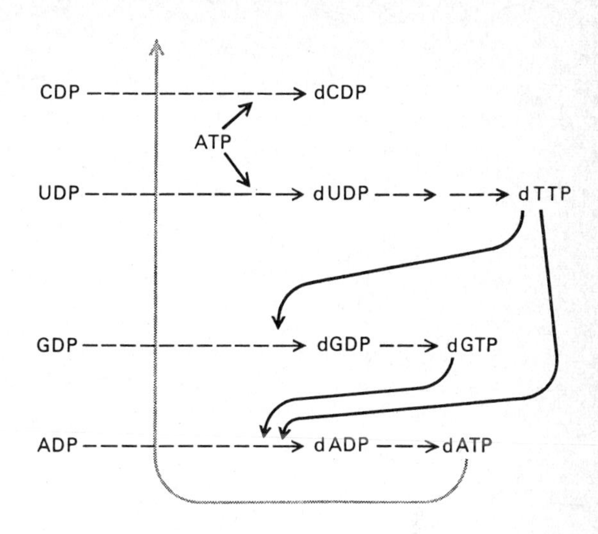

Bild 43

Hypothetisches Schema, der physiologischen Regulation der Desoxyribonucleotid-Synthese. Die schwarzen Pfeile bedeuten Stimulation, der graue Pfeil Hemmung durch dATP.
Die dCDP und dUDP-Synthese brauchen ATP als allosterischen Effektor. Andere Enzyme lagern dUDP und dTTP um. Letzteres besetzt eine zentrale Position in diesem Schema: In Gegenwart von ATP können geringe dTTP-Konzentrationen eine zusätzliche Stimulation der Reduktion der Pyrimidinribonucleotide hervorrufen, stärkere Konzentrationen wirken aber hemmend; dies ist in dem Schema nicht eingezeichnet, da der Haupteffekt des dTTP die Stimulation der dGDP-Synthese ist. Das aus diesem gebildete dGTP stimuliert seinerseits die dADP-Bildung. Dieses Nucleotid wird in dATP, einen allosterischen Inhibitor der vier Reduktionen, umgesetzt. Das Ausmaß der Hemmung hängt von der Konzentration des ATP, das die Wirkung des dATP aufhebt ab.

5.4. Regulation der Desoxycytidylat-Desaminase-Aktivität [245]

Die sigmoide Form der Sättigungskurven in Abhängigkeit vom Substrat bei Desaminasen sehr verschiedener Herkunft, die vom Huhn bis zu von T 4-Phagen infizierten Bakterien reicht, und die Empfindlichkeit gegenüber allosterischer Hemmung legen nahe, daß dieses Enzym ein wichtiger Angriffspunkt der Regulation der Desoxynucleotid-Synthese ist. Alle untersuchten Enzyme beliebiger Herkunft werden nach einer komplexen Kinetik von dTTP, durch die Purinmononucleotide und kompetitiv durch dUMP und dTMP gehemmt. Außerdem aktiviert dCTP das Enzym bei geringen Konzentrationen des Substrats dCMP. Diese Aktivierung geht mit einer Abnahme der Ordnung der Reaktion und einem Anwachsen der Affinität zum Substrat einher. Beim Enzym vom Huhn ist diese Aktivierung von einem Wechsel des Aggregationszustands des Enzyms begleitet: Während bei sättigender Substratkonzentration und Fehlen eines Aktivators die Sedimentationskonstante bei 2,0 S liegt, beträgt sie bei geringer Substratkonzentration und in Gegenwart von dCTP 7,5 S.

Die Hemmung der durch dCTP aktivierten Form durch dTTP bringt das Enzym in eine Form mit einer Sedimentationskonstanten von 3,0 S.

Wenn diese Ergebnisse auch darauf hinweisen, daß die Aktivierung des Enzyms durch dCTP mit einer Umlagerung in eine Aggregatform gekoppelt ist, so reicht die Aggregation allein nicht aus, die Aktivierung zu erklären, weil sie gleichfalls durch dGMP, einem Inhibitor des Enzyms, hervorgerufen wird.

Man kann diese experimentellen Befunde folgendermaßen interpretieren: Das Enzym besitzt mindestens zwei Zentren zur Bindung des Substrats dCMP, von denen eines nur ein katalytisches Zentrum ist (die Frage, ob das zweite Zentrum rein regulierende Funktion besitzt, kann nach den vorliegenden Befunden nicht entschieden werden).

Außerdem besitzt das Enzym mindestens zwei Arten allosterischer Zentren, eins für die Verbindung mit dCTP, das andere für die mit dTTP: Die Wirkung der entsprechenden Effektoren auf beide Zentren ruft gegensätzliche Effekte hervor. Es ist nicht ausgeschlossen, daß ein zusätzliches allosterisches Zentrum für dGTP vorhanden ist. Schließlich wurde keine Kompetition am katalytischen Zentrum nachgewiesen, obwohl dUMP und dTMP kompetitive Inhibitoren sind.

Obgleich man sich mit diesem Enzym eingehender beschäftigen sollte, ist die gegensätzliche Einflußnahme von dCTP und dTTP schon vom Standpunkt der Zellphysiologie aus verständlich, da diese beiden Produkte mögliche essentielle Endprodukte der Desaminierung des dCMP sind.

Diese gegensinnigen Regulationen stellen vielleicht das gewünschte Gleichgewicht der relativen Konzentrationen dieser beiden DNS-Vorstufen sicher.

5.5. Regulation auf dem Niveau der Uridin-Kinase und der Desoxythymidin-Kinase

Wie sich herausstellte, ist die Uridin-Kinase in mehreren azellulären Präparaten aus Geweben der Maus oder des Menschen der limitierende Schritt bei der Synthese der Uridinnucleotide aus exogenem Uridin.

Diese Enzymaktivität ist einer feed-back-Hemmung durch die Pyrimidinnucleosidtriphosphate UTP und besonders CTP unterworfen. Man kann diese Hemmung teilweise aufheben, indem man die Konzentration der Substrate Uridin oder ATP steigert. Die Phosphorylierung des Cytidins zu CMP wird ebenfalls durch dieselben allosterischen Effektoren retroinhibiert. Diese Ergebnisse demonstrieren, daß die feed-back-Hemmung nicht nur auf der Stufe der endogenen Synthese der Pyrimidinnucleotide, sondern auch bei der direkten Verwendung vorgebildeter Nucleoside regulierend eingreift.

Ein solcher Regulationstyp wurde ebenfalls für die Verwendung vorgefertigter Desoxynucleoside nachgewiesen. Hochgereinigte Präparate der Desoxythymidin-Kinase von *E. coli* [246] zeigen ähnliche Eigenschaften wie zahlreiche andere früher behandelte allosterische Enzyme. Die Phosphorylierung von Desoxythymidin ist eine sigmoide Funktion der ATP-Konzentration. Bei geringen ATP-Konzentrationen wird das Enzym durch eine große Zahl Desoxynucleosiddiphosphate, dCDP, dADP, dGDP, Hydroxymethyl-dCDP und auch durch GDP stark stimuliert. Diese Aktivierung geht wie in zahlreichen anderen Fällen mit einer Normalisierung der Kinetik und einer gesteigerten Affinität zu den beiden Substraten Desoxythymidin und ATP einher. Das Enzym wird durch geringe dTTP-Konzentrationen stark gehemmt.

Die Autoren dieser Experimente bemerken mit Recht, daß die Desoxythymidin-Kinase, wie andere biosynthetische Enzyme, durch das Endprodukt ihrer Wirkung, das dTTP, gehemmt und durch das dCDP, eine Verbindung, die sich anreichert, wenn die zur DNA-Synthese nötige dTTP Konzentration fehlt, aktiviert wird.

XVI. Die Synthese der Purinnucleotide und -desoxynucleotide und ihre Regulation

1. Die Synthese des 5-Amino-4-imidazolcarboxamidribonucleotids [247–252]

Ribose-5-phosphat, ein normales Zwischenprodukt des Abbaues der Glucose über den oxydativen Pentoseabbauweg wird von ATP phosphoryliert zu 5-Phosphoribosyl-1-pyrophosphat (PRPP), einer Verbindung, die wir bereits an den Biosynthesen von Tryptophan, Histidin und UTP beteiligt sahen:

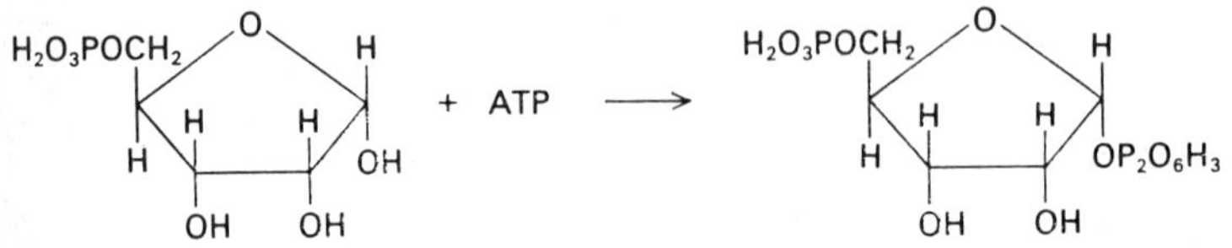

+ ATP ⟶

PRPP

Glutamin dient als Donator einer Aminogruppe für das PRPP. Man erhält so 5-Phosphoribosylamin unter Verlust eines Pyrophosphatrests:

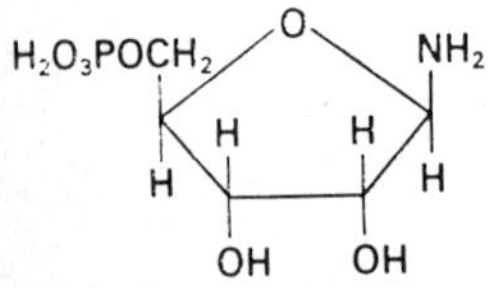

5-Phosphoribosylamin

In einer Reaktion mit ATP als Energiequelle wird die Aminosäure Glycin an das Phosphoribosylaminmolekül zur Bildung von Glycinamidribonucleotid angehängt:

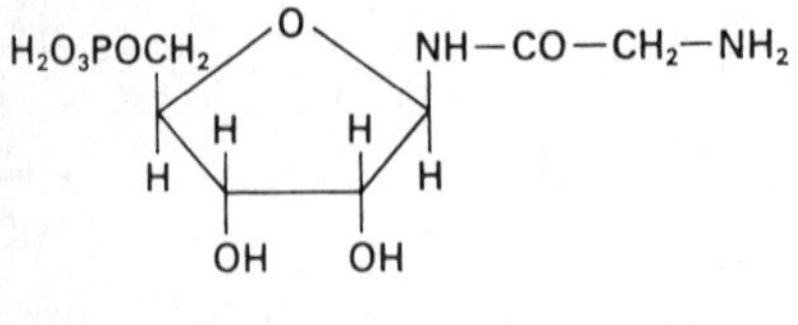

„Ribonnucleotid" des Glycinamids

Ein Enzym, mit einem formylierten Tetrahydrofolsäurederivat als Cofaktor, fügt einen Formylrest an; es entsteht das Ribonucleotid des Formylglycinamids:

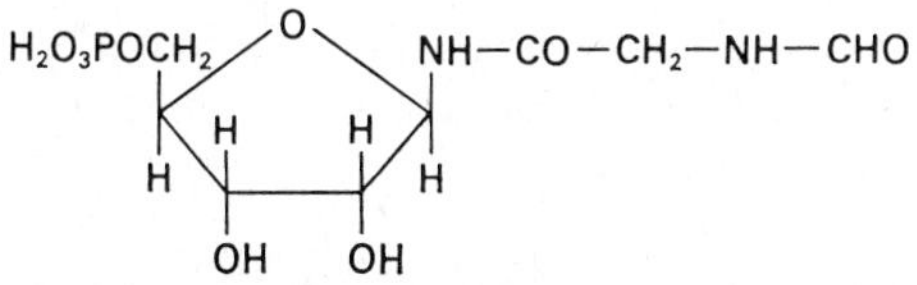

$H_2O_3POCH_2$ O NH—CO—CH_2—NH—CHO
H H
H H
OH OH

„Ribonucleotid" des Formylglycinamids

Diese Verbindung wird bei Vorhandensein von Glutamin und ATP in Formylglycinamidinribonucleotid umgelagert:

NH
‖
Phosphat–Ribose–NH–C–CH_2–NH–CHO

Letzteres zyklisiert sich unter erneuter Verwendung von ATP zum Ribonucleotid des Aminoimidazols:

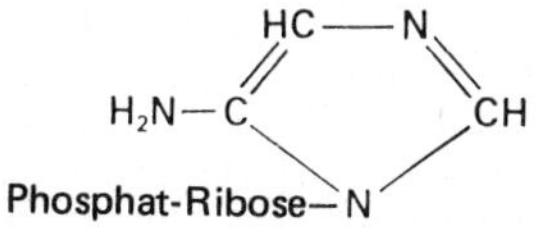

HC—N
H_2N—C CH
Phosphat-Ribose—N

„Ribonucleotid" des Aminoimidazols

Eine Ankopplung von CO_2 liefert das Ribonucleotid der 5-Amino-4-imidazol-carbonsäure:

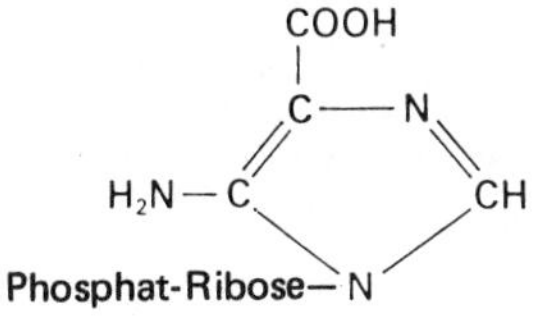

COOH
|
C—N
H_2N—C CH
Phosphat-Ribose—N

„Ribonucleotid" der 5-Amino-4-imidazolcarbonsäure

In Gegenwart von ATP wird nun ein Molekül Aspartat angefügt, und man erhält das Ribonucleotid des 5-Amino-4-imidazol-N-succinylcarboxamids:

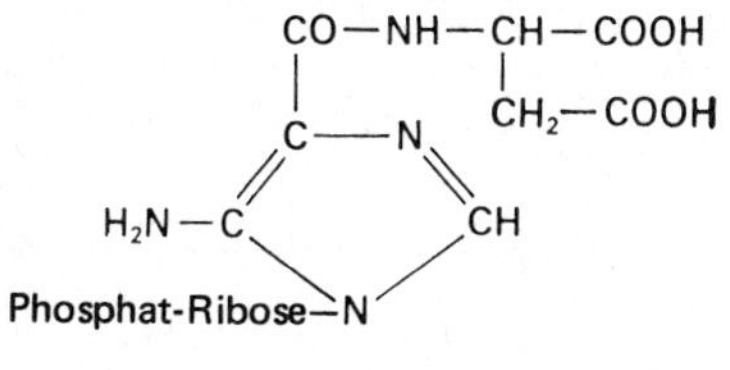

CO—NH—CH—COOH
| |
| CH_2—COOH
C—N
H_2N—C CH
Phosphat-Ribose—N

Durch Eliminierung von Fumarsäure gelangt man zum Ribonucleotid des 5-Amino-4-imidazolcarboxamids:

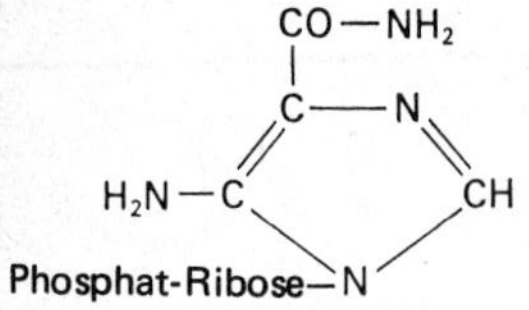

$CO-NH_2$
C—N
H_2N-C CH
Phosphat-Ribose—N

„Ribonucleotid" des 5-Amino-4-imidazol-carboxamids (AICAR)

Wir haben hier zum zweiten Mal Gelegenheit, den besonderen Vorgang der Aminierung zu beobachten, in dem ein Molekül Asparaginsäure angekoppelt und dann ein Molekül Fumarsäure abgespalten wird (vgl. die Synthese von Argininosuccinat, der Stufe zwischen Citrullin und Arginin). Wir werden bald ein weiteres Beispiel kennenlernen. AICAR tritt bekanntlich auch in der Synthese von Imidazolglycerophosphat (siehe Histidin-Synthese) auf.

2. Synthese der Purinribonucleotide [253–256]

AICAR wird zu 5-Formamido-4-imidazolcarboxamidribonucleotid formyliert:

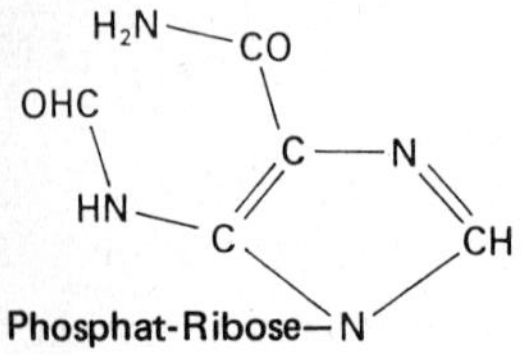

H_2N—CO
OHC
C—N
HN—C CH
Phosphat-Ribose—N

„Ribonucleotid" des 5-Formamido-4-imidazolcarboxamids

Der Verlust eines Wassermoleküls führt zur Zyklisierung dieses Moleküls. Es entsteht Inosinsäure, die erste Verbindung mit einem Purinkern:

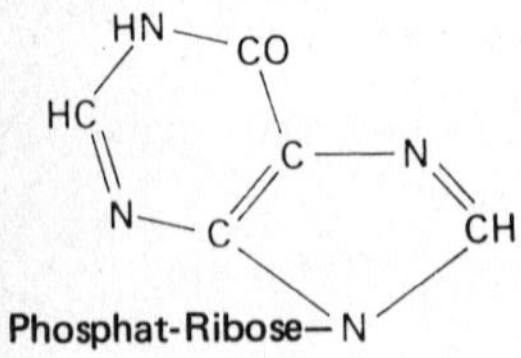

HN—CO
HC
C—N
N—C CH
Phosphat-Ribose—N

Inosinsäure (IMP)

Inosinsäure ist die gemeinsame Vorstufe der beiden Nucleotide Guanyl- und Adenylsäure, die man in der RNA antrifft.

1. Es wird zu Xanthylsäure oxydiert, die danach entweder direkt durch Ammoniak (bei den Bakterien) oder in tierischen Geweben durch Glutamin aminiert wird:

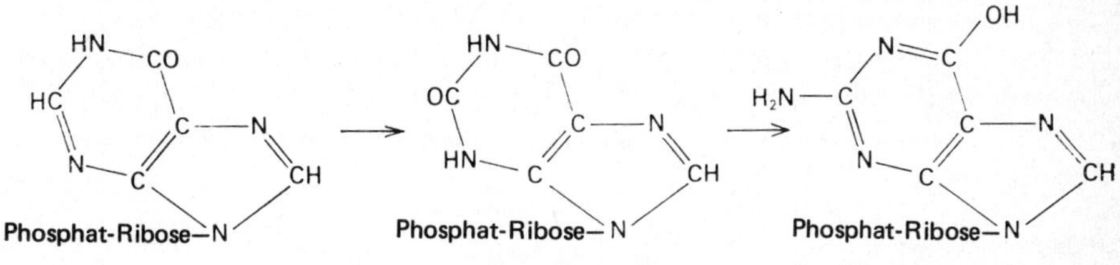

Inosinsäure (IMP) → Xanthylsäure (XMP) → Guanylsäure (GMP)

2. In Gegenwart von GTP wird Aspartat an die Inosinsäure gekoppelt zur Adenylbernsteinsäure, die ein Molekül Fumarat abspaltet und so Adenylsäure liefert:

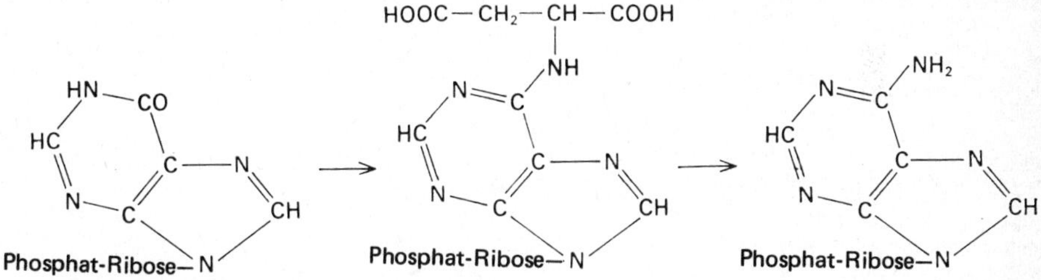

Inosinsäure (IMP) → Adenylbernsteinsäure → Adenylsäure (AMP)

Wie im Fall der Pyrimidinnucleotide phosphorylieren spezifische Kinasen die Purinnucleosidmonophosphate zu Di- und Triphosphaten. Ein spezifisches Enzym, die Myokinase, führt folgende Reaktion durch:

$$\text{AMP} + \text{ATP} \rightleftarrows 2\ \text{ADP}$$

Das nötige ATP wurde in der Glykolyse und der oxydativen Phosphorylierung der reduzierten Nicotinamidnucleotide hergestellt. Die Bildung der Purindesoxynucleotide wurde bisher sehr wenig erforscht. Wahrscheinlich vollzieht sie sich, wie im Fall des Pyrimidin-Stoffwechsels, direkt aus den Nucleotiden durch Reduktion von Ribose zu Desoxyribose.

3. Regulation der Aktivität der Enzyme, die an der Biosynthese der Purinnucleotide beteiligt sind

Die Untersuchung dieser Regulation wird dadurch erschwert, daß ein Zwischenprodukt der Biosynthese des Purinkerns eine Vorstufe des Histidins ist. Andererseits können Hypoxanthin und Xanthin, Purinbasen, die nicht in der RNA vorkommen, in die Inosin- bzw. Xanthylsäure, Vorstufen der beiden „natürlichen“ Nucleotide, umgesetzt werden.

Obendrein gibt es Enzyme, die für die direkte Bildung von Nucleotiden aus vorgebildeten Basen oder Nucleosiden verantwortlich sind. Folgendes Schema verschafft einen Eindruck von diesem verwickelten Netz von Reaktionen, dem sich noch direkte Umlagerungen der Nucleotide durch Reduktionen und Desaminierungen überlagern.

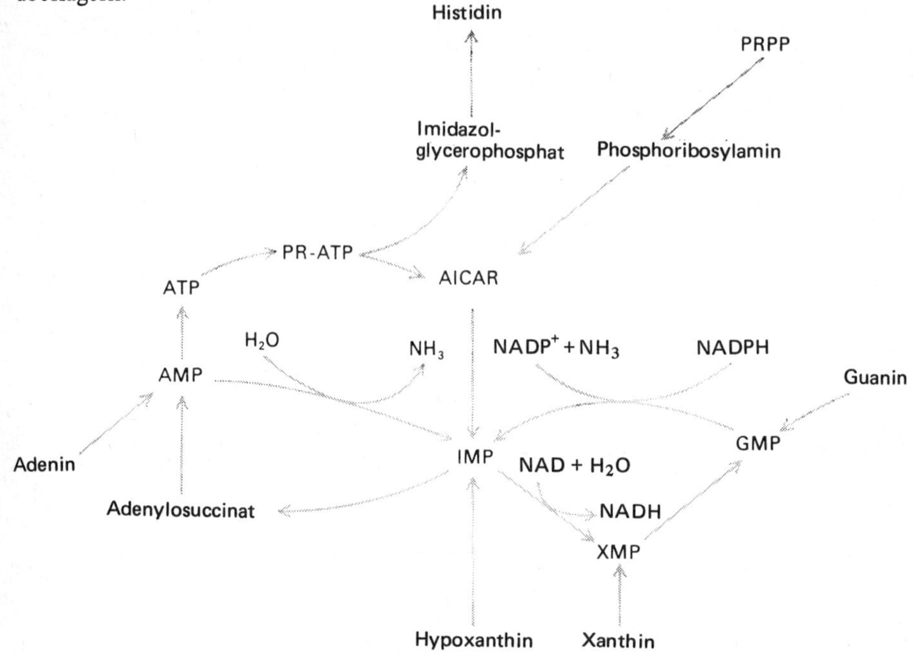

In diesem Schema ist eine gewisse Anzahl von Reaktionen dem Einfluß einer allosterischen Aktivierung oder Hemmung unterworfen. Wir wollen hier nur einige davon behandeln.

3.1. Regulationen der Glutamin-5'-phosphoribosylpyrophosphat-Amidotransferase

Unter diesem komplizierten Namen verbirgt sich das Enzym, das für die Synthese des 5-Phosphoribosylamins aus PRPP und Glutamin verantwortlich ist. Es wird von zahlreichen Purinnucleotiden (ATP, ADP, GDP, GMP, IMP) gehemmt. Die Hemmung ist gegenüber PRPP kompetitiv. Zahlreiche Argumente sprechen jedoch dafür, daß das Zentrum für die Hemmung und das katalytisch wirksame verschieden sind. Das Enzym aus Taubenleber [257] kann mehr oder weniger stark durch

Einfrieren, Altern bei 4 °C, Dialyse und Wärmebehandlung desensibilisiert werden. Diese Desensibilisierung ist nicht von einer Veränderung der Affinität des Enzyms zu seinen beiden Substraten begleitet. Gemische aus einem 6-Hydroxypurin (GMP, GDP oder IMP) und einem 6-Aminopurin (AMP, ADP oder ATP) bewirken totale Hemmung, die stärker als die Summe der Hemmungen ist, die die einzelnen Nucleotide allein ausüben.

Gemische homologer Purine rufen diesen synergetischen Effekt nicht hervor. Das beweist, daß mindestens zwei Bindungszentren für die Hemmstoffe existieren: eines spezifisch für die 6-Hydroxypurine und eines für die 6-Aminopurine. Die Desensibilisierung geht nicht mit einer wahrnehmbaren Veränderung der Sedimentationskonstanten des Enzyms einher.

3.2. Regulation der Umlagerungen zwischen Nucleotiden [259, 260]

Die Reaktionen der Umlagerung der Xanthylsäure in Guanylsäure, der Desaminierung der Adenylsäure zur Inosinsäure und der Reduktion der Guanylsäure in Inosinsäure sind praktisch irreversibel. Bei Fehlen einer wirksamen Regulation könnten die drei Enzyme Xanthosin-5'-phosphat-Aminase, IMP-Dehydrogenase und GMP-Reduktase theoretisch einen irreversiblen Kreislauf von Reaktionen katalysieren, der vom IMP über GMP zu IMP führte. Dieser Zyklus würde wegen der ATP-Hydrolyse, die die XMP-Aminierung begleitet, nur auf eine Verschwendung hinauslaufen. Die gleiche Schwierigkeit stellte sich ein, wenn die Umsetzung von IMP in AMP über Adenylosuccinat mit der stark exergonischen hydrolytischen Desaminierung, die AMP in IMP umwandelt, gekoppelt wäre. Diese Schwierigkeiten werden durch die spezifische Hemmung der IMP-Dehydrogenase durch GMP überwunden:

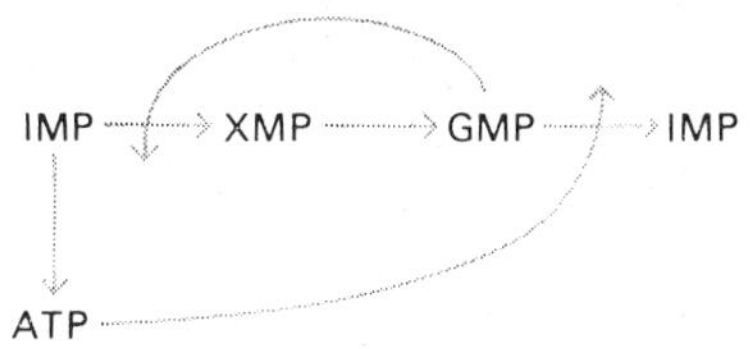

IMP → XMP → GMP → IMP
↓
ATP

In gleicher Weise wird die Adenylosuccinat-Synthetase von *E. coli* durch ADP gehemmt:

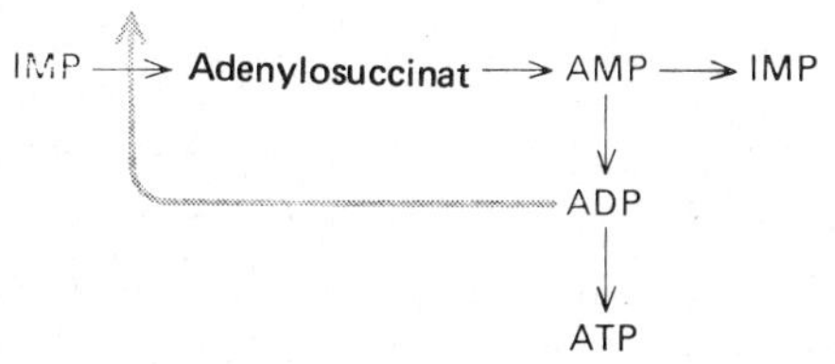

IMP → Adenylosuccinat → AMP → IMP
↓
ADP
↓
ATP

3.3. Regulation der Purinmononucleotid-Pyrophosphorylasen

Diese Enzyme katalysieren den Eintritt exogener Purinbasen in den Zyklus, die, wie wir gesehen haben, keine normalen Zwischenstufen der Nucleotid-Synthese sind:

Base + PRPP → Nucleosidmonophosphat + Pyrophosphat

Bei *Bacillus subtilis* werden alle diese Reaktionen von einer großen Zahl Purinnucleotide gehemmt [261]. Vom Gesichtspunkt der Stoffwechselregulation der Zelle aus ist es bedeutsam, daß die Art der Inhibitoren und die vergleichbare Empfindlichkeit der verschiedenen Reaktionen in das intrazelluläre Gleichgewicht einbezogen werden kann. Zum Beispiel ist die XMP-Pyrophosphorylase besonders gegenüber den Guaninnucleotiden dGTP und GTP empfindlich: So wird bei einem Überschuß des letzteren die Produktion von XMP, der direkten Vorstufe der Guaninnucleotide, gedrosselt; gleichzeitig wird der andere Syntheseweg des XMP aus IMP ebenfalls durch GMP gehemmt. Dies bewirkt, das GMP alle Schritte seiner eigenen Synthese reguliert.

Es ist interessant festzustellen, daß die beobachteten Hemmwirkungen die Aktivität der für Purine spezifischen Durchtrittssysteme beeinflussen können, weil die Aufnahme von Purinen durch *B. subtilis* obligatorisch mit der Purinnucleotid-Synthese gekoppelt zu sein scheint.

XVII. Die Biosynthese einiger wasserlöslicher Vitamine und ihrer Coenzymformen

Über eine große Zahl der in diesem Kapitel besprochenen Substanzen besitzen wir nur sehr rudimentäre Kenntnisse; in einigen Fällen fehlen diese sogar völlig. Wir wollen uns darauf beschränken, die gesicherten Fakten zu behandeln und die Richtungen aufzuzeigen, in die die Forschungen auf diesem schwierigen Gebiet fortschreiten.

1. Biosynthese des Thiamins und der Cocarboxylase

Thiamin, auch Vitamin B_1 genannt, kann man sich aus zwei Teilen aufgebaut denken, dem 2-Methyl-6-amino-5-hydroxymethylpyrimidin (der Kürze halber hier „Pyrimidin“ genannt) und dem 4-Methyl-5-hydroxyäthylthiazol („Thiazol“):

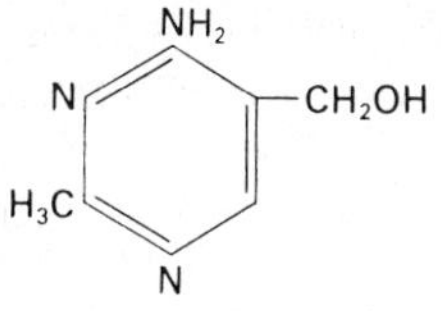

„Pyrimidin“ 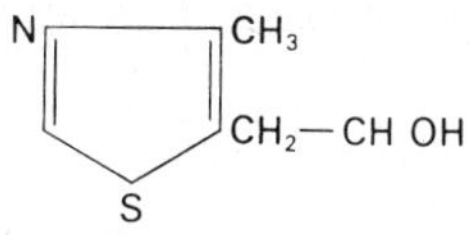 „Thiazol“

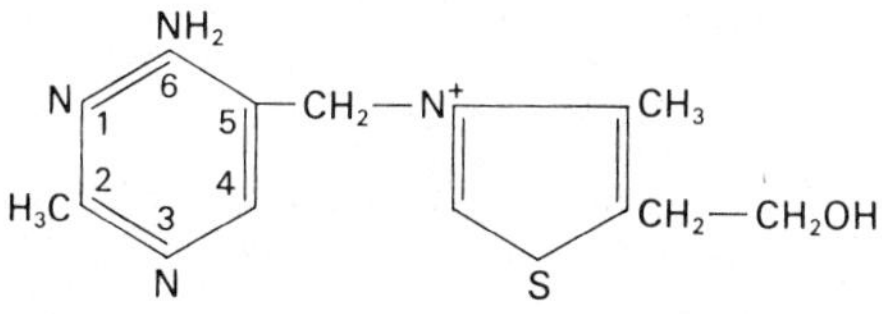

Thiamin

Über die Biosynthese der beiden Einzelverbindungen weiß man wenig, außer daß in Wachstumsexperimenten in Gegenwart radioaktiver Isotopen der Kohlenstoff des Formiats in das Pyrimidin und der S-CH_3-Rest des Methionins en bloc in das Thiazol eingebaut wird.

Die Kondensation der zwei Hälften des Thiaminmoleküls wurde jedoch bei der Hefe und den Bakterien gut untersucht. Innerhalb der Mutanten von Mikroorganismen, die Thiamin für ihr Wachstum benötigen, kann man drei Gruppen unterscheiden:

1. Mutanten, die die Zugabe von Pyrimidin nötig haben und folglich den Thiazolanteil des Moleküls noch synthetisieren können.

2. Mutanten, die Thiazol benötigen und demnach den Pyrimidinanteil des Moleküls selbst herstellen können.
3. Schließlich Mutanten, die zum Wachstum fertiges Thiamin brauchen und die beiden Hälften, wenn man sie ihnen anbietet, nicht zusammenfügen können.

Die Untersuchung dieser Mutanten erlaubt den Schluß, daß die beiden Hälften tatsächlich getrennt synthetisiert und dann aneinandergekoppelt werden. Experimente mit azellulären Extrakten gestatten, folgendes Schema für die Thiamin-Synthese aus seinen beiden Bestandteilen vorzuschlagen [262]:

Pyrimidin + ATP → Pyrimidinpyrophosphat
Thiazol + ATP → Thiazolmonophosphat
Pyrimidinpyrophosphat + Thiazolmonophosphat →
  Thiaminphosphat + Pyrophosphat
Thiaminphosphat + H_2O → Thiamin + Pi

Man macht die merkwürdige Beobachtung, daß das Thiaminmonophosphat, ein normales Zwischenprodukt der Thiamin-Synthese, nicht das Substrat für die Synthese von Thiamindiphosphat oder Cocarboxylase bildet. Die Synthese dieses Cofaktors läuft bei der Hefe unter der Wirkung der Thiaminokinase aus den Substraten Thiamin und ATP ab [263]:

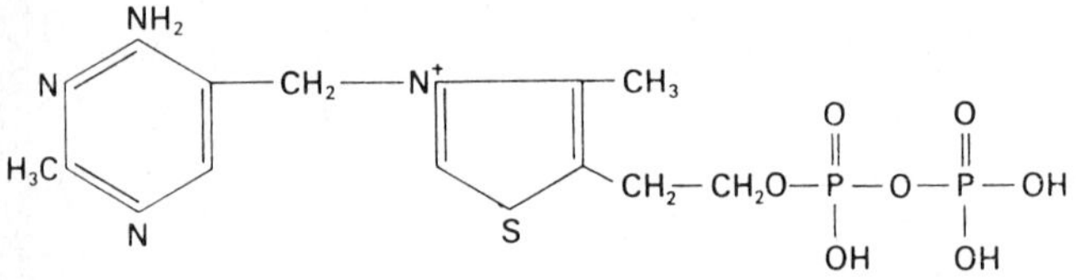

NH_2; N; H_3C; N — CH_2 — N^+ — CH_3; S; CH_2—CH_2O—P(=O)(OH)—O—P(=O)(OH)—OH

Thiamindiphosphat oder Cocarboxylase

1.1. Überlegungen über die mögliche Herkunft von „Pyrimidin" und „Thiazol"

Es besteht kein Grund zu der Annahme, daß der Pyrimidinanteil des Thiamins auf dem im Kapitel XV behandelten Weg über die Orotsäure synthetisiert wird.

Da man Mutanten kennt, die zwar dieses Pyrimidin vorgefertigt benötigen, die aber dennoch ganz sicher die Pyrimidine ihrer Nucleinsäuren synthetisieren können, ist folgendes klar:

1. Entweder sind die Biosynthesewege beider Pyrimidintypen völlig verschieden;
2. oder die Mutanten können die substituierenden Gruppen nicht an C_2 und (oder) C_5 anknüpfen;
3. oder die Mutanten vermögen die Ribose-5-phosphat-Gruppe des UMP nicht zu eliminieren (erinnern wir uns, daß die Synthese der Pyrimidine der Nucleinsäuren

auf der Stufe des Nucleosidphosphats abläuft, während die Thiamin-Synthese obligatorisch mit freiem „Pyrimidin“ als Substrat durchgeführt wird).

Eine neuere Theorie [264] der „Thiazol“-Synthese vermutet eine Kondensation von Cystein und Glutamat zu einem Thiazolidinderivat als Vorstufe des Thiazolrests aus dem Thiamin. Diese hypothetische Kondensation ist formal einer Reaktion analog, die man von der Penicillin-Synthese aus Cystein und Valin her kennt:

$$HOOC—CH(NH_2)—CH_2—SH + H_2N—CH(CH_2—CH_2—COOH)—COOH$$

Cystein Glutamat

$$\longrightarrow$$ Thiazolidinderivat (Ring: HN, S; Substituenten: $H_2N—HC(HOOC)—$, $COOH$, $CH_2—COOH$) $$\longrightarrow$$ Thiazol-Ring (N, S; Substituenten: CH_3, $CH_2—CH_2OH$)

„Thiazol“

Bisher erlaubt keine Untersuchung mit Enzympräparaten, dieses Schema zu bestätigen. Wir haben es nur als mögliches hypothetisches Modell vorgestellt.

1.2. Regulation der Thiamin-Biosynthese [265]

Der Syntheseweg des Thiamins unterscheidet sich von allen, die wir bisher kennengelernt haben und die man in Form linearer oder divergent gegabelter Schemata darstellen konnte. Wir haben hier zwei konvergente Biosynthesewege vor uns, von denen jeder Verbindungen synthetisiert, die sich unter normalen Bedingungen nicht anreichern. Außerdem liegen die Mengen, die von diesen Verbindungen synthetisiert werden, mehrere Größenordnungen unterhalb derer von Aminosäuren oder Nucleotiden.

Die folgende Abbildung faßt die Regulationsmechanismen, die man bei *Salmonella typhimurium* entdeckt hat, zusammen. Die grauen Pfeile, die die Biosynthesereaktionen unterbrechen, bedeuten Regulation durch Repression, der weiße Pfeil eine Regulation durch feed-back-Hemmung. Man sieht, daß das Endprodukt, die Cocarboxylase, die Synthese von Enzymen der beiden elementaren Biosynthesen ebenso wie des Enzyms, das Pyrimidin und Thiazol kondensiert, reprimiert.

Außerdem übt Thiazol eine Hemmwirkung auf ein (nicht identifiziertes) Enzym seiner eigenen Biosynthese aus.

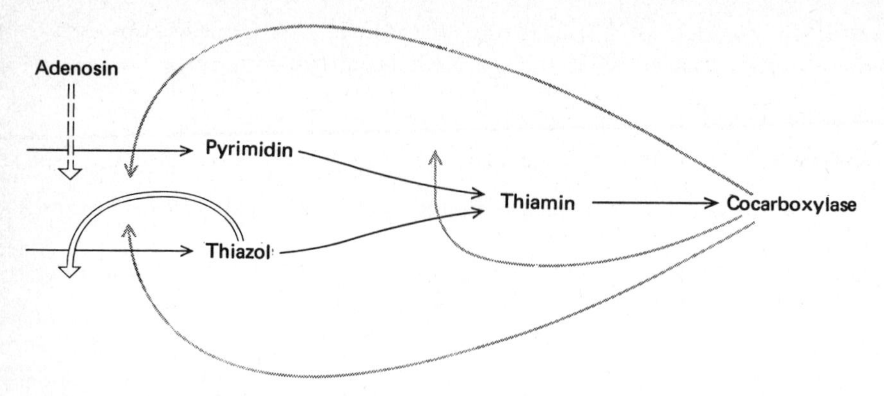

Bei diesem System wurde ein bemerkenswerter Effekt des Adenosins entdeckt: Eine Präinkubation der untersuchten Organismen mit dieser Verbindung leert ihr intrazelluläres Thiaminreservoir und ruft so eine beträchtliche Derepression der Thiamin-Synthese hervor; diese Eigenschaft wird sich sicher als nützliche Hilfe bei der Untersuchung der „Pyrimidin“- und „Thiazol“-Synthese erweisen.

2. Biosynthese des Riboflavins und seiner Derivate

Bestimmte niedere Pilze, wie *Eremothecium ashbyii* oder *Ashbya gossypii*, synthetisieren Riboflavin in solcher Menge, daß diese Verbindung im Wachstumsmedium auskristallisiert [266]. Solche Organismen sind natürlich die geeigneten Objekte zur Untersuchung der Biosynthese von Riboflavin, einer Substanz, die auch unter dem Namen Vitamin B_2 bekannt ist.

Zahlreiche Experimente haben bewiesen, daß die Zugabe von Purinen zum Wachstumsmilieu die Riboflavin-Synthese steigert.

Experimente mit an verschiedenen Kohlenstoffatomen markierten Verbindungen deuten an, daß das Kohlenstoffskelett der Purine, mit Ausnahme von C_8, in die Isoalloxazinstruktur des Riboflavins eingebaut wird [267]. Dieses Ergebnis legte die Möglichkeit nahe, daß 4,5-Diaminouracil oder ein Ribitderivat dieser Verbindung eine mögliche Vorstufe ist; man hat zudem gefunden, daß diese Verbindung von einer Mutante von *Aspergillus nidulans*, die Riboflavin benötigt, angereichert wird [268]:

CO; H_2N-C; NH; H_2N-C; CO; NH

4,5-Diaminouracil

CO; N—C; NH; HC; (8) N—C; H; CO; NH

Xanthin

Die nächste, mit Sicherheit identifizierte, Riboflavinvorstufe ist das 6,7-Dimethyl-8-ribityllumazin. Man vermutete, daß diese Verbindung aus dem Ribitylderivat des Diaminouracils in einer nicht enzymatischen Kondensation mit Butandion entsteht; das 5-Amino-4-ribitylaminouracil wurde in der Folge aus Filtraten der Kultur einer anderen Mutante von Aspergillus nidulans, die Riboflavin benötigte, isoliert [269]:

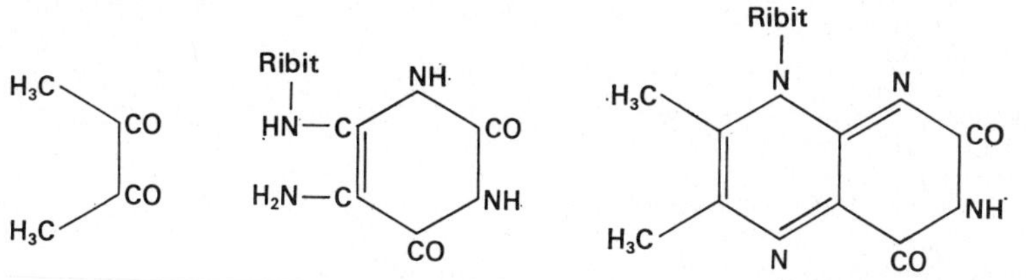

Butandion

4,5-Diaminouracil (Ribitderivat)

6,7-Dimethyl-8-ribityllumazin

Es ist nicht bekannt, ob der Riboserest vor dem Verlust des Kohlenstoffatoms 8 an das Purin gebunden wird und ob die phosphorylierte Form als Zwischenprodukt auftritt. Man konnte azelluläre Systeme gewinnen, die Ribityllumazin aus dem Ribitylderivat des Diaminouracils synthetisieren können [270].

In einer organischen Synthese gelang es, Butandion mit 4-Ribitylamino-5-amino-2,6-dihydroxypyrimidin zu kondensieren, und man hat vermutet, daß die biologische Reaktion den gleichen Weg geht.

Leider ließ sich noch nie nachweisen, daß Acetoin CH_3–CHOH–CO–CH_3 (oder ihr oxydiertes Derivat, das Butandion) tatsächlich an der Biosynthese von Lumazin beteiligt ist, obwohl diese Verbindung ein normaler Metabolit von *E. ashbyii* ist.

Der Nachweis, daß Lumazin als Zwischenstufe auftritt, beruht auf seiner Isolierung aus allen Riboflavin-bildenen Organismen.

Der Einbau radioaktiven Formiats erfolgt beim Lumazin wie beim Riboflavin an analogen Positionen. Nach den relativen Einbauraten ist es wahrscheinlicher, daß Lumazin ein Zwischenprodukt der Riboflavin-Biosynthese, als ein Abbauprodukt dieser Verbindung ist.

Das überzeugendste Argument ist die Umsetzung von Lumazin in Riboflavin durch azelluläre Extrakte einer großen Anzahl Mikroorganismen. Die Formeln von Lumazin bzw. Riboflavin zeigen, daß man einen Block von vier C-Atomen an das Lumazin koppeln muß, um den o-Xylenrest des Riboflavins zu vervollständigen.

Die Leichtigkeit, mit der Lumazin sich chemisch (nichtenzymatisch) mit Butandion kondensiert, legt folgende Reaktion als letzten Schritt der Riboflavin-Synthese nahe:

Butandion + 6,7-Dimethyl-8-ribityllumazin → Riboflavin

Die Wirklichkeit sieht nicht so einfach aus. Es scheint, daß die Einheit mit 4 C-Atomen oder zwei Einheiten zu je 2 C-Atomen vom Lumazin selbst stammen: Die azellulären Extrakte von *E. ashbyii* synthetisieren tatsächlich Riboflavin aus Lumazin ohne Zugabe anderer exogener Vorstufen. Mehr als zwei Moleküle Lumazin werden zur Bildung eines Moleküls Riboflavin verbraucht [271].

Da außerdem nicht bekannt ist, auf welchem Stadium der Riboflavin-Biosynthese der Ribitylrest in das Molekül eingebaut wird, kann man die Arbeit ermessen, die zur Erhellung der Einzelheiten dieser Biosynthese zu tun bleibt.

Obwohl Enzymsysteme nachgewiesen sind, die Riboflavin in Flavinmononucleotid und Flavin-adenin-dinucleotid umwandeln, ist nicht ausgeschlossen, daß das wirkliche Zwischenprodukt der Lumazin-Synthese das Adenindinucleotidderivat des 4,5-Diaminouracils ist und daß die Riboflavin-Synthese auf der Stufe des Flavin-adenin-dinucleotids abläuft. In verschiedenen tierischen und pflanzlichen Geweben und bei den Bakterien konnte man das Vorkommen einer Flavokinase, die die Phosphorylierung von Riboflavin an der Endstellung der Ribitkette katalysiert, nachweisen [272]:

Riboflavin + ATP → Riboflavin-5′-phosphat + ADP

Das Riboflavin-5′-phosphat heißt auch Flavin-adenin-mononucleotid, abgekürzt FMN.

Aus Hefe hat man ein Enzym gereinigt, das die Bildung von Flavin-adenin-dinucleotid (FAD) aus FMN und ATP katalysiert [273]:

FMN + ATP → FAD + Pyrophosphat

Wie folgende, an *E. coli* gewonne Resultate zeigen, ist die Flavin-Synthese nicht so genau dem physiologischen Bedarf der Bakterien angepaßt wie die Synthese der höheren Metaboliten, Aminosäuren und Nucleotide [274].

1. Die Flavine werden in der Phase exponentiellen Wachstums in großem Überschuß produziert; die ausgeschiedene Menge kann die intrazelluläre Konzentration bis zu achtmal übersteigen.
2. Die Synthese hängt nicht streng vom Wachstum ab: Sie kann anhalten, lange nachdem das Wachstum von *E. coli* beendet ist; umgekehrt kann das Wachstum der Milchsäurebakterien, die Riboflavin benötigen, sehr lange andauern, nachdem diesen Organismen der Wachstumsfaktor genommen wurde. Wie sich ergab, retro-inhibieren die Flavine nicht ihre eigene Synthese; durch repressive Regulation schwankt die Menge der zur Flavin-Synthese nötigen Enzyme jedoch nicht um mehr als den Faktor 2.

Die Bakterien hätten wahrscheinlich von einer sehr strengen Regulation der Synthese der Flavine und bestimmter anderer Coenzyme keinen Vorteil. Die Material- und Energieverschwendung bei der unregulierten Coenzym-Synthese ist sehr gering. Um die beobachtete geringe Exkretion zu vermeiden (gering in absoluten Zahlen), bedürfte es sehr strenger Regulationen, d.h. daß weit geringere Konzentrationen des Endprodukts zur Hemmung seiner eigenen Synthese (durch Repression oder feed-back-Hemmung) benötigt würden.

Geringere intrazelluläre Konzentrationen könnten die Synthesen der Makromoleküle, an denen Enzyme mit Flavin-Cofaktoren an verschiedenen Stellen beteiligt sind, beeinträchtigen.

Um eine Zahl zu nennen: die interne Konzentration freier Flavine bei *E. coli* liegt schon unterhalb von 4×10^{-6} M. Dieses Fehlen einer feinen Regulation kann zu solchen Auswüchsen wie bei *E. ashbyii* führen, in dessen Kulturfiltraten Riboflavin Werte von 1g/Liter oder mehr erreichen kann.

3. Biosynthese von Nicotinamid, NAD^+ und $NADP^+$

Einzelheiten der Nicotinsäure-Biosynthese wurden nur bei den Tieren und Schimmelpilzen aufgeklärt. Wie es scheint, synthetisieren die Bakterien und Pflanzen ihr Nicotinamid auf einem völlig anderem Wege, über den wir nur sehr bruchstückhafte Informationen besitzen.

Bei den Tieren und Schimmelpilzen ist Tryptophan die Vorstufe der Nicotinsäure. Die Tryptophan-Pyrrolase, ein Häm-haltiges Enzym, katalysiert eine Öffnung des Pyrrolkerns dieser Aminosäure in einer Oxygenierungsreaktion, die eine Addition molekularen Sauerstoffs beinhaltet [275]:

$CH_2-CH(NH_2)-COOH$; NH
L-Tryptophan

$\longrightarrow$

$CO-CH_2-CH(NH_2)-COOH$; CHO ; NH
N-Formylkynurenin

Die entstandene Verbindung verliert unter Einwirkung einer spezifischen Formamidase ihre Formylgruppe [276]; das gewonnene Kynurenin wird von der Kynurenin-3-Hydroxylase hydroxyliert. Das Sauerstoffatom der Hydroxylgruppe stammt vom molekularen Sauerstoff und nicht aus dem Wasser.

Es ist unbekannt, warum diese Hydroxylase NADPH zu ihrer Funktion benötigt [277]:

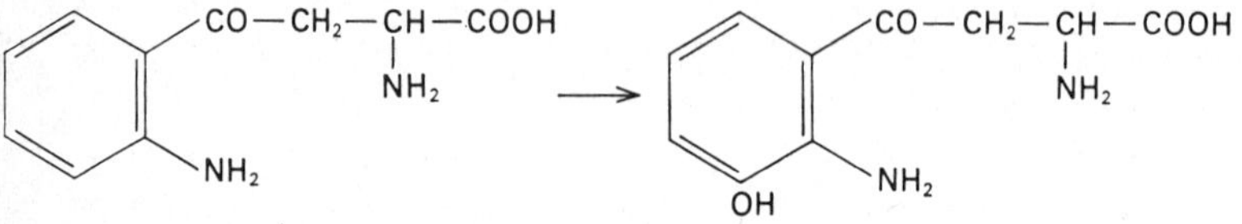

Kynurenin → 3-Hydroxykynurenin

Die Kynureninase ist ein Enzym, das Pyridoxalphosphat als Cofaktor besitzt; es hydrolysiert 3-Hydroxykynurenin zur 3-Hydroxyanthranilsäure und Alanin [278].

Der Benzolkern der 3-Hydroxyanthranilsäure wird unter der Einwirkung einer Oxygenase geöffnet, die man aus Rinderleber hochgereinigt gewinnen konnte und die von Eisen^{2+}-Ionen und der Anwesenheit von Sulfhydrylderivaten aktiviert wird [279]. Das Oxydationsprodukt ist die 1-Amino-4-formyl-1,3-butadien-1,2-dicarbonsäure:

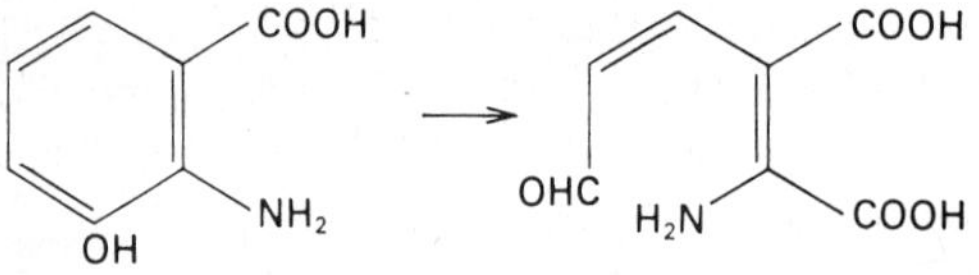

3-Hydroxyanthranilsäure → 1-Amino-4-formyl-1,3-butadien-1,2-dicarbonsäure

Spezifische Enzyme sind für die Zyklisierung dieser Verbindung zur Chinolinsäure und deren Decarboxylierung zur Pyridin-3-carbonsäure oder Nicotinsäure verantwortlich [280]:

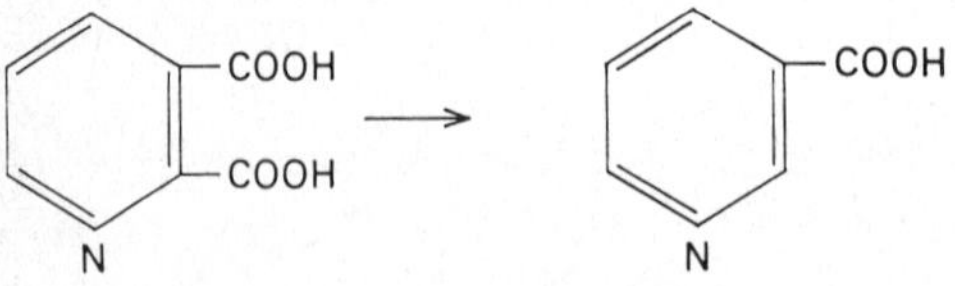

Chinolinsäure → Nicotinsäure

Bei den Bakterien und Pflanzen wurden folgende Experimente durchgeführt: Man weiß von Untersuchungen mit radioaktiven Isotopen, daß Tryptophan bei *E. coli* und *B. subtilis* ebenso wie Trigonellin, eine verwandte Pyridinverbindung, bei der Erbse keine Vorstufe der Nicotinsäure ist.

Der Pyridinkern des Nicotins beim Tabak stammt nicht vom Tryptophan und markiertes Tryptophan oder 3-Hydroxyanthranilsäure sind keine Vorstufen der aus Maiskeimlingen isolierten Nicotinsäure.

Neuere Untersuchungen an *E. coli* und *Mycobacterium tuberculosis* [281, 282] scheinen aufzuzeigen, daß eine Verbindung mit drei C-Atomen, wie z.B. Glycerin, und eine mit vier C-Atomen, wie Succinat oder Aspartat, mögliche Vorstufen sind und daß eine Kondensation dieser Verbindungen, gefolgt von einer Decarboxylierung, das Kohlenstoffskelett der Nicotinsäure, deren Carboxyl vom C_4-Körper stammt, aufbaut.

Eine Mutante von *E. coli,* die Nicotinsäure benötigt, reichert Cinchomeronsäure an, die wiederum das Wachstum von *Lactobacillus arabinosus,* eines Organismus der ebenfalls Nicotinsäure benötigt, ermöglicht [283]:

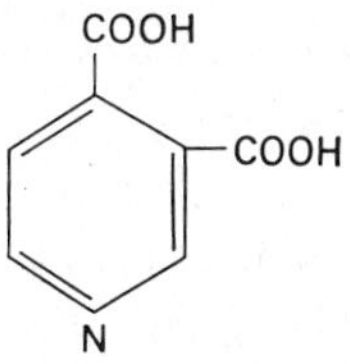

COOH
COOH
N

Cinchomeronsäure oder Pyridin-3,4-dicarbonsäure

Noch viel Information ist nötig, um ein vollständiges Schema der Nicotinsäure-Synthese bei Pflanzen und Bakterien aufstellen zu können.

Das einzige Bakterium, bei dem man beobachtete, daß es seine Nicotinsäure auf dem Weg über das Tryptophan synthetisiert, ist *Xanthomonas pruni.*

Die Cofaktoren der Dehydrogenierungsreaktionen, NAD^+ und $NADP^+$, sind keine Derivate der Nicotinsäure, sondern des Nicotinamids. Das Nicotinamid, das man in den biologischen Flüssigkeiten findet, stammt von der Abbauwirkung der NADase oder dem Abbau von Nicotinamidmononucleotid. Die Amidierung der Nicotinsäure vollzieht sich, wie wir noch sehen werden, auf der Dinucleotidstufe.

Die erste Vorstufe des NAD^+ [284] ist das Mononucleotid der Nicotinsäure, das unter der Wirkung der Phosphoribosylnicotinat-Transferase synthetisiert wird:

Nicotinsäure + Phosphoribosylpyrophosphat
$\downarrow\uparrow$ (NMN-Pyrophosphorylase)
Mononucleotid der Nicotinsäure (NMN) + Pyrophosphat

Das Mononucleotid reagiert mit ATP zum Dinucleotid der Nicotinsäure und Adenin:

NMN + ATP $\rightleftarrows$ Desamido-NAD^+ + Pyrophosphat
(Nicotinat-adenin-dinucleotid-Pyrophosphorylase)

Zum Schluß fügt die NAD^+-Synthetase eine Amidogruppe an den Nicotinrest des Desamido-NAD^+.

Als Quelle der NH_2-Gruppe dient Glutamin:

$$\text{Desamido-NAD}^+ + \text{ATP} + \text{Glutamin} \xrightarrow[\text{Synthetase}]{\text{NAD}^+} \text{NAD}^+ + \text{AMP} + \text{Pyrophosphat} + \text{Glutamat}$$

Die $NADP^+$-Synthese wird von der NAD^+-Kinase katalysiert. Diese überträgt ein Phosphat vom ATP auf das C-Atom 2, der an das Adenin des NAD^+ gekoppelten Ribose [285]:

$$\text{NAD}^+ + \text{ATP} \rightarrow \text{NADP}^+ + \text{ADP}$$

Zum Verständnis der Einzelheiten dieser Biosynthese können die Strukturformeln von NAD^+ und $NADP^+$ beitragen:

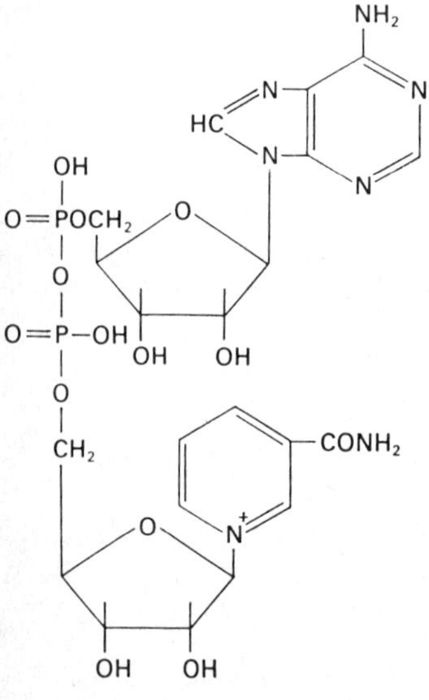

Nicotinamid-adenin-dinucleotid
(NAD^+)

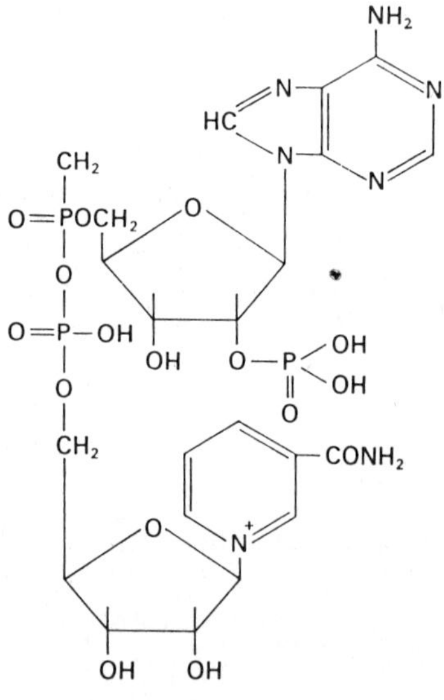

Nicotinamid-adenin-dinucleotidphosphat
($NADP^+$)

Die Regulation der Pyridinnucleotid-Synthese scheint sehr wirksam zu sein. Bei *Aerobacter aerogenes* läßt die Zugabe von exogener Nicotinsäure die Eigensynthese auf 3 % des Normalwerts absinken: Die intrazelluläre Gesamtkonzentration an Pyridinnucleotiden bleibt konstant.

Der Mechanismus dieser Regulation wurde bei *E. coli* untersucht [286]: Eine Mutante, die Nicotinsäure benötigt, wurde mit verschiedenen Konzentrationen NAD^+

oder Nicotinsäure kultiviert; die folgenden vier Enzymaktivitäten wurden in vitro gemessen: NMN-Pyrophosphorylase, NAD^+-Pyrophosphorylase, NAD^+-Synthetase und NAD^+-Kinase. Während die Aktivität der letzten drei Enzyme von den Kulturbedingungen unabhängig zu sein scheint, steigt die spezifische Aktivität der NMN-Pyrophosphorylase in Kulturen mit limitiertem Nicotinat auf das 200-fache an. Man hat daraus gefolgert, daß die Synthese dieses Enzyms einer repressiven Regulation unterworfen ist, die die intrazellulären NAD^+- und $NADP^+$-Konzentrationen steuert.

Bei anderen Organismen, wie *B. subtilis, Serratia marcescens, Torula cremoris* und *Tetrahymena pyriformis,* fehlt diese Regulation. Bei *B. subtilis* konnte man statt dessen einen anderen Regulationstyp, den der Aktivierung der NMN-Pyrophosphorylase durch ATP, nachweisen [287]. Dieses Enzym besitzt ein Zentrum zur Bindung von ATP, das es aktiviert und die Bildung von NAD^+ in den nicht proliferierenden Zellen stimuliert. Der Befund, daß ATP die NAD^+-Bildung stimuliert, hat vom Gesichtspunkt der Regulation aus interessante Konsequenzen [288], weil ATP ein indirektes Produkt der NADH-Reoxydation bei der oxydativen Phosphorylierung ist. So kann die verfügbare Energie in Form von ATP den Satz der intrazellulären Redox-Reaktionen beeinflussen, indem es den NAD^+-Spiegel reguliert.

NAD^+ vermag seinerseits die Produktion der für die verschiedenen Zellfunktionen notwendigen Energie zu beeinflussen. Von der Wirkung eines solchen koordinierten Systems überkreuzender Regulation, das sehr wahrscheinlich wirklich existiert, hätte die Zelle großen Nutzen.

4. Biosynthesen der p-Aminobenzoesäure, der Folsäure und ihrer Derivate

Die Strukturformel der Folsäure,

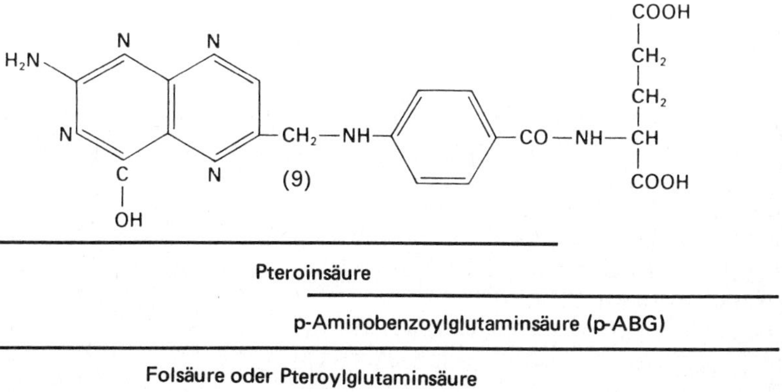

H_2N N N N C OH N CH_2—NH— —CO—NH—CH COOH CH_2 CH_2 COOH

(9)

Pteroinsäure

p-Aminobenzoylglutaminsäure (p-ABG)

Folsäure oder Pteroylglutaminsäure

zeigt, daß man sich diese Verbindung aus drei Bestandteilen aufgebaut vorstellen darf, aus der Glutaminsäure, der p-Aminobenzoesäure (pAB) und dem 2-Amino-4-hydroxypteridin. Die Einheit, die durch Zusammenschluß von Pteridin und pAB über eine Methylengruppe (in der Formel mit 9 numeriert) entsteht, heißt Pteroinsäure.

Man kann nun annehmen, daß die Folsäure-Synthese entweder durch Kondensation von Pteroat und Glutamat oder von Pteridin und pABG zustande kommt. Chorismat, die gemeinsame Vorstufe der drei aromatischen Aminosäuren, ist auch eine Vorstufe der pAB [289]. Prephensäure und p-Hydroxybenzoesäure sind als Substrate des azellulären Systems, das pAB aus Chorismat synthetisiert, ungeeignet. Das N-Atom der pAB stammt vom Amid-Stickstoffatom des Glutamins. Zur Zeit kennen wir noch keine Einzelheiten des Mechanismus dieser Reaktion. Wie beim Riboflavin wird ein Purinrest, der sein C-Atom 8 verloren hat, in das Pteridinmolekül eingebaut [290]. Guanin ist nur in Gegenwart von PRPP aktiv, aber Guanosin und die Guaninnucleotide sind bessere Substrate [291]. Es folgt ein hypothetisches Schema der Biosynthese:

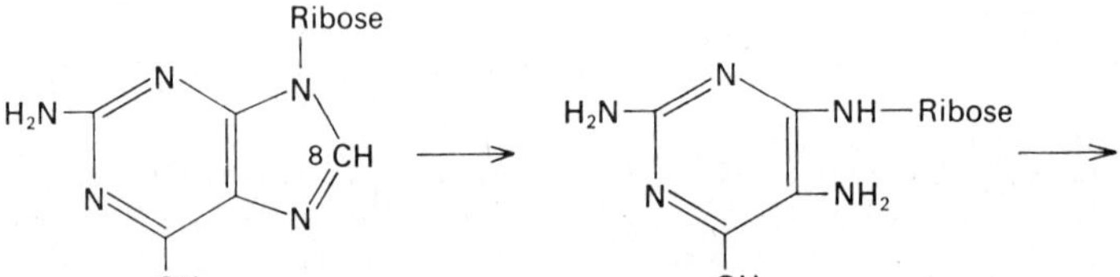

Guanosin → Triaminouracilribosid →

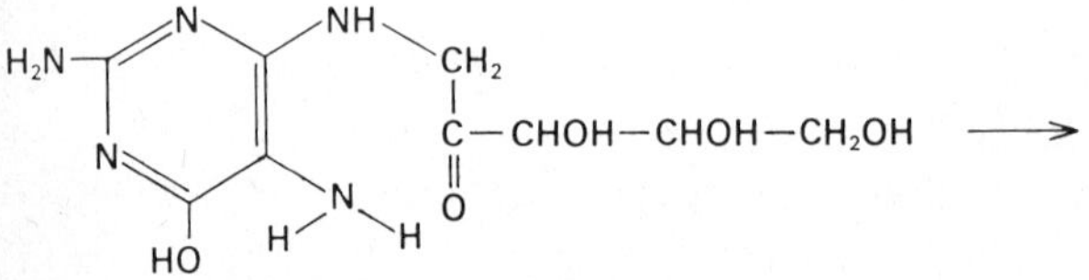

Triaminouracildesoxypentulosid →

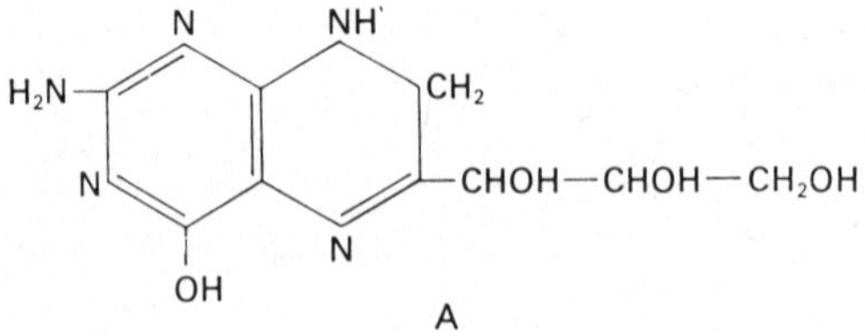

A

Wenn dieses Schema stimmt, müssen zwei der drei C-Atome der Seitenkette des Biopterins eliminiert werden, um das 2-Amino-4-hydroxy-6-hydroxymethylpteridin, das für die Struktur der Folsäure charakteristisch ist, zu erreichen. Diese Annahme dürfte auch zutreffen, denn ein aus der Hefe extrahiertes Enzymsystem konnte Folat aus Tetrahydrobiopterin, einem Analogen der Verbindung A, synthetisieren [292]:

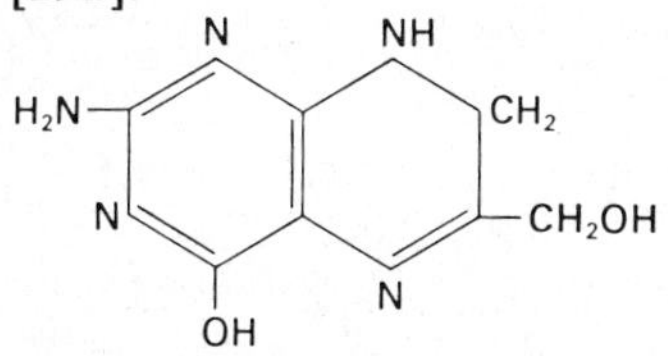

2-Amino-4-hydroxy-
6-hydroxymethyldihydropteridin

Die Folsäure ist wahrscheinlich keine Zwischenstufe der de-novo-Biosynthese der Tetrahydrofolsäure. Aus natürlichen Quellen wird sie, wegen der Leichtigkeit, mit der die reduzierten Formen oxydiert werden, in oxydierter Form isoliert.

Zum Glück für den Zellhaushalt gibt es Enzyme, die die Folsäure reduzieren, die Dihydrofolat- und Tetrahydrofolat-Dehydrogenasen, die NADH oder NADPH verwenden [293, 294].

Wahrscheinlich wird zunächst der Pyrophosphatester des oben beschriebenen substituierten Dihydropteridins mit Hilfe von ATP gebildet, der sich dann unter Eliminierung von Pyrophosphat mit pAB kondensiert. Die so gebildete Dihydropteroinsäure reagiert mit Glutamat in Gegenwart von ATP und baut dabei die Dihydrofolsäure auf.

Weitere Folsäurederivate sind bekannt: Von der Tetrahydrofolsäure und der N-5,10-Methylentetrahydrofolsäure war bereits im Zusammenhang mit den Serin- und Methionin-Biosynthesen die Rede, wo sie die Rolle des C_1-Überträgers spielen. Man kennt ein weiteres Tetrahydrofolsäurederivat, das Formiminogruppen (–HC=NH) übertragen kann. Andere Formen, die man in der Natur antrifft, sind die Triglutamin- und Heptaglutaminderivate der Folsäure. In diesen Verbindungen sind die Glutamylreste über ihre Carboxyle in γ-Position gekoppelt.

5. Biosynthese der Derivate des Vitamin B_6 oder des Pyridoxins

Über die Reaktionen, mit denen die Zelle diese Pyridinderivate synthetisiert, ist nur sehr wenig bekannt. Ihre Formeln lauten:

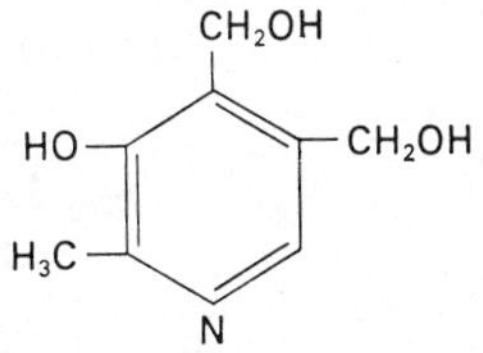

Pyridoxin 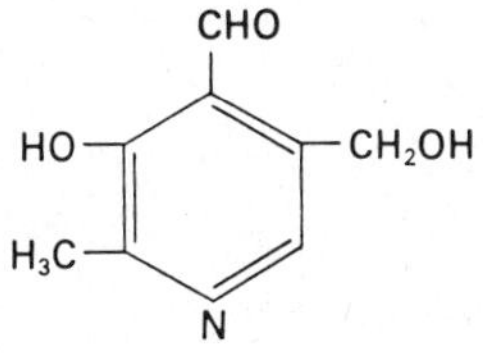 Pyridoxal 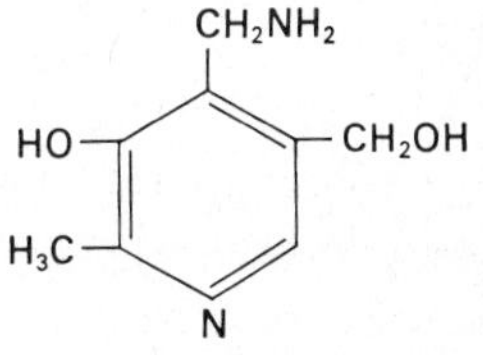 Pyridoxamin

Da alle drei bekannten Formen des Vitamin B_6 von Organismen, die es zum Wachstum benötigen, verwendet werden können, müssen sie leicht ineinander umwandelbar sein. Die Pyridoxal-Phosphokinase, die die Reaktion

$$\text{Pyridoxal} + \text{ATP} \rightarrow \text{Pyridoxalphosphat} + \text{ADP}$$

katalysiert, führt auch die Phosphorylierung von Pyridoxin und Pyridoxamin durch. Pyridoxinphosphat und Pyridoxaminphosphat werden durch eine spezifische Oxydase zu Pyridoxalphosphat oxydiert.

Kürzlich erlaubten Syntrophieexperimente mit einer Reihe unabhängiger Mutanten von *E. coli,* diese Mutanten in sieben verschiedene Phänotypen zu unterscheiden.

Einer Gruppe von Mutanten fehlt die spezifische Oxydase, die auf das Pyridoxinphosphat wirkt. Diese Mutanten reichern Pyridoxin und Pyridoxinphosphat an. Letzteres scheint also eine normale Zwischenstufe der Pyridoxalphosphat-Synthese zu sein [295].

Die Synthese dieser Familie von Verbindungen dürfte einer Regulation durch feedback-Hemmung unterworfen sein: Die Zugabe von Pyridoxin in einer Konzentration von 4×10^{-7} M zu Kulturen von *E. coli* in exponentiellem Wachstum stoppt augenblicklich jede Synthese von Pyridoxinderivaten.

Diese These muß jedoch noch bestätigt werden, wenn die spezifischen Enzyme der Synthesekette identifiziert sind [296].

6. Biosynthese von Biotin, „Biotin-CO_2" und Biocytin

Biotin kann formal als mit einer lateralen n-Pentanoylkette und einem Harnstoffrest substituierter Thiophenkern betrachtet werden:

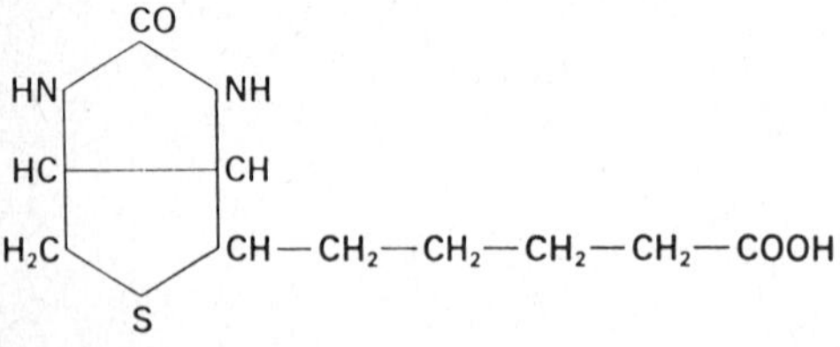

```
        CO
      /    \
  HN         NH
  |           |
  HC ——————— CH
  |           |
  H2C         CH—CH2—CH2—CH2—CH2—COOH
      \    /
        S
```

Biotin

Ältere Untersuchungen ergaben, daß bestimmte Mycobakterien, die Biotin benötigen, an seiner Stelle Pimelinsäure verwenden konnten [297]:

$$HOOC{-}CH_2{-}CH_2{-}CH_2{-}CH_2{-}CH_2{-}COOH$$

Pimelinsäure

Diese Verbindung wird als eine der Vorstufen des Biotins angesehen [298]: Außerdem wies man das Desthiobiotin als weitere Vorstufe nach [299]:

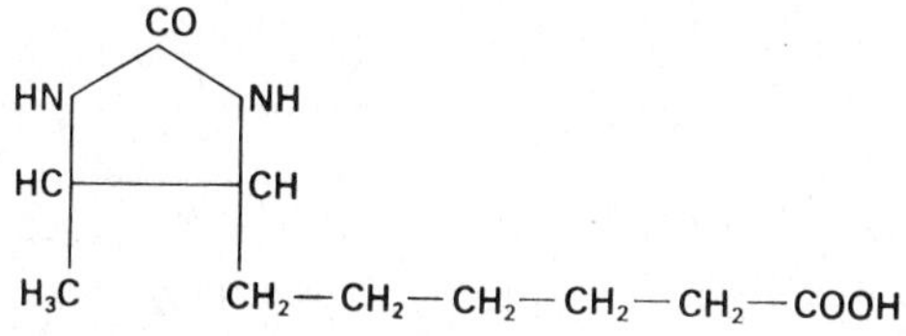

CO
HN NH
HC CH
H_3C $CH_2—CH_2—CH_2—CH_2—CH_2—COOH$

Desthiobiotin

Man kann in dieser Verbindung einen Pimelinsäurerest wiedererkennen. Die unmittelbare Quelle des Schwefelatoms, das zur Vervollständigung des Thiophenkerns des Biotins aus dieser Vorstufe nötig ist, kennt man nicht. Wie wir gesehen haben, enthalten die Acetyl-CoA-Carboxylase und zahlreiche andere Carboxylasen Biotin. In mehreren Fällen konnte gezeigt werden, daß die CO_2-Aktivierung, die in diesen Reaktionen stattfindet, sich durch eine Carboxylierung des Biotins zu einer energiereichen Verbindung, dem Biotin ~ CO_2, vollzieht [300]:

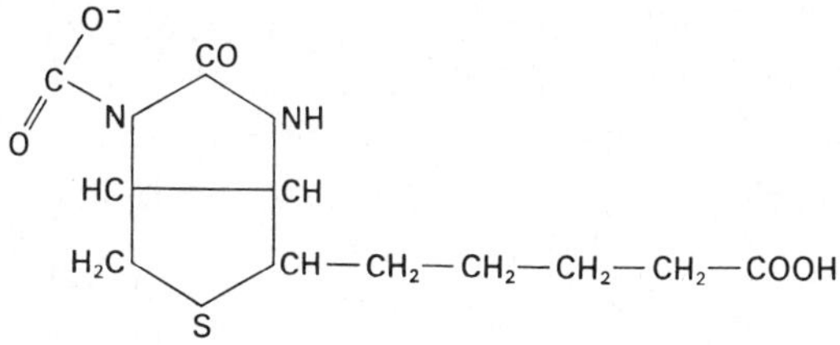

O^-
C CO
O N NH
HC CH
H_2C $CH—CH_2—CH_2—CH_2—CH_2—COOH$
S

Biotin ~ CO_2

Für den Fall der Acetyl-CoA-Carboxylase schlagen einige Autoren einen Mechanismus vor, der sich von dem bei anderen bekannten Carboxylasen nachgewiesenen unterscheidet: Das Kohlenstoffatom des Harnstoffrests soll der aktivierte Kohlenstoff sein. Dies erfordert die Existenz einer Verbindung, die man vereinfacht „Diaminobiotin" nennen kann:

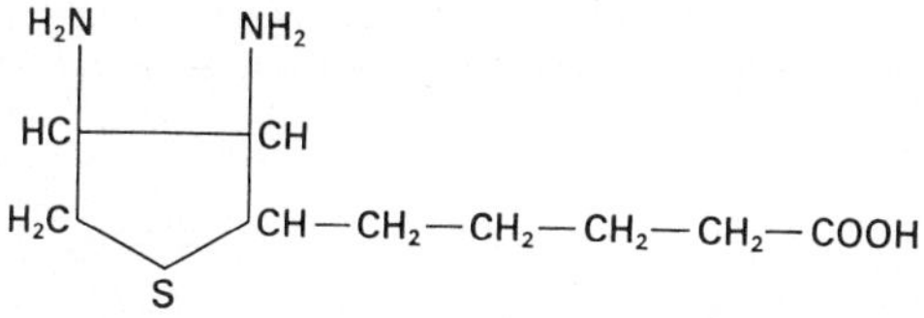

H_2N NH_2
HC CH
H_2C $CH—CH_2—CH_2—CH_2—CH_2—COOH$
S

„Diaminobiotin"

Der Kohlenstoff der Harnstoffgruppe würde während der Carboxylierungsreaktion auf Acetyl-CoA übertragen und in Gegenwart von ATP mit Bicarbonat regeneriert.

Diese Theorie wird von der Mehrzahl der Forscher, die auf diesem Gebiet spezialisiert sind, angezweifelt. Wie es auch immer sei, die Teilnahme von „Diaminobiotin" an der Biotin-Biosynthese ist mit Sicherheit ausgeschlossen. Man kennt seit langem eine „kombinierte" Form von Biotin mit Namen Biocytin oder ϵ-N-Biotinyllysin. Dies läßt vermuten, daß das Biotin über die 2-Aminogruppen des Lysins an das Apoenzym der Carboxylasen gebunden ist. Dieser Befund wurde mit Sicherheit bisher nur für die Propionyl-Carboxylase bestätigt [301, 302, 303]. Ein spezifisches Enzym, das auf radioaktives Biotin, auf Propionyl-Apocarboxylase und ATP wirkt, erlaubt die Gewinnung radioaktiver Holocarboxylasen, aus der man durch proteolytische Verdauung radioaktives Biocytin isolieren kann. Dies gestattet, folgende Gesamtformel aufzustellen:

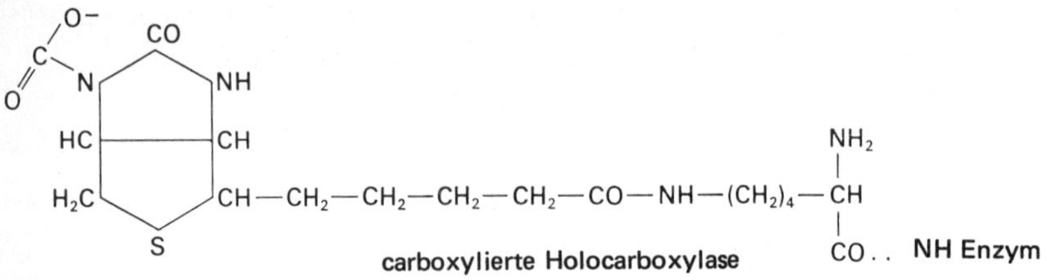

```
      O⁻
     /       CO
    C       /  \
   //  \   N    NH
  O         |    |
          HC----CH                                          NH2
           |    |                                            |
         H2C    CH—CH2—CH2—CH2—CH2—CO—NH—(CH2)4—CH
            \  /                                             |
             S        carboxylierte Holocarboxylase          CO . . NH Enzym
```

In dieser Formel dient die Carboxylgruppe des Lysins dazu, die aktivierte Form des Vitamins über eine Peptidbindung an die Apocarboxylase zu binden.

Die Synthesereaktion der Holocarboxylasen führt wahrscheinlich intermediär über Biotinyladenylat.

7. Die Biosynthese der Pantothensäure und des Coenzym A

Die Einzelheiten dieser Biosynthese sind gut bekannt. Die Pantothensäure ist aus zwei Bestandteilen, dem β-Alanin und der ββ-Dimethyl-γ-hydroxybuttersäure (Pantoinsäure), aufgebaut. Die Mutanten von *E. coli,* die die Pantothenat-Synthese nicht durchführen können, gehören drei Klassen an, die formal denen der Thiamin-Synthese analog sind:

1. Solche, die Pantoinsäure synthetisieren können, aber β-Alanin benötigen;
2. solche, die β-Alanin synthetisieren können, aber Pantoinsäure brauchen;
3. solche, die beide Verbindungen synthetisieren, sie aber nicht zur Pantothensäure koppeln können, weil ein entsprechendes Enzym fehlt. Letztere benötigen fertiges Pantothenat [304].

Man kennt zwei Wege, auf denen die Zelle daß β-Alanin bildet.

Eine Aspartat-4-Decarboxylase kann direkt diese Verbindung aufbauen [305]:

$$\underset{\text{Aspartat}}{HOOC{-}CH_2{-}\underset{\displaystyle NH_2}{\overset{|}{CH}}{-}COOH} \rightarrow \underset{\beta\text{-Alanin}}{HOOC{-}CH_2{-}CH_2{-}NH_2} + CO_2$$

β-Alanin kann sich ebenfalls aus der Propionsäure bei intermediärer Bildung von Acrylyl-CoA ableiten [306]:

$$CH_3—CH_2—COOH \rightarrow CH_2 = CH—CO—S—CoA$$
Acrylyl-CoA

$$CH_2 = CH—CO—S—CoA + NH_3 \rightleftharpoons H_2N—CH_2—CH_2—CO—S—CoA$$
β-Alanyl-CoA

Was die Pantoinsäure betrifft, so kennen wir schon ihre Vorstufe, die α-Ketoisovaleriansäure, eine Vorstufe des Valins. An diese Verbindung wird von einem Enzym, das als Cofaktor ein Folsäurederivat enthält, eine Hydroxymethylgruppe angekoppelt [307]. Man erhält eine Verbindung mit dem Trivialnamen Ketopantoinsäure, die α-Keto-β, β-dimethyl-γ-hydroxybuttersäure, die von bestimmten Mutanten, die Pantoat benötigen, verwendet wird. Diese Verbindung wird dann zum Pantoat reduziert [308]:

$$(CH_3)_2CH—CO—COOH \xrightarrow{+HCHO} HOH_2C—C(CH_3)_2—CO—COOH$$
α-Ketoisovalerianat — Ketopantoat

$$\rightarrow HOH_2C—C(CH_3)_2—CHOH—COOH$$
Pantoat

Die Pantothenat-Synthetase koppelt Pantoat und β-Alanin zum Pantothenat [309]. Das Enzym benötigt die Gegenwart von ATP: außer Pantothenat entstehen bei der Reaktion AMP und Pyrophosphat [310].

Diese Reaktion hat gewisse historische Bedeutung: Es ist die erste bekanntgewordene Reaktion, bei der man die Neusynthese einer Peptidbindung beobachtet hat und bei der man außerdem klar das Auftreten eines Enzym-Substrat-Komplexes nachgewiesen hat. Die Reaktion läuft in folgenden Schritten ab [311]:

Enzym + ATP + Pantoat → Enzym-pantoyladenylat + Pyrophosphat
Enzym-pantoyladenylat + β-Alanin → Pantothenat + AMP + Enzym

Pantoat + ATP + β-Alanin → Pantothenat + AMP + Pyrophosphat

$$HOH_2C—C(CH_3)_2—CHOH—CONH—CH_2—CH_2—COOH$$
Pantothensäure

Die erste Reaktion, die vom Pantothenat zum Coenzym A führt, ist eine Phosphorylierung der Hydroxymethylgruppe des Pantothenats durch die Pantothenat-Kinase zur 4'-Phosphopantothensäure [312]:

$$H_2O_3POH_2C{-}\overset{\displaystyle CH_3}{\underset{\displaystyle CH_3}{C}}{-}CHOH{-}CONH{-}CH_2{-}CH_2{-}COOH$$

4'Phosphopantothensäure

Phosphopantothenat wird durch die Phosphopantothenyl-Cystein-Synthetase, deren Funktionieren die Gegenwart von ATP oder CTP verlangt, an Cystein gekoppelt:

$$H_2O_3P{-}OH_2C{-}\overset{\displaystyle CH_3}{\underset{\displaystyle CH_3}{C}}{-}CHOH{-}CONH{-}CH_2{-}CH_2{-}CONH{-}\overset{\displaystyle COOH}{CH}{-}CH_2SH$$

4'-Phosphopantothenylcystein

Eine spezifische Decarboxylase bildet das 4'-Phosphopantethein. Dazu ist zu sagen, daß der Cysteinrest der vorhergehenden Verbindung durch einen 2-Mercaptoäthylaminrest ausgetauscht wird:

$$H_2O_3P{-}OH_2C{-}\overset{\displaystyle CH_3}{\underset{\displaystyle CH_3}{C}}{-}CHOH{-}CONH{-}CH_2{-}CH_2{-}CONH{-}CH_2{-}CH_2SH$$

4'-Phosphopantethein

Eine Adenyltransferase läßt diese Verbindung mit ATP reagieren. Die Reaktionsprodukte sind Dephosphocoenzym A und Pyrophosphat:

$$H_2O_3P{-}OH_2C{-}\overset{\displaystyle CH_3}{\underset{\displaystyle CH_3}{C}}{-}CHOH{-}CONH{-}CH_2{-}CH_2{-}CONH{-}CH_2{-}CH_2SH + ATP$$

$$\rightleftarrows HO{-}\overset{\displaystyle O}{\overset{\|}{\underset{\displaystyle \underset{\displaystyle O=\underset{\displaystyle OH}{P}{-}O{-}Adenosin}{O}}{P}}}{-}OH_2C{-}\overset{\displaystyle CH_3}{\underset{\displaystyle CH_3}{C}}{-}CHOH{-}CONH{-}CH_2{-}CH_2{-}CONH{-}CH_2{-}CH_2SH + Pyrophosphat$$

Dephosphocoenzym A

Schließlich fügt die Dephosphocoenzym A-Kinase einen Phosphatrest an eines der Hydroxyle der Ribose, und dabei wird Coenzym A synthetisiert [313]:

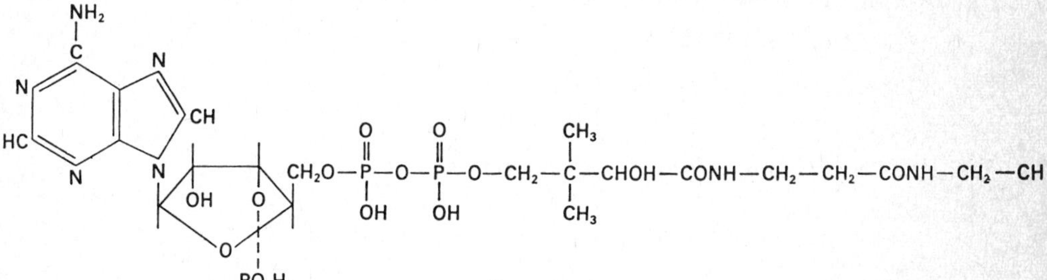
NH2
C
N
N
CH
HC
N
N
OH
O
O
PO3H2
CH2O—P—O—P—O—CH2—C—CHOH—CONH—CH2—CH2—CONH—CH2—CH
O
O
OH
OH
CH3
CH3

Coenzym A

Die freie Sulfhydrylgruppe des Coenzym A reagiert mit Acylgruppen (Acetyl, Succinyl, Malonyl usw.) in zahlreichen Synthesen, die wir bereits mehrfach kennenlernten:

$R–S–CO–CH_3$
Acetyl-Coenzym A

Außerdem nimmt Coenzym A an zahlreichen Reaktionen des Tricarbonsäurezyklus teil. Wir wollen uns hier an die Ähnlichkeiten in der Struktur mit dem Acylüberträger ACP erinnern.

8. Inosit-Synthese

Ein Vergleich der Strukturformeln der Glucopyranose und des Inosits zeigt sofort die Möglichkeit, daß der Inosit durch Zyklisierung aus Glucose hervorgeht.

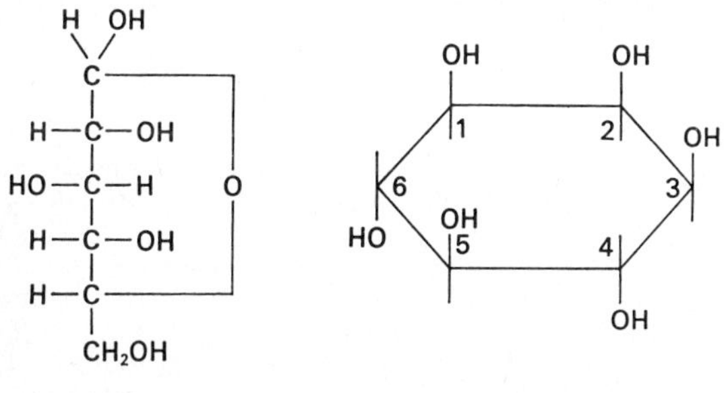
H OH
C
H—C—OH
HO—C—H
O
H—C—OH
H—C
CH2OH
OH
OH
OH
1
2
6
3
OH
HO
5
4
OH

Glucose Inosit

Bei der Hefe hat man tatsächlich ein Enzymsystem, die Glucose-6-phosphat-Cyklase, nachgewiesen, die Glucose-6-phosphat in Inosit-1-phosphat umwandelt. Dieses System benötigt unbedingt NAD^+. In einem zweiten Schritt hydrolysiert eine Phosphatase, die Mg^{2+}-Ionen braucht, das Inositphosphat [314]. Die gleichen Ergebnisse wurden mit Hodenextrakten von Säugetieren gewonnen.

9. Biosynthese des Vitamin B_{12}

Ein kurzer Abriß der Synthese dieses komplexen Moleküls folgt im Zusammenhang mit der Biosynthese des Tetrapyrrolkerns.

XVIII. Die Synthese von Carotin, Vitamin A und Sterinen

1. Synthese von Isopentenylpyrophosphat

Die β-Ketothiolase kondensiert zwei Moleküle Acetyl-CoA zu Acetoacetyl-CoA (s. S. 73).

In einer der Kondensation von Acetyl-CoA und Oxalacetat zu Citrat analogen Reaktion katalysiert die β-Hydroxy-β-methylglutaryl-CoA-Synthetase die Kondensation des Acetoacetyl-CoA mit einem neuen Molekül CoA [315]:

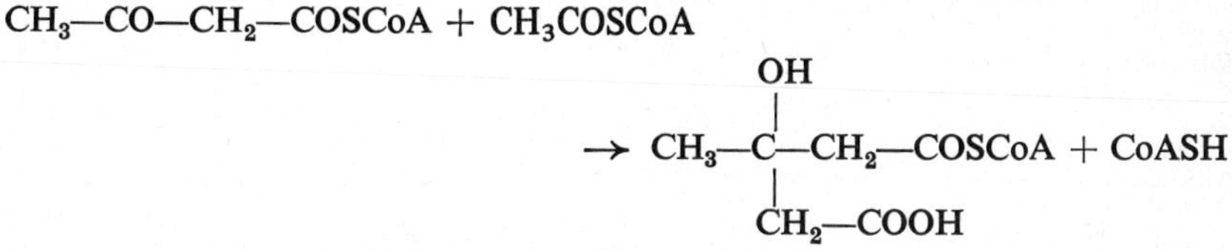

$$CH_3—CO—CH_2—COSCoA + CH_3COSCoA$$

$$\rightarrow CH_3—\overset{\displaystyle OH}{\underset{\displaystyle CH_2—COOH}{\overset{|}{\underset{|}{C}}}}—CH_2—COSCoA + CoASH$$

β-Hydroxy-β-methylglutaryl-CoA

Neuere Befunde sollen definitiv beweisen, daß Acetoacetyl-ACP die wirkliche Zwischenstufe dieser Kondensation ist [316, 317]. Eine spezifische Reduktase reduziert das β-Hydroxy-β-methylglutaryl-CoA zur Mevalonsäure [318]:

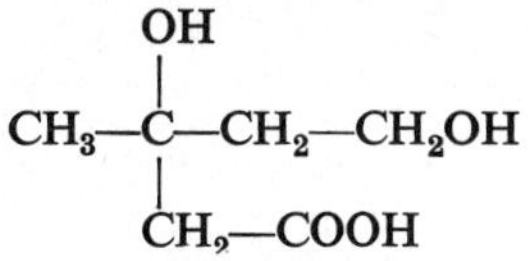

$$CH_3—\overset{\displaystyle OH}{\underset{\displaystyle CH_2—COOH}{\overset{|}{\underset{|}{C}}}}—CH_2—CH_2OH$$

Mevalonsäure

Die Mevalonat-Kinase katalysiert deren Phosphorylierung in Position 5 [319]:

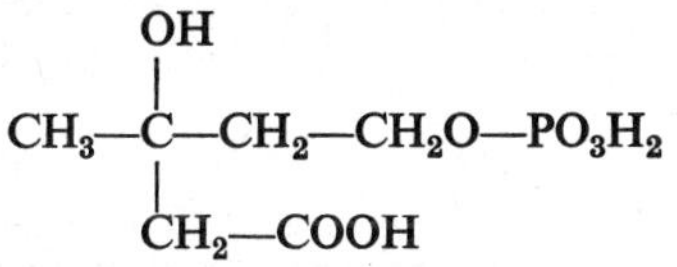

$$CH_3—\overset{\displaystyle OH}{\underset{\displaystyle CH_2—COOH}{\overset{|}{\underset{|}{C}}}}—CH_2—CH_2O—PO_3H_2$$

5-Phosphomevalonsäure

Eine Kinase, die sich von der vorhergehenden unterscheidet, fügt einen zweiten Phosphatrest an dieses Molekül [320]:

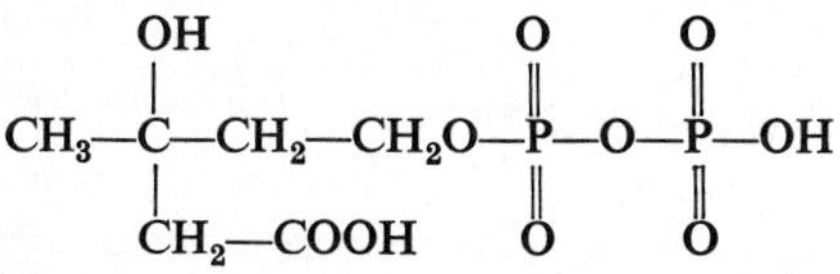

$$CH_3—\overset{\displaystyle OH}{\underset{\displaystyle CH_2—COOH}{\overset{|}{\underset{|}{C}}}}—CH_2—CH_2O—\overset{\displaystyle O}{\underset{\displaystyle O}{\overset{\|}{\underset{\|}{P}}}}—O—\overset{\displaystyle O}{\underset{\displaystyle O}{\overset{\|}{\underset{\|}{P}}}}—OH$$

5-Pyrophosphomevalonsäure

Eine spezifische Anhydrodecarboxylase katalysiert die Eliminierung eines Moleküls CO_2 und gleichzeitig die Bildung einer Doppelbindung. Das Ergebnis dieser Reaktion ist das Isopentenylpyrophosphat, ein gemeinsames Zwischenprodukt der Biosynthese der Carotinoide und der Sterine [321]:

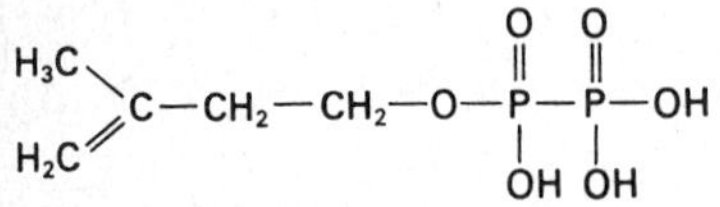

Isopentenylpyrophosphat

2. Synthese von β-Carotin und Vitamin A

In der hier abgebildeten Strukturformel des Carotins kann man das Isoprenskelett des Isopentenylpyrophosphats erkennen:

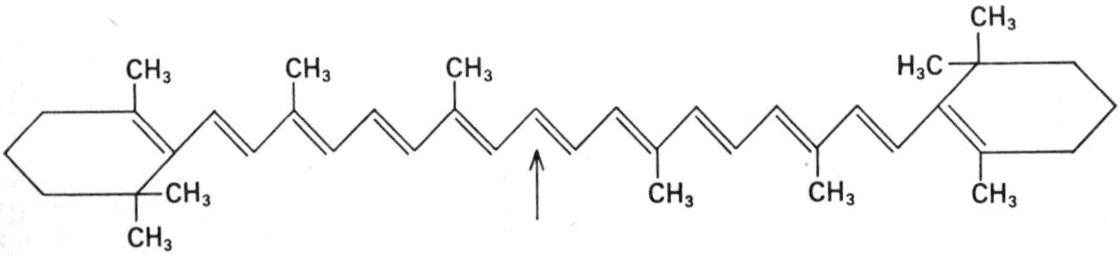

β-Carotin $C_{40}H_{56}$

Diese Isoprennatur und die Symmetrie des Carotinskeletts machen es wahrscheinlich, daß es aus acht in folgender Weise kondensierten Isopentenyleinheiten gebildet wird:

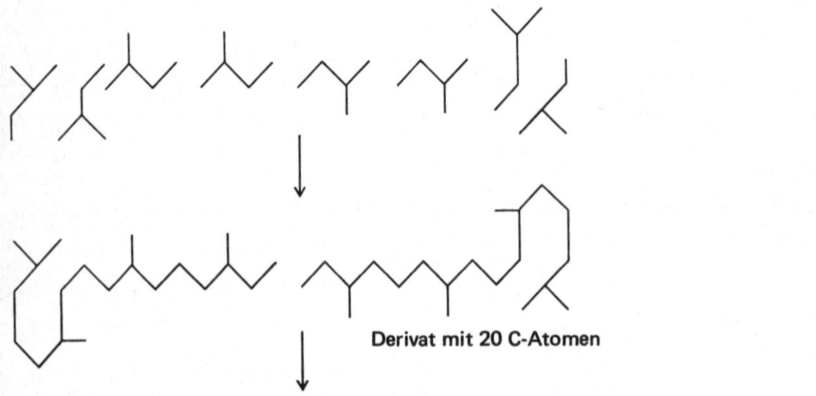

Derivat mit 20 C-Atomen

Derivat mit 40 C-Atomen

Zugunsten dieser einfachen Hypothese zeigen zahlreiche Experimente, daß Bakterienextrakte Phytoen aus Mevalonat, Phosphomevalonat, Pyrophosphomevalonat und Isopentenylpyrophosphat bilden können. Von diesem letzten Substrat ausgehend, benötigt die Synthese nicht einmal die Gegenwart von ATP und findet in Aerobiose wie in Anaerobiose statt [322, 323].

Aus verschiedenen Experimenten an unterschiedlichen Organismen kann man schließen, daß die Synthese der C_{40}-Derivate in Schritten über folgende Zwischenstufen abläuft: Geranylpyrophosphat mit C_{10}, Farnesylpyrophosphat mit C_{15}, Geranylgeranylpyrophosphat mit C_{20}, gefolgt von einer Kondensation der beiden C_{20}-Derivate zum Phytoen [324, 325].

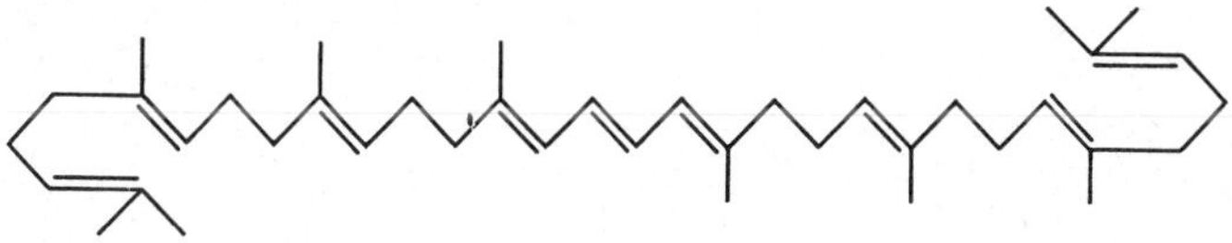

Phytoen

Phytoen ist ungefärbt und bildet die Vorstufe der gefärbten Carotinoide Neurosporin, Lycopin und Carotin, die durch aufeinanderfolgende Hydrogenierungen, die wir bisher nur sehr bruchstückhaft kennen, gebildet werden.

Alle phototrophen Organismen enthalten Carotinoide in ihrem Photosyntheseapparat. Die Pigmente spielen eine doppelte Rolle. Zunächst wirken sie bei der Absorption der Lichtenergie mit, die sie auf das Chlorophyll übertragen können. Die Photosynthese kann jedoch nicht ohne Chlorophyll ablaufen, und die Carotinoide können es nicht ersetzen.

Die Hauptbedeutung der Carotinoide scheint in einer Schutzwirkung gegen die Photooxydation des Chlorophylls zu liegen: Eine blau-grüne Mutante von *Rhodopseudomonas spheroides* kann ungefärbtes Phytoen synthetisieren, es aber nicht zu gefärbten Carotinoiden umbauen [326]. Während diese Mutante unter Bedingungen der anaeroben Photosynthese normal wächst, wird sie durch gleichzeitige Exposition gegen Licht und Sauerstoff rasch geschädigt. Das Absterben ist von einer Zerstörung des Bakteriochlorophylls begleitet. Weiterführende Experimente haben gezeigt, daß diese Zerstörung ein sekundäres Phänomen ist und daß die Mortalitätskurven die gleichen sind, wenn das Experiment bei niedriger Temperatur ohne Zerstörung des Chlorophylls abläuft.

Der Mechanismus des Schutzes, den die Carotinoide gegen die Photooxydation ausüben, bleibt also im Dunkeln [327].

Es ist sehr wahrscheinlich, daß das Vitamin A in folgender Weise synthetisiert wird [328]: β-Carotin, ein Provitamin A, wird in der Mitte gespalten (an der Stelle, die in der Formel auf der Seite 196 mit einem Pfeil markiert ist).

Es entsteht der dem Vitamin A (Retinin) entsprechende Aldehyd, der daraufhin zu Vitamin A reduziert wird [329]:

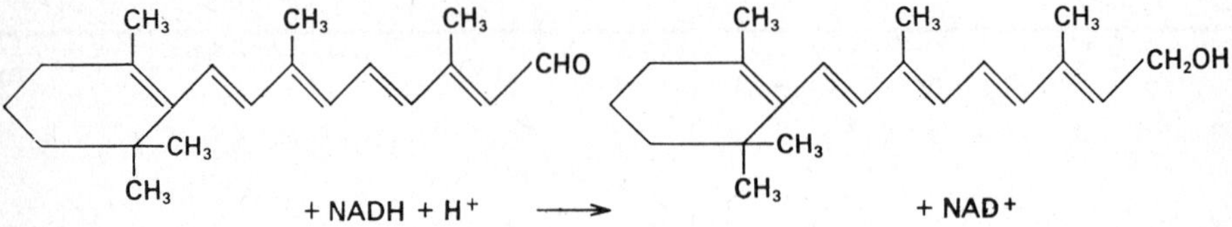

$$\text{Retinin} + NADH + H^+ \longrightarrow \text{Vitamin A} + NAD^+$$

Retinin Vitamin A

3. Sterin-Synthese

Man kann annehmen, daß die Sterin-Synthese mit der der Carotinoide bis zum Stadium der Bildung des Farnesylpyrophosphats, des Derivats mit 15 C-Atomen, identisch ist.

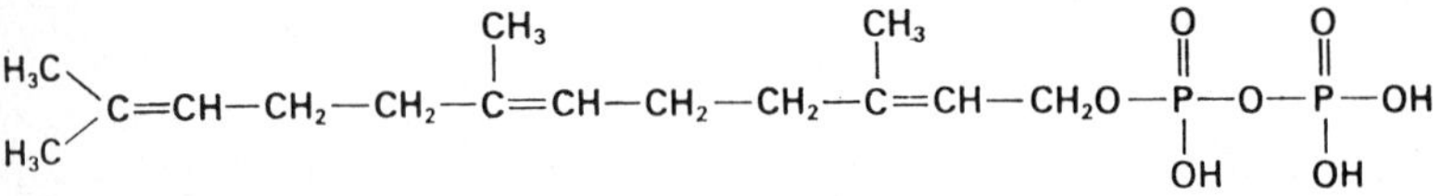

$$(H_3C)_2C{=}CH{-}CH_2{-}CH_2{-}C(CH_3){=}CH{-}CH_2{-}CH_2{-}C(CH_3){=}CH{-}CH_2O{-}P(O)(OH){-}O{-}P(O)(OH){-}OH$$

Farnesylpyrophosphat

Ein aus der Hefe isoliertes partikuläres System vermag in Gegenwart von NADPH zwei Moleküle Farnesylpyrophosphat zu Squalen zu kondensieren [330]. Ein analoges System wurde aus der Mikrosomenfraktion der Leber gewonnen [331]:

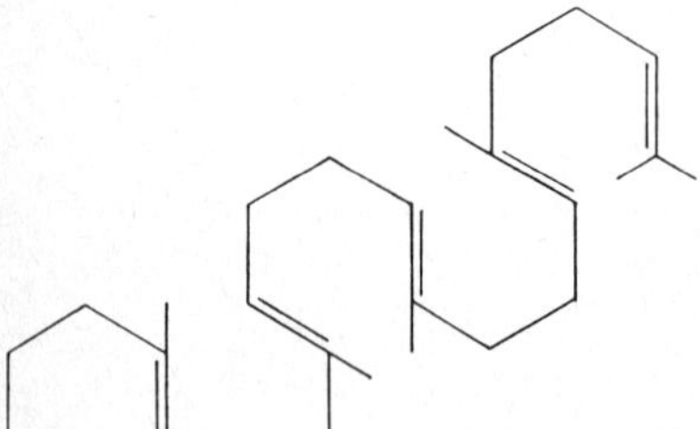

Squalen

Die Umwandlung von Squalen in Cholesterin beinhaltet Schritte der Zyklisierung, der Reduktion und der molekularen Umlagerung. Sie ist so komplex, daß sie den Rahmen dieses Buches weit überschreitet[1]).

[1]) Der Leser, der Einzelheiten über diese Reaktionen zu erfahren wünscht, muß auf spezialisierte Lehrbücher der Naturstoffchemie zurückgreifen

Hier genügt der Hinweis, daß mindestens 15 aufeinanderfolgende Reaktionen an diesem Umbau beteiligt sind.

Wie seit 1951 bekannt war [332], reduziert die Zugabe von Cholesterin zur Nahrung von Laboratoriumstieren die Geschwindigkeit der Cholesterin-Synthese in der Leber der Tiere im Experiment. Es stellte sich heraus, daß diese Reduktion die Folge einer feed-back-Hemmung der β-Hydroxy-β-methylglutarat-Reduktase war [333]. Dieses Ergebnis ist ein überzeugendes Beispiel für das Fehlen einer Strukturähnlichkeit zwischen allosterischem Inhibitor und den Substraten der Reaktion, die er hemmt:

β-Hydroxy-β-methylglutarat → Mevalonat → Squalen → Cholesterin

Man kann annehmen, daß die Sterin-Synthese mit der der Carotinoide bis zum Stadium der Bildung des Farnesylpyrophosphats, des Derivats mit 15 C-Atomen, identisch ist.

XIX. Die Biosynthese des Tetrapyrrolkerns und seine Regulation. Kurze Übersicht über die Funktionen von Vitamin B_{12}

Die Biosynthesen des Chlorophylls und der Atmungspigmente vom Typ des Häms aus dem Hämoglobin durchlaufen bis zur Stufe des Protoporyphyrins die gleiche Reaktionsfolge. Die Anwendung der Isotopenmethode, von azellulären Präparaten, die bestimmte beteiligte Reaktionen katalysieren, und von Abbautechniken, die eigens für diese Untersuchung entwickelt wurden, erlaubten mehreren Forschergruppen, diesen Biosyntheseweg aufzuklären.

1. Protoporphyrin-Synthese

Partikuläre Präparate lysierter Erythrozyten des Huhns und azellulärer Extrakte des photosynthetisch aktiven Bakteriums *Rhodopseudomonas spheroides* können die Neusynthese der δ-Aminolävulinsäure aus Succinyl-CoA und Glycin durchführen [334]:

$$HOOC-CH_2-CH_2-COSCoA + H_2C\begin{cases}NH_2\\COOH\end{cases}$$

$$\downarrow$$

$$HOOC-CH_2-CH_2-CO-CH_2-NH_2 + CO_2$$

δ-Aminolävulinsäure (ALA)

Die ALA-Synthetase hat Pyridoxalphosphat als Cofaktor. Die ALA-Dehydratase katalysiert eine Reaktion zwischen zwei Molekülen δ-Aminolävulinsäure unter Bildung eines Pyrrolderivats, des Porphobilinogens [335, 336]:

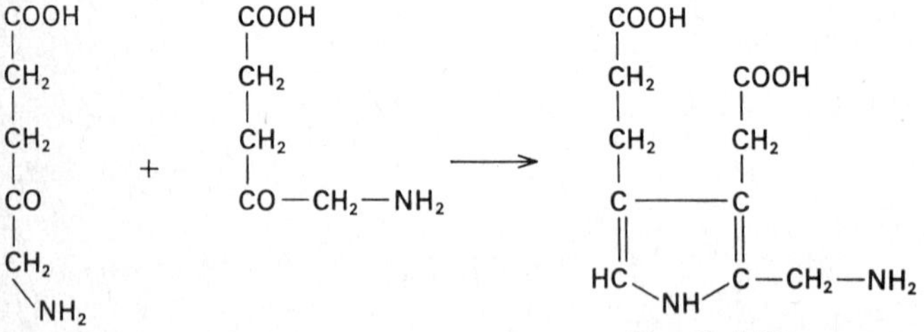

$$HOOC-CH_2-CH_2-CO-CH_2-NH_2 + HOOC-CH_2-CH_2-CO-CH_2-NH_2 \longrightarrow$$

Porphobilinogen (Pyrrolring: HC und C–CH_2–NH_2 über NH verbunden; C–C-Seite mit CH_2–CH_2–COOH und CH_2–COOH)

Eine weitere Reaktion, deren Mechanismus und Zwischenstufen noch nicht geklärt sind, setzt das Vorkommen von zwei unterschiedlichen Enzymen, der Porphobilinogen-Desaminase [337, 338] (gewonnen aus Spinat-Chloroplasten und *R. spheroides*) und der Uroporphyrinogen III-Cosynthetase [339] (aus Weizenkeimen) voraus.

Die allgemeine stöchiometrische Gleichung dieser Reaktion lautet:

$$4 \text{ Porphobilinogen} \rightarrow \text{Uroporphyrinogen III} + 4\ NH_3$$

Das Uroporphyrinogen III ist ein Tetrapyrrol, in dem die Acetylreste, die man im Porphobilinogenmolekül erkennt, noch intakt sind. Eine Decarboxylierung führt zum Koproporphyrinogen III, in dessen Molekül diese Acetyle durch Methylgruppen ersetzt sind. Sie läuft in Etappen ab, da man Porphyrinzwischenstufen entdecken konnte, die sieben, sechs und fünf Carboxylgruppen besaßen.

Man weiß nicht, ob ein oder mehrere Enzyme zu dieser Umlagerung nötig sind [338, 340]:

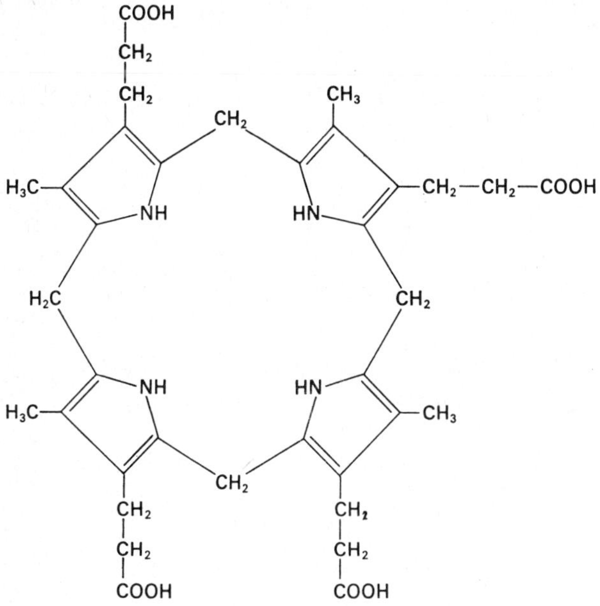

Koproporphyrinogen III

Ein Enzymsystem, das in der Rinderleber obligatorisch an die Mitochondrien gebunden zu sein scheint, führt zwei oxydative Decarboxylierungen durch, unter deren Einfluß zwei der Propionylreste des Koproporphyrinogen III zu Vinylresten umgesetzt werden. Das Reaktionsprodukt Protoporphyrinogen wird daraufhin zu Protoporphyrin oxydiert:

$$\text{Koproporphyrinogen III} \xrightarrow[-4H]{-2CO_2} \text{Protoporphyrinogen} \xrightarrow{-6H} \text{Protoporphyrin IX}$$

Man kennt die Zahl der an dieser Umsetzung beteiligten Enzyme nicht und hat keine Vorstellung über den Mechanismus der beteiligten oxydativen Decarboxylierungen [341, 342].

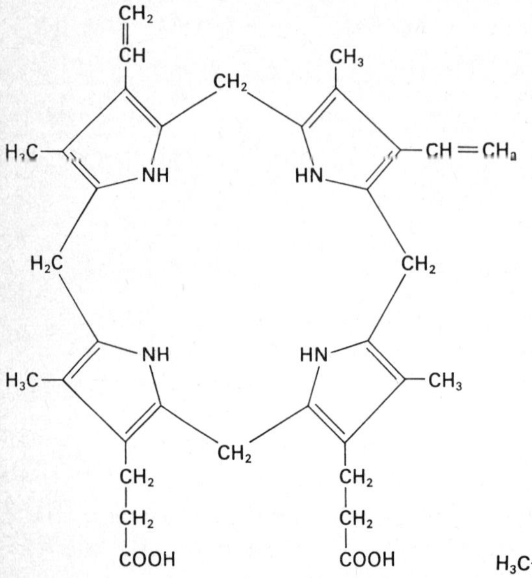

Protoporphyrinogen

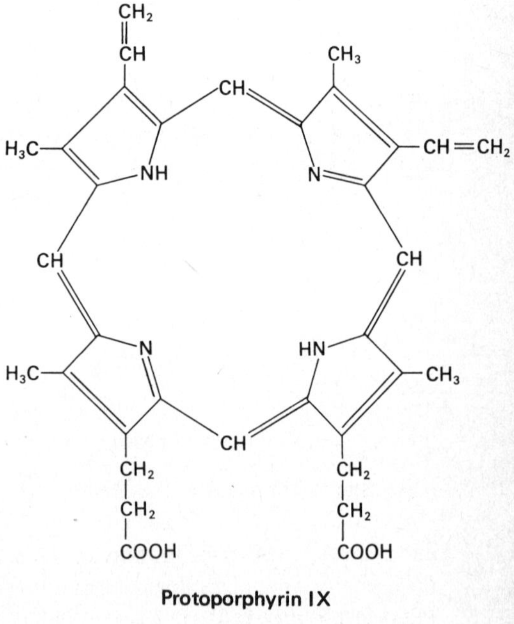

Protoporphyrin IX

Die Porphyrinogene sind ungefärbte Substanzen. Die Färbung der Porphyrine kommt durch ihre Dehydrogenierung zustande, die ein System konjugierter Doppelbindungen aufbaut, ein Chromophor mit breiten charakteristischen Absorptionsbanden im nahen UV und im sichtbaren Bereich des Spektrums.

Die römischen Zahlen, die hinter dem Namen der verschiedenen Porphyrinogene und Porphyrine stehen, dienen dazu, die verschiedenen möglichen Isomeren zu unterscheiden.

Zum Beispiel erlaubt das Vorkommen der Methyl-, Vinyl- und Propionylseitenketten beim Protoporphyrin das Vorkommen von 15 verschiedenen Isomeren. Tatsächlich kommt in der Natur nur eine einzige Reihe von Isomeren vor, die des Protoporphyrin IX, die wir im folgenden einfach Protoporphyrin nennen wollen.

Auch andere Typen wurden aus natürlichen Quellen isoliert. Sie haben jedoch keine physiologische Bedeutung und entstehen bei Irrtümern des Tetrapyrrolmetabolismus oder durch spontane chemische Reaktionen der Tetrapyrrolvorstufen.

2. Häm-Synthese aus Protoporphyrin

Daß man in der Natur Komplexe von Eisen und Koproporphyrin isolieren konnte, läßt stark darauf schließen, daß das Metallatom auf der Stufe des Protoporphyrins in das Häm eingebaut wird. Ein weiteres Argument dafür liefert das Vorkommen von Mikroorganismen, wie *Hemophilus influenzae,* dessen zum Wachstum notwendiger Häminbedarf [343] durch Protophorphyrin gedeckt werden kann [344].

Obwohl das Eisen^{2+}-Ion sich spontan mit dem Protoporphyrin zu Komplexen anordnet [345], gibt es Mutanten von *Staphylococcus aureus,* die Hämin benötigen, jedoch nicht auf Protoporphyrin wachsen können [346]. Dies läßt daran denken, daß der Einbau des Eisenatoms von einem Enzym abhängen kann. Derartige Mutanten wurden auch bei *E. coli* beschrieben [347].

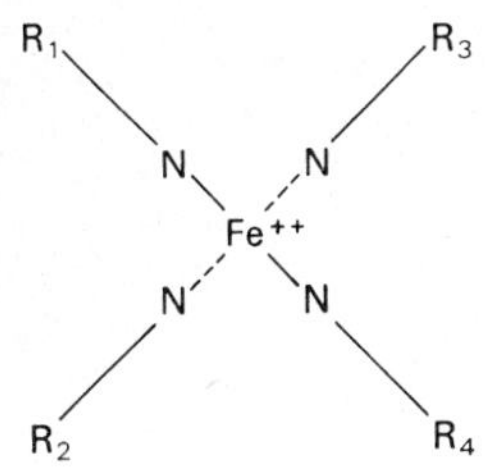

Häm oder Eisen II protoporphyrin

3. Regulation der Synthese des Tetrapyrrolkerns

Diese Regulation greift an verschiedenen Stellen an. Zunächst provoziert das Fehlen von Eisen im Kulturmedium der Bakterien eine beträchtliche Anreicherung der Porphyrine, die im Fall von *Rhodopseudomonas spheroides* die Gesamtmenge an Tetrapyrrolen (Bakteriochlorophyll + Hämatinderivate), die in komplettem Medium normalerweise synthetisiert wird, um das 100-fache übersteigt [348]. Dieses Phänomen wurde an azellulären Extrakten im Detail analysiert, und man konnte zeigen, daß die ALA-Synthetase sehr empfindlich gegenüber Hämin ist [336]. Die Hemmung ist noch bei Konzentrationen von 10^{-7} M deutlich erkennbar. Sie ist gegenüber den beiden Substraten Succinyl-CoA und Glycin nicht kompetitiv und wird durch Verdünnung aufgehoben. Diese in vivo gewonnenen Ergebnisse kann man folgendermaßen deuten: Die Regulation der Tetrapyrrol-Biosynthese findet bei *R. spheroides* durch Retro-Inhibition der ALA-Synthetase durch Hämin statt. Die Häminbildung selbst ist wiederum von der Eisenkonzentration im Medium abhängig:

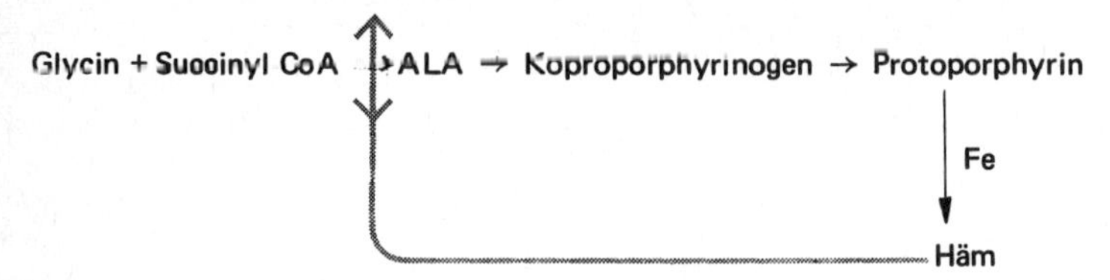

Die Zugabe von ALA zu Kulturen von *R. spheroides* ruft ebenfalls eine schwere Repression der ALA-Synthetase- und ALA-Dehydratase-Synthese hervor [349]. Wie sich herausstellt, führt der einzige Organismus, bei dem die Regulation der Häm-Synthese eingehend untersucht ist, die Photosynthese durch und besitzt Bakteriochlorophyll, eine weitere Tetrapyrrolverbindung. Dies führt in die Regulation der Tetrapyrrol-Synthese einen weiteren Parameter ein, auf den wir nach der Behandlung der Chlorophyll-Biosynthese zurückkommen werden.

4. Chlorophyll-Synthese aus Protoporphyrin

Man kennt die Enzymschritte, die an dieser Umsetzung beteiligt sind, fast überhaupt nicht und hält die Verbindungen für Zwischenstufen, die von mutierten Algenstämmen oder photosynthetisch aktiven Bakterien, die die Chlorophyll-Synthese nicht mehr vollständig durchführen können, angereichert werden. Alle diese Verbindungen enthalten Magnesium. Eine Mutante von *Chlorella* akkumuliert die einfachste von ihnen, das Protoporphyrin-Mg, dessen Struktur, abgesehen vom Metall, mit der des Häms identisch ist. Über den Mechanismus des Magnesiumeinbaus ist nichts bekannt, außer daß bestimmte Mutanten freies Protoporphyrin anreichern, da ihnen offensichtlich das zum Magnesiumeinbau notwendige Enzym fehlt [350].

Eine andere Verbindung, die eine weitere Mutante akkumuliert, ist der Monomethylester der vorhergehenden. Die Chromatophoren von *R. spheroides* katalysieren die Reaktion [351]:

$$\text{Protoporphyrin-Mg + S-Adenosylmethionin} \\ \downarrow \\ \text{Protoporphyrin-Mg-monomethylester + S-Adenosylhomocystein}$$

Die Struktur des Chlorophylls zeigt, welcher der Propionreste verestert wurde.

Dieser Schritt ist der einzige zwischen dem Protoporphyrin und dem Chlorophyll, der auf der Stufe der Enzymreaktion untersucht wurde.

Eine weitere Mutante reichert eine dritte Verbindung an, die aus der vorhergehenden nur über eine ganze Reihe von Reaktionen hervorgehen kann. Es handelt sich um das Vinylphäoporphyrin a_5 – Mg [352]:

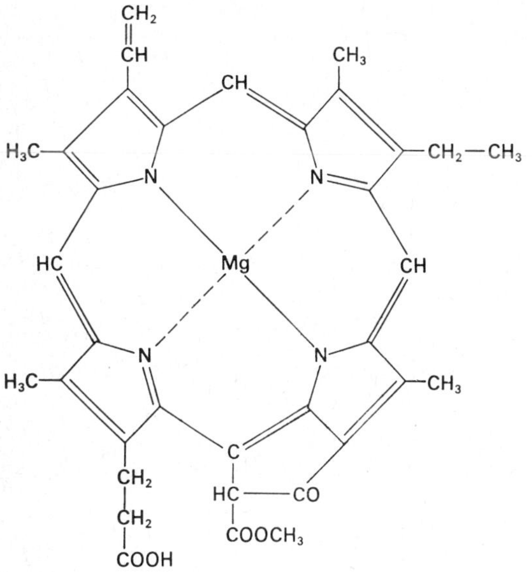

Vinylphäoporphyrin a_5-Mg
(Protochlorophyll)

Eine der Vinylgruppen wurde also zu einer Äthylgruppe reduziert, der Monomethylester der Propionkette wurde oxydiert und die veränderte Kette hat sich zu einem substituierten Cyklopentanon zyklisiert. Die Reduktion dieser Verbindung zu Chlorophyll umfaßt die Reduktion des Tetrapyrrolrings, der die unversehrte Propionylkette trägt, und die Veresterung dieses Rests mit Phytol, einem langkettigen Alkohol. Die Zwischenstufen dieser Reaktionen kommen wahrscheinlich niemals frei vor [353]. Man muß hervorheben, daß die letzteren bei den höheren Pflanzen und bei bestimmten Algen nur in Gegenwart von Licht ablaufen. Es folgen die Strukturformeln von Chlorophyll a, Bakteriochlorophyll und Phytol.

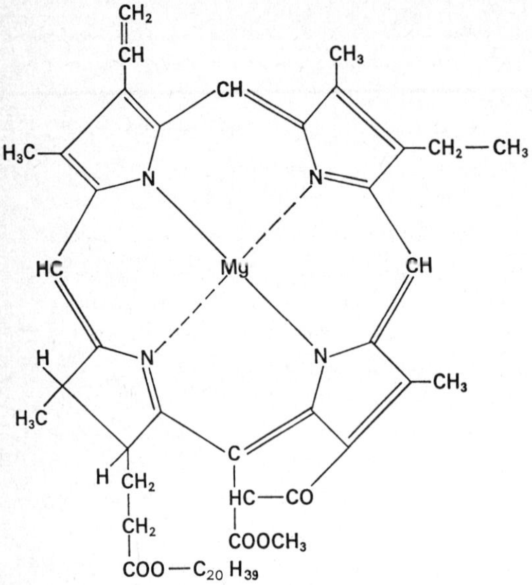

Chlorophyll a

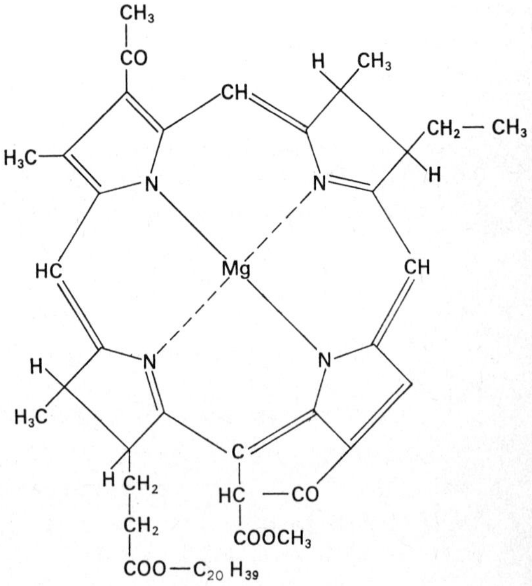

Bakteriochlorophyll

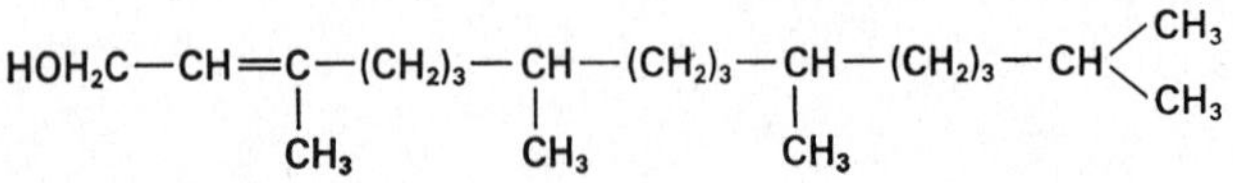

$HOH_2C-CH=C(CH_3)-(CH_2)_3-CH(CH_3)-(CH_2)_3-CH(CH_3)-(CH_2)_3-CH(CH_3)_2$

Phytol: $C_{20}H_{40}$

5. Regulation der Chlorophyll-Biosynthese

Bestimmte photosynthetisch aktive Bakterien zeigen eindrucksvolle Veränderungen ihres Chlorophyllgehalts in Abhängigkeit von äußeren Faktoren, wie Sauerstoff und Luft.

Die Bakteriochlorophyll-Synthese von *R. spheroides* wird von Sauerstoff reprimiert, selbst bei Licht [354]. Die Pigment-Synthese, die in Anaerobiose und bei Licht stattfindet, hört bei Luftzufuhr auf. Die Bakteriochlorophyll-Synthese läuft dagegen normal im Dunkeln, bei sehr niedrigen Sauerstoffpartialdrucken ab. Dieses Phänomen konnte mit Sicherheit der Repression der Synthese der ALA-Synthetase durch Sauerstoff zugeschrieben werden [349]. Die Synthetase ist niemals, auch nicht unter Bedingungen starker Sauerstoffzufuhr, völlig reprimiert, während die Bakteriochlorophyll-Synthese dann schon völlig aufgehört hat. Dies stellt das Problem der Existenz von zwei, in ihrer Frunktion spezialisierten ALA-Synthetasen, die erste für die Chlorophyll-Synthese und durch Sauerstoff hemmbar, die zweite für die Hämin-Synthese, retro-inhibiert und reprimiert vom Hämin [355].

Der Sauerstoff wirkt außerdem noch auf anderen Ebenen, weil die Repression nicht ausreichte, das plötzliche Aufhören der Bakteriochlorophyll-Synthese bei Sauerstoffzufuhr zu erklären, da ja die fertige ALA-Synthetase noch weiter funktionieren müßte.

Direkte Effekte einer Hemmung der Enzymaktivität wurden bei *R. spheroides* nicht beobachtet; in Hühnererythrocyten hemmt der Sauerstoff aber die Umwandlung von Porphobilinogen in Uroporphyrinogen [356].

Weitere Untersuchungen haben ergeben, daß nicht nur die ALA-Synthetase von *R. spheroides* durch Sauerstoff reprimiert wird, sondern daß das auch für die ALA-Dehydratase und die Systeme zutrifft, die das Porphobilinogen in Uro- und Koproporphyrinogen III umsetzen. Auch die Synthese des Protoporphyrin-Mg-methylierenden Enzyms wird reprimiert, und es ist durchaus wahrscheinlich, daß sich die Repression auf die Synthese aller Enzyme der Chlorophyll-Biosynthesekette erstreckt [351].

Eine weitere Regulation wird durch Licht ausgeübt. In Anaerobiose ist der Gehalt an Bakteriochlorophyll in *R. spheroides* der Lichtintensität reziprok proportional. Dieser Effekt konnte, wie der des Sauerstoffs, einer Repression der Synthese der ALA-Synthetase zugeschrieben werden [354].

6. Vitamin B_{12}-Biosynthese

Vitamin B_{12} besitzt eine Tetrapyrrolstruktur, die formal den Tetrapyrrolderivaten, die wir bisher angetroffen haben, ähnlich ist. Sie leitet sich von einem Gerüst ab, das man Corrin nennt. Man erkennt, daß sich das Corrin von allen anderen Tetrapyrrolen durch das Fehlen einer Methinbrücke zwischen zwei der Pyrrolkerne unterscheidet.

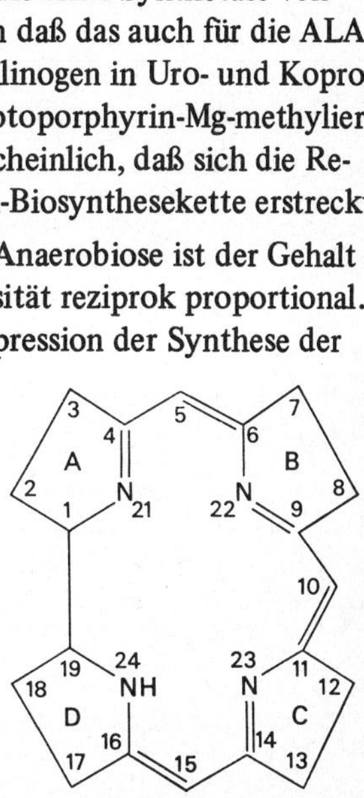

Corrin

In der Numerierung der Atome dieser Formel hat man die Nummer 20 ausgelassen, damit alle Atome des Corrinkerns mit denen der anderen Tetrapyrrolverbindungen gleichgesetzt werden können. Es folgt die Strukturformel von Vitamin B_{12} oder vielmehr seiner Coenzymform (Bild 44).

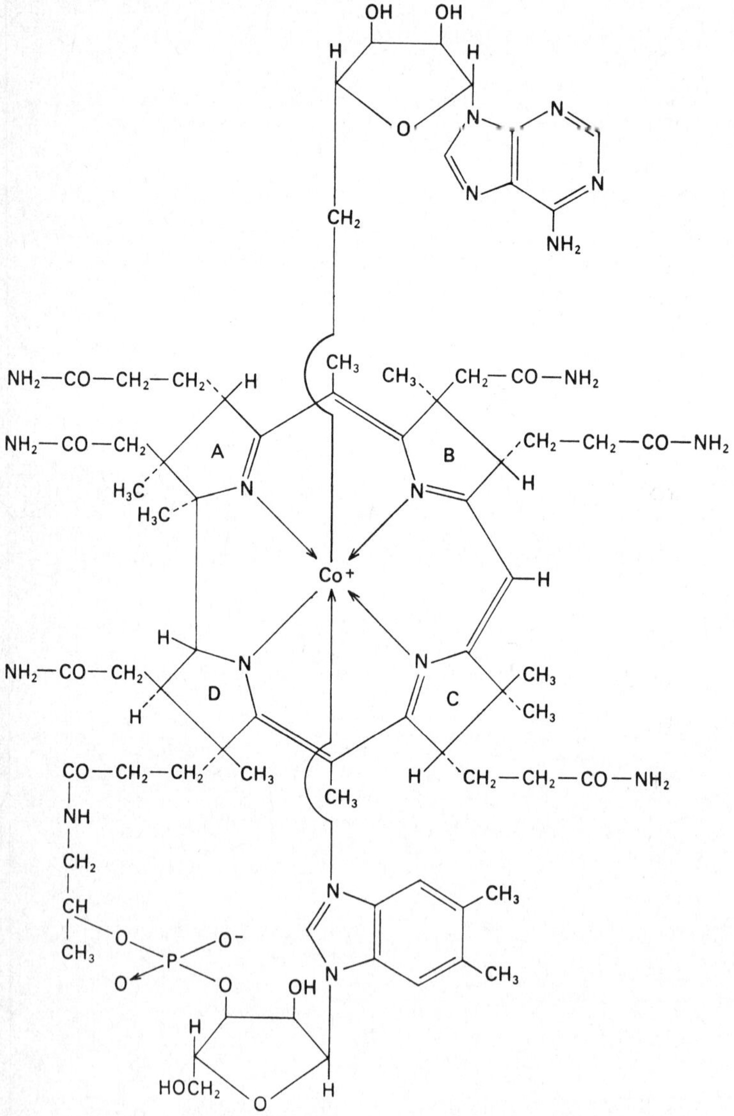

Bild 44. Coenzymform des Vitamin B_{12} (5′-Desoxyadenosyl)-B_{12}

Detaillierte Untersuchungen haben gezeigt, daß die ersten Schritte der Biosynthese des Vitamins dieselben wie beim Hämin und Chlorophyll sind. Glycin, δ-Aminolävulinsäure und Porphobilinogen sind sicher nachgewiesene Vorstufen [357]. Der erste Abschnitt der Corrinoid-Synthese kann mit dem Erreichen der Cobyrinsäure als abgeschlossen gelten (Bild 45).

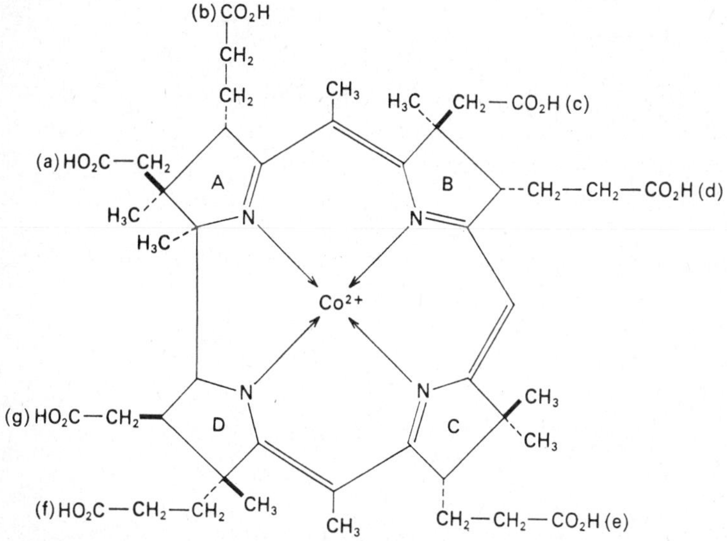

Bild 45. Cobyrinsäure. Diese Säure wurde aus Kulturen von *Propionobacterium shermanii* isoliert (358). Stellt man sich vor, daß der Corrin-Kern in der Papierebene liegt, führen die dick gedruckten Linien zu Substituenten oberhalb dieser Ebene, während die gestrichelten Bindungen darstellen, die die unterhalb dieser Ebene liegenden Substituenten an den Kern binden.

Der Einbau der Isopropanolamingruppe vollzieht sich wahrscheinlich auf diesem Stadium in Position (f) (Kern D). Die entstandene Verbindung trägt den Namen Cobinsäure. Die sechs Carboxylgruppen bei a, b, c, d, e und g werden daraufhin amidiert; die entstandene Verbindung heißt Cobinamid. Es ist nicht ausgeschlossen, daß die Einführung des Isopropanolaminrests nach der Amidierung einer oder zweier Carboxylfunktionen der Cobyrinsäure erfolgt. Die Isopropanolamingruppe stammt von der Decarboxylierung des Threonins. Auf der Stufe des Cobinamids vollzieht sich die Einführung des für das Vitamin B_{12} typischen Nucleotids.

Dieses Nucleotid enthält als Base das 5,6-Dimethylbenzimidazol, dessen Biogenese nicht im einzelnen bekannt ist. Man hat aus *P. shermanii* ein Enzym isoliert, das folgende Reaktion katalysiert [359]:

5,6-Dimethylbenzimidazol + Nicotinatmononucleotid

↓

1-α-D-5′-Phosphoribofuranosyl-5,6-dimethylbenzimidazol + Nicotinat

Eine Phosphatase setzt daraufhin das Nucleosid frei, das unter der vereinfachten Bezeichnung „α-Ribazol" bekannt ist. Man nimmt an, daß sich die Vervollständigung des Vitamin B_{12} bei bestimmten Organismen nach folgendem Schema vollzieht [360]:

Cobinamid + ATP → Cobinamid-P + ADP
Cobinamid-P + GTP → Cobinamid-P-P-G + Pyrophosphat
Cobinamid-P-P-G + α-Ribazol → Vitamin B_{12} + GMP

Im System der Corrinoidverbindungen liegt das Kobaltatom besonders stabil. Es ist einerseits mit den vier Stickstoffatomen der Tetrapyrrolkerne und andererseits mit einem der Stickstoffatome des Benzimidazolkerns verbunden. Die sechste Valenz liefert den einzigen in der Biologie bekannten Fall einer organometallischen Metall-Kohlenstoff-Bindung. Ist der Substituent an dieser Position ein 5'-Desoxyadenosylrest, erhält man eine der Coenzymformen des Vitamin B_{12}.

Die Umsetzung von Vitamin B_{12} in das Coenzym durch Extrakte von *P. shermanii* [361] oder *Clostridium tetanomorphum* [362] verlangt die Gegenwart von ATP, NADH, FAD und eines reduzierenden Agens, das reduziertes Glutathion oder 2-Mercaptoäthanol sein kann.

ATP liefert über eine ungenügend bekannte Reaktion den Desoxyadenosylrest; man weiß jedoch, daß ATP in einer Reaktion, die die Bildung eines Triphosphats zum Ergebnis hat, gespalten wird.

Die Reaktionen, an denen das Coenzym beteiligt ist, laufen nach einem Mechanismus ab, der gar nicht oder nur bruchstückhaft aufgeklärt ist. Es ist dennoch interessant, hier drei von ihnen zu beschreiben.

6.1. Glutamat-Mutase

Die erste Reaktion der Verwendung von Glutamat durch *Clostridium tetanomorphum* ist dessen Umwandlung in L-Threo-β-methylaspartat über ein Enzymsystem mit Namen Glutamat-Mutase, die vom Vorhandensein von Coenzym B_{12} abhängt. Man kann die Enzymreaktion folgendermaßen formulieren:

```
  CH—(NH2)—COOH
  |   H                       H   CH—(NH2)—COOH
  |   |                       |   |
H—C———C—H        ⇌       H—C———C—H
  |   |                       |   |
  H   COOH                    H   COOH

  L-Glutamat              L-β-Methylaspartat
```

Diese Reaktion beinhaltet also eine doppelte Umlagerung durch Übertragung eines Wasserstoffatoms und eines Glycylrests [363].

Der intramolekulare Wasserstofftransfer ist stereospezifisch und hat eine Inversion des Kohlenstoffatoms 4 der Glutaminsäure zur Folge.

6.2. L-Methylmalonyl-CoA-Mutase

Diese Reaktion, die man bei den Mikroorganismen und in tierischen Geweben beobachtet, ist für den Propionsäurestoffwechsel von Bedeutung. Der Metabolismus umfaßt die Carboxylierung des Propionyl-CoA zu D-Methylmalonyl-CoA, die Isomerisierung dieser Verbindung in ihr L-Derivat und die Umlagerung des L-Derivats in Succinyl-CoA. Die Isomerisierung des Methylmalonyl-CoA beinhaltet, wie im vorhergehenden Fall, eine doppelte Umlagerung [364]:

```
 COSCoA  H                     H      COSCoA
   |     |                     |        |
H—C——————C—H      ⇄       H—C——————C—H
   |     |                     |        |
 COOH    H                   COOH       H
```

Methylmalonyl-CoA ⇄ Succinyl-CoA

6.3. Methionin-Biosynthese

Außer den Nährstoffmutanten, die entweder Cystation oder Homocystein oder fertiges Methionin benötigen, kennt man Mutanten von *E. coli,* deren Wachstum entweder Methionin (unter Ausschluß seiner Vorstufen) oder Vitamin B_{12} erfordert [365]. Man weiß außerdem, daß der Methyldonator für die Methylierung von Homocystein das β-Kohlenstoffatom des Serins ist und daß der Methylüberträger die Tetrahydropteroylglutaminsäure ist. Die Untersuchungen mehrerer Forschergruppen haben schrittweise zu der Vorstellung geführt, daß die Methionin-Synthese aus Methyltetrahydropteroylglutamat und Homocystein auf zwei verschiedenen Wegen ablaufen kann, einem von Vitamin B_{12} unabhängigen und einem davon abhängigen [366]:

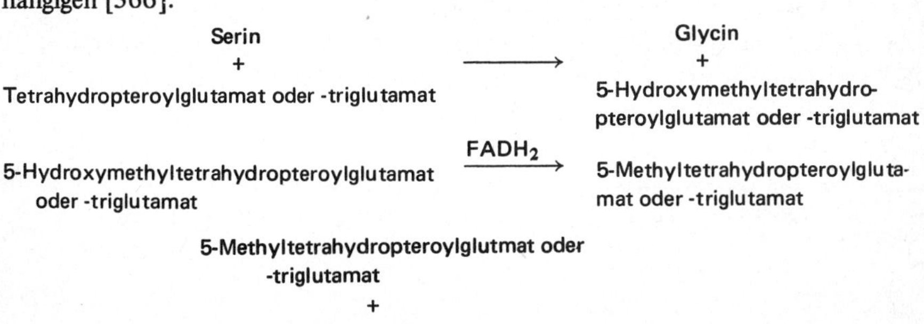

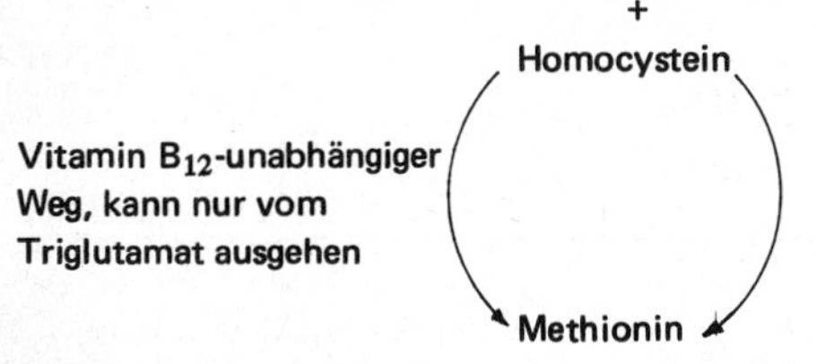

Vitamin B_{12}-abhängiger Weg, bei dem es gleich ist, welches Folsäurederivat vorliegt

Das Enzym des unabhängigen Weges fehlt bei den Mutanten, die entweder Methionin oder Vitamin B_{12} benötigen. Der Vitamin B_{12}-abhängige Mechanismus geht folgenden Weg: Eine 5-Methyltetrahydrofolathomocystein-Transmethylase enthält ein Vitamin B_{12}-Derivat als prosthetische Gruppe. Dieses Derivat kann entweder eine Hydroxylgruppe (B_{12}-OH) oder eine Methylgruppe (B_{12}-CH_3) an die sechste Valenz des Kobaltions gekoppelt enthalten. Fügt man noch hinzu, daß katalytische Mengen von S-Adenosylmethionin zur Funktion des Systems benötigt werden, kann man folgendes Schema des Kreislaufs als Arbeitshypothese aufstellen:

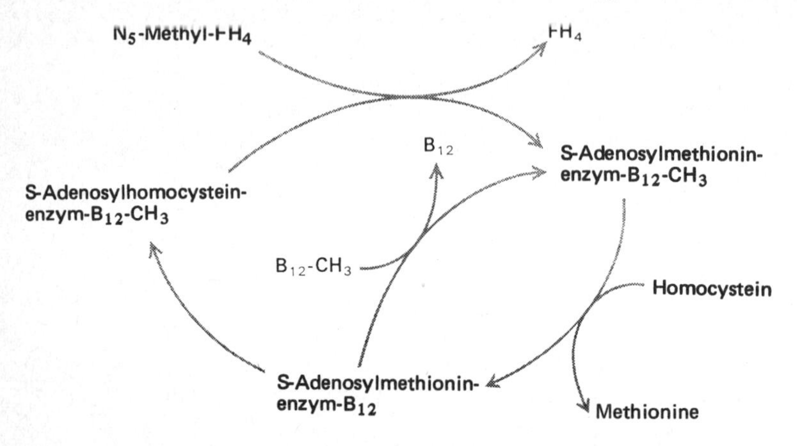

Das in katalytischen Mengen benötigte S-Adenosylmethionin stammt aus einer Reaktion, die unabhängig hiervon 1957 entdeckt wurde:

Methionin + Adenosin-P-P-P → S-Adenosylmethionin + Pyrophosphat + Pi
$\alpha\,\beta\,\gamma$

Diese Reaktion ist interessant, da die Phosphatgruppen α und β das Pyrophosphat liefern. Bis zu dieser Entdeckung hatte man angenommen, daß ATP in drei verschiedenen Weisen reagiert:

1. als Donator des Phosphats unter Bildung von ADP;
2. als Pyrophosphatdonator unter Bildung von AMP;
3. als Adenyldonator unter Bildung von Pyrophosphat.

Diese Reaktion beweist zum ersten Mal, daß ATP auch als Adenosindonator reagieren kann und daß die Ribose-Phosphat-Bindung nicht so unangreifbar ist, wie man angenommen hatte.

Es bleibt noch zu erwähnen, welche Bedeutung man dem Vorkommen zweier unabhängiger Methylierungssysteme des Homocysteins in derselben Zelle zuschreiben kann.

Man kann sich einen Ahnen von *E. coli* vorstellen, der nur den unabhängigen Weg besaß; eine Mutation, die ihn befähigte, das Apoenzym des Enzyms B_{12} zu bilden, wird ihm in Gegenwart von Vitamin B_{12} einen Selektionsvorteil verschafft haben: Dieser Organismus wird nicht mehr auf die Verwendung der Triglutamatformen der Folsäure beschränkt gewesen sein, sondern er konnte die vorhandene Monoglutamatform verwerten. Außerdem konnte er bei Vitamin B_{12}-Mangel überleben, indem er sein Methionin auf dem anderen Weg produzierte. Dieser hypothetische Ahn könnte auch ein Vorfahre der Pflanzen gewesen sein. Letztere enthalten kein Vitamin B_{12} und synthetisieren ihr Methionin allein aus N-Methyltetrahydropteroylglutamat. Nimmt man umgekehrt an, daß der Urorganismus den abhängigen Weg besaß, müßte ihn eine Mutation, die ihm den unabhängigen Weg ermöglichte, befähigt haben, in Abwesenheit von B_{12} zu wachsen. Dieser primitive Organismus könnte kein Ahne der heutigen Pflanzen gewesen sein.

Eine dritte Möglichkeit könnte einen Urorganismus annehmen, der eine genetische Konstitution besaß, die ihm erlaubte, das Enzym mit dem unabhängigen Weg und das Apoenzym des Enzym-B_{12} zu produzieren, bei dem das unabhängige Enzym jedoch nicht wirksam werden konnte, da diesem Organismus die Fähigkeit zur Synthese der Triglutamatform der Folsäure fehlte.

Literatur

[1] G. N. COHEN und J. MONOD, *Bacterial Permeases, Bact. Revs.*, **21** (1957), 169.

[2] H. V. RICKENBERG, G. N. COHEN, G. BUTTIN und J. MONOD, *Ann. Inst. Pasteur*, **91** (1956), 829.

[3] B. HELFERICH und Dr. TÜRK, *Chem. Ber.*, **89** (1956), 2215.

[4] W. A. NEWTON, J. R. BECKWITH, D. ZIPSER und S. BRENNER, *J. Mol. Biol.* **14** (1965), 290.

[5] C. F. FOX und E. P. KENNEDY, *Proc. Nat. Acad. Sci. U. S.*, **54** (1965), 891.

[6] A. KEPES und G. N. COHEN, *Permeation, The Bacteria*, vol. 4, p. 179; New York, Acad. Press, (1962).

[7] R. J. BRITTEN, R. B. ROBERTS und E. F. FRENCH, *Proc. Nat. Acad. Sci. U. S.*, **41** (1955), 863.

[8] G. N. COHEN und H. V. RICKENBERG, *Ann. Inst. Pasteur*, **91** (1956), 693.

[8a] Y. ANRAKU, *J. Biol. Chem.*, **243** (1968), 3116.

[8b] J. R. PIPERNO and D. L. OXENDER, *J. Biol. Chem.*, **241** (1966), 5732.

[9] J. H. SCHWARTZ, W. K. MAAS und E. J. SIMON, *Biochim. Biophys. Acta*, **32** (1959), 582.

[10] M. LUBIN, D. H. KESSEL, A. BUDREAU und J. D. GROSS, *Biochim.Biophys. Acta*, **42** (1960), 535.

[11] H. R. KABACK und E. R. STADTMAN, *Proc. Nat. Acad. Sci. U. S.*, **55** (1966), 920.

[12] B. L. HORECKER, J. THOMAS und J. MONOD, *J. Biol. Chem.*, **235** (1960), 1580 und 1586.

[13] H. WIESMEYER und M. COHN, *Biochim. Biophys. Acta*, **39** (1960), 440.

[14] F. STOEBER, *Compt. rend.*, **244** (1957), 1091.

[15] J. MONOD, H. O. HALVORSON und F. JACOB, unveröffentlichte Ergebnisse zit. in [1].

[16] P. HOFFEE, E. ENGLESBERG und F. LAMY, *Biochim. Biophys. Acta*, **79** (1964), 337.

[17] C. NOVOTNY und E. ENGLESBERG, *Proc. 6th Intern. Congr. Biochem.*, New York, **3** (1964), 46.

[18] M. SHILO und R. Y. STANIER, *J. Gen. Microbiol.*, **16** (1957), 472 und 482.

[19] H. C. LICHSTEIN und R. B. FERGUSON, *J. Biol. Chem.*, **233** (1958), 243.

[20] A. B. PARDEE und L. S. PRESTIDGE, *Proc. Nat. Acad. Sci. U. S.*, **55** (1966), 189.

[21] A. B. PARDEE, L. S. PRESTIDGE, M. B. WHIPPLE und J. DREYFUSS, *J. Biol. Chem.*, **241** (1966), 3962.

[21a] A. B. PARDEE, Science, **156** (1967), 1627.

[22] W. KUNDIG, S. GROSH und S. ROSEMAN, *Proc. Nat. Acad. Sci. U. S.*, **52** (1964), 1067.

[23] W. KUNDIG, F. D. KUNDIG, B. ANDERSON und S. ROSEMAN, *J. Biol. Chem.*, **241** (1966), 3243.

[23a] R. D. SIMONI, M. LEVINTHAL, F. D. KUNDIG, W. KUNDIG, B. ANDERSON, P. E. HARTMAN and S. ROSEMAN, *Proc. Nat. Acad. Sci. U. S.*, **58** (1967), 1963.

[24] R. B. ROBERTS, P. H. ABELSON, D. B. COWIE, E. T. BOLTON und R. J. BRITTEN, *Studies in biosynthesis in Escherichia coli.*, Carnegie Inst. of Washington, pub. Nr. 607, 1955.

[25] J. MONOD und G. COHEN-BAZIRE, *Compt. rend.*, **236** (1953), 530.

[26] M. COHN, G. N. COHEN und J. MONOD, *Compt. rend.*, **236** (1953), 746.

[27] L. GORINI und W. K. MAAS, *Biochim. Biophys. Acta*, **25** (1957), 208.

[28] H. J. VOGEL, in *The Chemical Basis of Heredity*, W. D. McELROY und B. GLASS, ed., p. 276, Baltimore, *The Johns Hopkins Press*, (1957).

[29] H. E. UMBARGER, *Science*, **123** (1956), 848.

[30] R. A. YATES und A. B. PARDEE, *J. Biol. Chem.*, **221** (1956), 757.

[31] W. K. MAAS und E. McFALL, *Ann. Rev. Microbiol.*, **18** (1964), 95.

[32] J. MONOD und F. JACOB, *Cold Spring Harbor Symp. Quant. Biol.*, **26** (1961), 389.

[33] J. MONOD, J.-P. CHANGEUX und F. JACOB, *J. Mol. Biol.*, **6** (1963), 306.

[34] J. MONOD, J. WYMAN und J.-P. CHANGEUX, *J. Mol. Biol.*, **12** (1965), 88.

[35] D. E. KOSHLAND, G. NÉMETHY und D. FILMER, *Biochemistry*, **5** (1966), 365.

[36] D. E. ATKINSON, *Ann. Rev. Biochemistry*, **35** (1966), 85.

[37] L. E. DEN DOOREN DE JONG, *Bijdrage tot de kennis van het mineralisatieproces*, Delft, (1926).

[38] D. H. BROWN und C. F. CORI, in *The Enzymes*, vol. V.; P. D. BOYER, H. LARDY und K. MYRBÄCK, ed., New York, Academic Press, (1961).

[39] A. A. GREEN und G. T. CORI, *J. Biol. Chem.*, **151** (1943), 21.

[40] G. T. CORI und A. A. GREEN, *J. Biol. Chem.*, **151** (1943), 31.

[41] A. A. YUNIS, E. H. FISCHER und E. G. KREBS, *J. Biol. Chem.*, **235** (1960), 3163.

[42] A. B. KENT, E. G. KREBS und E. H. FISCHER, *J. Biol. Chem.*, **232** (1958), 549.

[43] E. H. FISCHER, D. J. GRAVES, E. R. S. CRITTENDEN und E. G. KREBS, *J. Biol. Chem.*, **234** (1959), 1698.

[43a] V. L. SEERY, E. H. FISCHER and D. C. TELLER, *Biochemistry*, **6** (1967), 1627.

[44] N. B. MADSEN und C. F. CORI, *J. Biol. Chem.*, **233** (1956), 1055.

[45] E. H. FISCHER, A. B. KENT, E. R. SNYDER und E. G. KREBS, *J. Am. Chem. Soc.*, **30** (1958), 2906.

[46] D. J. GRAVES, E. H. FISCHER und E. G. KREBS, *J. Biol. Chem.*, **235** (1960), 805.

[47] E. HELMREICH und C. F. CORI, *Proc. Nat. Acad. Sci. U. S.*, **51** (1964), 131.

[48] A. ULMANN, P. R. VAGELOS und J. MONOD, *Biochem. Biophys. Res. Comm.*, **17** (1964), 86.

[49] N. B. MADSEN, *Biochem. Biophys. Res. Comm.*, **15** (1964), 390.

[50] E. G. KREBS, A. B. KENT, D. J. GRAVES und E. H. FISCHER, in *Proc. Intern. Symp. on Enzyme Chemistry*, Tokyo and Kyoto, p. 41. London, Pergamon Press, (1958).

[51] R. A. DARROW und S. P. COLOWICK, in *Methods in Enzymology*, vol. V., p. 226, New York, Academic Press, (1962).

[52] H. W. KOSTERLITZ, *Biochem. J.*, **37** (1943), 322.

[53] R. K. CRANE und A. SOLS, *J. Biol. Chem.*, **203** (1953), 273. Siehe auch R. K. CRANE, in *The Enzymes*, vol. VI, P. D. BOYER, H. LARDY und K. MYRBÄCK, ed., New York, Academic Press, (1963).

[54] G. DE LA FUENTE und A. SOLS, *Abstr. Intern. Congr. Biochem.*, New York, **6** (1964), 506.

[55] I. A. ROSE, J. V. B. WARMS und E. L. O'CONNELL, *Biochem. Biophys. Res. Comm.*, **15** (1964), 33.

[56] I. A. ROSE und E. L. O'CONNELL, *J. Biol. Chem.*, **239** (1964), 12.

[57] V. A. NAJJAR, in *The Enzymes*, vol. VI, P. D. BOYER, H. LARDY und K. MYRBÄCK, ed., New York, Academic Press, (1963).

[58] A. PARMEGGIANI und E. G. KREBS, *Biochem. Biophys. Res. Comm.*, **19** (1965), 89.

[59] T. E. MANSOUR, N. W. WAKID und H. M. SPROUSE, *Biochem. Biophys. Res. Com.*, **19** (1965), 721.

[60] E. VIÑUELA, M. L. SALAS und A. SOLS, *Biochem. Biophys. Res. Comm.*, **12** (1963), 140.

[61] J. V. PASSONNEAU und O. H. LOWRY, *Biochem. Biophys. Res. Comm.*, **13** (1963), 372.

[62] E. VIÑUELA, M. L. SALAS, M. SALAS und A. SOLS, *Biochem. Biophys. Res. Comm.*, **15** (1964), 243.

[63] O. H. LOWRY, J. V. PASSONNEAU, F. X. HASSELBERGER und D. W. SCHULTZ, *J. Biol. Chem.*, **239** (1964), 18.

[63a] K. KAWAHARA and C. TANFORD, *Biochemistry*, **5** (1966), 1578.

[63b] W. CHAN, D. E. MORSE and B. L. HORECKER, *Proc. Natl. Acad. Sci. U.S.*, **57** (1967) 1013.

[64] S. F. VELICK und C. FURFINE, in *The Enzymes*, vol. VII, p. 343, P. D. BOYER, H. LARDY und K. MYRBÄCK, ed., New York, Academic Press, (1963).

[64a] M. COHN, *J. Biol. Chem.*, **201** (1953), 735.

[65] M. COHN, *Biochim. Biophys. Acta*, **20** (1956), 92.

[66] D. G. FRAENKEL und B. L. HORECKER, *J. Biol. Chem.*, **239** (1964), 2765.

[67] N. ENTNER und M. DOUDOROFF, *J. Biol. Chem.*, **196** (1952), 853.

[68] V. JAGANNATHAN und R. S. SCHWEET, *J. Biol. Chem.*, **196** (1952), 551 und 563.

[69] M. KOIKE, L. J. REED und W. R. CARROLL, *J. Biol. Chem.*, **235** (1960), 1924.

[69a] M. KOIKE, L. J. REED und W. R. CARROLL, *J. Biol. Chem.*, **238** (1963), 30.

[70] D. B. KEECH und M. F. UTTER, *J. Biol. Chem.*, **238** (1963), 2603 und 2609.

[71] R. S. BANDURSKI und F. LIPMANN, *J. Biol. Chem.*, **219** (1956), 741.

[72] S. OCHOA, J. R. STERN und M. C. SCHNEIDER, *J. Biol. Chem.*, **193** (1951), 691.

[73] A. KORNBERG und W. E. PRICER, *J. Biol. Chem.*, **189** (1951), 123.

[74] J. A. HATHAWAY und D. E. ATKINSON, *J. Biol. Chem.*, **238** (1963), 2875.

[74a] D. E. ATKINSON, J. A. HATHAWAY und E. C. SMITH, *J. Biol. Chem.*, **240** (1965), 2682.

[75] P. R. VAGELOS, A. W. ALBERTS und D. B. MARTIN, *J. Biol. Chem.*, **238** (1963), 533.

[76] V. MASSEY, *Biochem. J.*, **51** (1952), 490.

[77] V. MASSEY, *Biochem. J.*, **53** (1953), 67 und 72; *ibid.*, **55** (1953), 172.

[78] C. J. R. THORNE, *Biochim. Biophys. Acta,* **42** (1960), 175.

[79] H. L. KORNBERG, in *Essays in Biochemistry,* vol. 2, p. 1; P. N. CAMPBELL und G. D. GREVILLE, ed., London, Academic Press, (1966).

[80] M. F. UTTER, D. B. KEECH und M. C. SCRUTTON, in *Advances in Enzyme Regulation,* vol. 2. p. 49; G. WEBER, ed., Pergamon Press, (1964).

[81] M. C. SCRUTTON und M. F. UTTER, *J. Biol. Chem.,* **240** (1965), 1.

[82] M. C. SCRUTTON, D. B. KEECH und M. F. UTTER, *J. Biol. Chem.,* **240** (1965), 574.

[83] R. C. VALENTINE, N. G. WRIGLEY, M. C. SCRUTTON, J. J. IRIAS und M. F. UTTER, *Biochemistry,* **5** (1966), 3111.

[84] F. LYNEN, J. KNAPPE, E. LORCH, G. JUTTING, R. RINGLEMANN und J. P. LACHANCE, *Biochem. Z.,* **335** (1961), 123.

[85] H. A. KREBS, in *Advances in Enzyme Regulation,* vol. 1, p. 385; G. WEBER, ed., Pergamon Press, (1963).

[86] K. TAKETA und B. M. POGELL, *J. Biol. Chem.,* **240** (1965), 651.

[87] K. TAKETA und B. M. POGELL, *Biochem. Biophys. Res. Comm.,* **12** (1963), 229.

[88] S. PONTREMOLI, S. TRANIELLO, B. LUPPIS und W. A. WOOD, *J. Biol. Chem.,* **240** (1965), 3459.

[89] S. PONTREMOLI, B. LUPPIS, W. A. WOOD, S. TRANIELLO und B. L. HORECKER, *J. Biol. Chem.,* **240** (1965), 3464 und 3469.

[90] S. PONTREMOLI, E. GRAZI und A. ACCORSI, *Biochemistry,* **5** (1966), 3568.

[91] O. M. ROSEN, S. M. ROSEN und B. L. HORECKER, *Arch. Biochem. Biophys.,* **112** (1965), 411.

[92] S. M. ROSEN und B. L. HORECKER, *Biochem. Biophys. Res. Comm.,* **20** (1965), 279.

[93] D. G. FRAENKEL und B. L. HORECKER, *J. Bacteriol,* **90** (1965), 837.

[94] D. G. FRAENKEL, S. PONTREMOLI und B. L. HORECKER, *Arch. Biochem. Biophys.,* **114** (1966), 4.

[95] R. A. FIELD, *The Metabolic Basis of Inherited Disease,* New York, McGraw-Hill, (1960).

[96] W. J. ARION und R. C. NORDLIE, *J. Biol. Chem.,* **239** (1964), 2752.

[97] M. R. STETTEN und H. L. TAFT, *J. Biol. Chem.,* **239** (1964), 4041.

[98] L. F. LELOIR, *Biochem. J.,* **91** (1964), 1.

[99] A. MUNCH-PETERSEN, H. KALCKAR, E. CUTOLO und E. E. B. SMITH, *Nature,* **172** (1953), 1936.

[100] L. F. LELOIR, J. M. OLAVARRIA, S. H. GOLDEMBERG und H. CARMINATTI, *Arch. Biochem. Biophys.,* **81** (1959), 508.

[101] D. L. FRIEDMAN und J. LARNER, *Biochemistry,* **2** (1963), 669.

[102] R. R. TRAUT und F. LIPMANN, *J. Biol. Chem.,* **238** (1963), 1213.

[103] W. H. DANFORTH, *J. Biol. Chem.,* **240** (1965), 588.

[104] H. A. BARKER, *Bacterial Fermentations,* New York, Wiley, (1956).

[105] S. J. WAKIL, *J. Am. Chem. Soc.,* **80** (1958), 6465.

[106] S. J. WAKIL und D. M. GIBSON, *Biochim. Biophys. Acta,* **41** (1960), 122.

[107] R. O. BRADY, R. M. BRADLEY und E. G. TRAMS, *J. Biol. Chem.,* **235** (1960), 3093.

[108] P. GOLDMAN und P. R. VAGELOS, *Biochem. Biophys. Res. Comm.,* **5** (1962), 414.

[109] P. W. MAJERUS, A. W. ALBERTS und P. R. VAGELOS, *Proc. Nat. Acad. Sci. U. S.* **51** (1964), 1231.

[110] P. W. MAJERUS, A. W. ALBERTS und P. R. VAGELOS, *J. Biol. Chem.*, **240** (1965), 4723.

[111] E. L. PUGH und S. J. WAKIL, *J. Biol. Chem.*, **240** (1965), 4727.

[112] F. LYNEN, in *New Perspectives in Biology*, p. 132, M. Sela, ed., Amsterdam, Elsevier Publishing Co., (1964).

[113] P. R. VAGELOS, A. W. ALBERTS und D. B. MARTIN, *J. Biol. Chem.*, **238** (1963), 533.

[114] W. M. BORTZ und F. LYNEN, *Biochem. Z.*, **337** (1963), 505; *ibid.*, **339** (1963), 77.

[115] G. P. AILHAUD und P. R. VAGELOS, *J. Biol. Chem.*, **241** (1966). 3866.

[116] S. B. WEISS, E. P. KENNEDY und J. Y. KIYASU, *J. Biol. Chem.*, **235** (1960), 40.

[117] G. EHRENSVÄRD, 2e *Congrès International de Biochimie*, Symposium sur le métabolisme microbien, Paris, Sedes ed., 1952.

[118] B. D. DAVIS, *Proc. Nat. Acad. Sci. U. S.*, **35** (1945), 1.

[119] B. N. AMES und P. E. HARTMAN, *Cold Spring Harbor Symp. Quant. Biol.*, **28** (1963) 349.

[120] G. N. COHEN und F. JACOB, *Comptes rendus*, **248** (1959), 3490.

[121] A. M. H. AL-DAWODY und J. E. VARNER, *Federation Proceedings*, **20** (1961), 10c.

[122] J. M. RAVEL, S. J. NORTON, J. S. HUMPHREYS und W. SHIVE, *J. Biol. Chem.*, **237** (1962), 2845.

[123] S. BLACK und N. G. WRIGHT, *J. Biol. Chem.*, **213** (1955), 27.

[124] G. N. COHEN, M.-L. HIRSCH, S. B. WIESENDANGER und B. NISMAN, *Comptes rendus*, **238** (1954), 1746.

[125] E. R. STADTMAN, G. N. COHEN, G. LE BRAS und H. de ROBICHON-SZULMAJSTER, *J. Biol. Chem.*, **236** (1961), 2033.

[126] S. BLACK und N. G. WRIGHT, *J. Biol. Chem.*, **213** (1955), 39.

[127] Y. YUGARI und C. GILVARG, *J. Biol. Chem.*, **240** (1965), 4710; W. FARKAS und C. GILVARG, *ibid.*, **240** (1965), 4717.

[128] B. PETERKOFSKY und C. GILVARG, *J. Biol. Chem.*, **236** (1961), 1432.

[129] S. H. KINDLER und C. GILVARG, *J. Biol. Chem.*, **235** (1960), 3532.

[130] M. ANTIA, D. S. HOARE und E. WORK, *Biochem. J.*, **65** (1957), 448.

[131] B. D. DAVIS, *Nature*, **169** (1952), 534.

[132] D. DEWEY und E. WORK, *Nature*, **169** (1952), 533.

[133] S. BLACK und N. G. WRIGHT, *J. Biol. Chem.*, **213** (1955), 51.

[134] J.-C. PATTE, G. LE BRAS, T. LOVINY und G. N. COHEN, *Biochim. Biophys. Acta* **67** (1963), 16.

[135] R. J. ROWBURY und D. D. WOODS, *J. Gen. Microbiol.*, **36** (1964), 341.

[136] M. M. KAPLAN und M. FLAVIN, *J. Biol. Chem.*, **241** (1966), 4463.

[137] G. N. COHEN und M.-L. HIRSCH, *J. Bacteriol.*, **67** (1954), 182.

[138] B. NISMAN, G. N. COHEN, S. B. WIESENDANGER und M.-L. HIRSCH, *Comptes rendus*, **238** (1954), 1342.

[139] Y. WATANABE, S. KONISHI und K. SHIMURA, *J. Biochem. Tokyo*, **43** (1955), 283.

[140] M. FLAVIN und C. SLAUGHTER, *Biochim. Biophys. Acta,* **36** (1959), 554.

[141] H. E. UMBARGER und B. BROWN, *J. Bacteriol.,* **73** (1957), 105.

[142] R. I. LEAVITT und H. E. UMBARGER, *J. Bacteriol.,* **80** (1960), 18.

[143] H. E. UMBARGER, B. BROWN und E. J. EYRING, *J. Biol. Chem.,* **235** (1960), 1425.

[144] J. W. MYERS und E. A. ADELBERG, *Proc. Nat. Acad. Sci. U. S.,* **40** (1954), 493.

[145] A. MEISTER, *Biochemistry of the Amino Acids,* 2nd ed., New York, Academic Press, (1965).

[146] P. TRUFFA-BACHI und G. N. COHEN, *Biochim. Biophys. Acta,* **113** (1961), 531.

[147] J.-C. PATTE, G. LE BRAS und G. N. COHEN, *Biochim. Biophys. Acta,* **136** (1967), 245.

[148] J.-C. PATTE, P. TRUFFA-BACHI und G. N. COHEN, *Biochim. Biophys. Acta,* **128** (1966), 426.

[149] G. N. COHEN und J.-G. PATTE, *Cold Spring Harbor Symp. Quant. Biol.,* **28** (1963), 513.

[150] J.-C. PATTE und G. N. COHEN, *Comptes rendus,* **259** (1964), 1255.

[151] Y. YUGARI und C. GILVARG, *Biochim. Biophys. Acta,* **62** (1962), 612.

[152] G. N. COHEN, J.-C. PATTE und P. TRUFFA-BACHI, *Biochem. Biophys. Res. Comm.* **19** (1965), 546.

[153] P. TRUFFA-BACHI, G. LE BRAS und G. N. COHEN, *Biochim. Biophys. Acta,* **128** (1966), 440.

[154] P. TRUFFA-BACHI, G. LE BRAS und G. N. COHEN, *Biochim. Biophys. Acta,* **128** (1966), 450.

[155] J. JANIN, P. TRUFFA-BACHI und G. N. COHEN, *Biochem. Biophys. Res. Comm.,* **26** (1967), 429.

[156] R. J. ROWBURY und D. D. WOODS, *J. Gen, Microbiol.,* **42** (1966), 155.

[157] J.-P. CHANGEUX, *Bull. Soc. Chim. Biol.,* **46** (1964), 927, 947 und 1151.

[158] M. FREUNDLICH, R. O. BURNS und H. E. UMBARGER, *Proc. Nat. Acad. Sci. U. S.,* **48** (1962), 1804.

[158a] P. TRUFFA-BACHI, R. VAN RAPENBUSCH, J. JANIN, C. GROS and G. N. COHEN, *European. J. Biochem.,* **5** (1968), 73.

[158b] P. TRUFFA-BACHI, R. VAN RAPENBUSCH, J. JANIN, C. GROS and G. N. COHEN, *European J. Biochem.,* **7** (1969), 401.

[158c] J. JANIN, R. VAN RAPENBUSCH, P. TRUFFA-BACHI and G. N. COHEN, *European J. Biochem.,* **8** (1969), 128.

[158d] F. FALCOZ-KELLY, R. VAN RAPENBUSCH and G. N. COHEN, *European J. Biochem.,* **8** (1969), 146.

[158e] R. O. BURNS and M. H. ZARLENGO, *J. Biol. Chem.,* **243** (1968), 178.

[158f] M. H. ZARLENGO, G. W. ROBINSON and R. O. BURNS, *J. Biol. Chem.,* **243** (1968) 186.

[159] P. DATTA und H. GEST, *Proc. Nat. Acad. Sci. U. S.,* **52** (1964), 1004.

[160] H. PAULUS und E. GRAY, *J. Biol. Chem.,* **239** (1964), 4008.

[161] L. BURLANT, P. DATTA und H. GEST, *Science,* **148** (1965), 1351.

[162] P. DATTA und H. GEST, *Nature,* **203** (1964), 1259.

[163] P. DATTA, H. GEST und H. J. SEGAL, *Proc. Nat. Acad. Sci. U. S.*, **51** (1964), 125.

[164] Y. KARASSEVITCH und H. de ROBICHON-SZULMAJSTER, *Biochim. Biophys. Acta*, **73** (1963), 414.

[165] T. NARA, H. SAMEJIMA, G. FUJITA, M. ITO, J. NAKAYAMA und S. KINOSHITA, *Agr. Biol. Chem. Tokyo*, **25** (1961), 532.

[166] J. R. S. FINCHAM, *J. Gen. Microbiol.*, **11** (1954), 236.

[167] J. R. S. FINCHAM, *Genetic complementation*, New York, W. A. Benjamin (1966).

[168] G. M. TOMKINS, K. L. YIELDING, N. TALAT und J. F. CURRAN, *Cold Spring Harbor Symp. Quant. Biol.*, **28** (1963), 461.

[169] C. A. WOOLFOLK und E. R. STADTMAN, *Biochem. Biophys. Res. Comm.*, **17** (1964) 313.

[170] C. A. WOOLFOLK, R. SHAPIRO und E. R. STADTMAN, *Arch. Biochem. Biophys.*, **116** (1966), 177; *ibid.*, **118** (1967), 736.

[171] D. MECKE und H. HOLZER, *Biochim. Biophys. Acta*, **122** (1966), 341.

[172] D. MECKE, K. WULFF und H. HOLZER, *Biochim. Biophys. Acta*, **128** (1966), 559.

[172a] G. N. COHEN and P. TRUFFA-BACHI, *Ann. Rev. Biochemistry*, **37** (1968), 79.

[172b] B. M. SHAPIRO and E. R. STADTMAN, *J. Biol. Chem.*, **243** (1968), 3769.

[172c] B. M. SHAPIRO and E. R. STADTMAN, *Biochem. Biophys. Res. Comm.*, **30** (1968), 32.

[173] H. J. VOGEL und B. D. DAVIS, *J. Am. Chem. Soc.*, **74** (1952), 109.

[174] T. YURA und H. J. VOGEL, *J. Biol. Chem.*, **203** (1953), 143.

[175] H. J. VOGEL, in *A Symposium on Amino Acid Metabolism*, Baltimore, Johns Hopkins Univ. Press, (1955).

[176] M. E. JONES, L. SPECTOR und F. LIPMANN, *J. Am. Chem. Soc.*, **77** (1955), 819.

[177] J. B. WALKERS und J. MYERS, *J. Biol. Chem.*, **203** (1953), 143.

[178] H. J. VOGEL, in *Control Mechanisms in Cellular Processes*, D. M. Bonner, ed., New York, Ronald Press Co., (1961).

[179] D. R. MORRIS und A. B. PARDEE, *J. Biol. Chem.*, **241** (1966), 3129.

[180] H. TRISTRAM und C. F. THURSTON, *Nature*, **212** (1966), 74.

[181] H. E. UMBARGER, M. A. UMBARGER und P. M. L. SIU, *J. Bacteriol.*, **85** (1963), 1431.

[182] R. L. KISLIUK und W. SAKAMI, *J. Biol. Chem.*, **214** (1955), 47.

[183] H. E. UMBARGER und M. A. UMBARGER, *Biochim. Biophys. Acta*, **62** (1962), 193.

[184] P. W. ROBBINS und F. LIPMANN, *J. Am. Chem. Soc.*, **78** (1956), 2652 und 6410.

[185] J. MAGER, *Biochim. Biophys., Acta*, **41** (1960), 553.

[186] L. G. WILSON, T. ASAHI und R. S. BANDURSKI, *J. Biol. Chem.*, **236** (1961), 1822.

[187] T. ASAHI, R. S. BANDURSKI und L. G. WILSON, *J. Biol. Chem.*, **236** (1961), 1830.

[188] N. M. KREDICH und G. M. TOMKINS, *J. Biol. Chem.*, **241** (1966), 4955.

[189] P. C. DE VITO und J. DREYFUSS, *J. BACTERIOL.*, **88** (1964), 1341.

[190] A. PIERARD und J. M. WIAME, *Biochim. Biophys. Acta*, **37** (1960), 490.

[191] C. JUNGWIRTH, S. R. GROSS, P. MARGOLIN und H. E. UMBARGER, *Biochemistry*, **2** (1963), 1.

[192] S. R. GROSS, R. O. BURNS und H. E. UMBARGER, *Biochemistry*, **2** (1963), 1046.

[193] R. O. BURNS, H. E. UMBARGER und S. R. GROSS, *Biochemistry,* **2** (1963), 1053.

[194] P. R. SRINIVASAN und D. B. SPRINSON, *J. Biol. Chem.,* **234** (1959), 716.

[195] P. R. SRINIVASAN, M. KATAGIRI und D. B. SPRINSON, *J. Biol. Chem.,* **234** (1959), 713.

[196] S. MITSUHASHI und B. D. DAVIS, *Biochim. Biophys. Acta,* **15** (1954), 54.

[197] H. YANIV und C. GILVARG, *J. Biol. Chem.,* **213** (1955), 787.

[198] P. R. SRINIVASAN, H. T. SHIGEURA, M. SPRECHER, D. B. SPRINSON und B. D. DAVIS, *J. Biol. Chem.,* **220** (1956), 477.

[199] A. RIVERA Jr. und P. R. SRINIVASAN, *Biochemistry,* **2** (1963), 1063.

[200] P. M. MORGAN, M. I. GIBSON und F. GIBSON, *Biochem. J.,* **89** (1963), 229.

[201] M. I. GIBSON und F. GIBSON, *Biochem. J.,* **90** (1964), 248.

[202] B. D. DAVIS, *Science,* **118** (1953), 251.

[203] M. I. GIBSON und F. GIBSON, *Biochim. Biophys. Acta,* **65** (1962), 160.

[204] I. SCHWINCK und E. ADAMS, *Biochim. Biophys. Acta,* **36** (1959), 102.

[205] R. G. H. COTTON und F. GIBSON, *Biochim. Biophys. Acta,* **100** (1965), 76.

[206] C. H. DOY und F. W. GIBSON, *Biochim. J.,* **72** (1959), 586.

[207] O. H. SMITH und C. YANOFSKY, *J. Biol. Chem.,* **235** (1960), 2051.

[208] C. YANOFSKY, *Bacteriol, Revs.,* **24** (1960), 221.

[209] I. P. CRAWFORD und C. YANOFSKY, *Proc. Nat. Acad. Sci. U. S.,* **44** (1958), 1161.

[210] M. E. GOLDBERG, T. E. CREIGHTON, R. L. BALDWIN und C. YANOFSKY, *J. Mol. Biol.,* **21** (1966), 71.

[211] L. C. SMITH, J. M. RAVEL, S. R. LAX und W. SHIVE, *J. Biol. Chem.,* **237** (1962), 3566.

[212] K. D. BROWN und C. H. DOY, *Biochim. Biophys. Acta,* **77** (1963), 170.

[213] R. A. JENSEN und E. W. NESTER, *J. Biol. Chem.,* **241** (1966), 3365 und 3373.

[214] J. A. DE MOSS und J. WEGMAN, *Proc. Nat. Acad. Sci. U. S.,* **54** (1965), 241.

[215] J. ITO und C. YANOFSKY, *J. Biol. Chem.,* **241** (1966), 4112.

[216] B. N. AMES, R. G. MARTIN und B. J. GARRY, *J. Biol. Chem.,* **236** (1961), 2019.

[217] H. S. MOYED und B. MAGASSANIK, *J. Biol. Chem.,* **235** (1960), 149.

[218] B. N. AMES, *J. Biol. Chem.,* **228** (1957), 131.

[219] B. N. AMES und B. L. HORECKER, *J. Biol. Chem.,* **220** (1956), 113; *ibid.,* MARTIN und coll., **242** (1967), 1168 und 1175.

[220] B. N. AMES, *J. Biol. Chem.,* **226** (1957), 583.

[221] E. ADAMS, *J. Biol. Chem.,* **209** (1954), 829; *ibid.,* **217** (1955), 325.

[221a] J. C. LOPER, *J. Biol. Chem.,* **243** (1968), 3264.

[221b] J. YOURNO, *J. Biol. Chem.,* **243** (1968), 3277.

[222] J. C. LOPER und E. ADAMS, *J. Biol. Chem.,* **240** (1965), 788.

[223] B. N. AMES und R. G. MARTIN, *Ann. Rev. Biochem.,* **33** (1964), 235.

[224] R. G. MARTIN, *J. Biol. Chem.,* **237** (1963), 257.

[225] P. P. COHEN, in *The Enzymes,* P. D. BOYER, H. LARDY und K. MYRBÄCK, ed., vol. 6, p. 477, New York, Academic Press, (1963).

[226] A. PIÉRARD und J. M. WIAME, *Biochem. Biophys. Res. Comm.,* **15** (1964), 76.

[227] F. LACROUTE, A. PIÉRARD, M. GRENSON und J. M. WIAME, *J. Gen. Microbiol.*, **40** (1965), 127.

[228] P. REICHARD und G. HANSHOFF, *Acta Chem. Scand.*, **10** (1956), 548.

[229] M. SHEPHERDSON und A. B. PARDEE, *J. Biol. Chem.*, **235** (1960), 3233.

[230] I. LIEBERMAN und A. KORNBERG, *Biochim. Biophys. Acta*, **12** (1953), 223.

[231] H. C. FRIEDMANN und B. VENNESLAND, *J. Biol. Chem.*, **235** (1960), 1526.

[232] I. LIEBERMAN, A. KORNBERG und E. S. SIMMS, *J. Biol. Chem.*, **215** (1955), 403.

[233] J.HURWITZ, *J. Biol. Chem.*, **234** (1959), 2351.

[234] P. BERG und W. K. JOKLIK, *J. Biol. Chem.*, **210** (1954), 657.

[235] I. LIEBERMAN, *J. Biol. Chem.*, **222** (1956), 765.

[236] C. LAURENT, E. MOORE und P. REICHARD, *J. Biol. Chem.*, **239** (1964), 3436.

[237] C. MOORE, P. REICHARD und L. THELANDER, *J. Biol. Chem.*, **239** (1964), 3445.

[238] E. C. MOORE und P. REICHARD, *J. Biol. Chem.*, **239** (1964), 3453.

[239] E. SCARANO, *J. Biol. Chem.*, **235** (1960), 706.

[240] J. C. GERHART und A. B. PARDEE, *Cold Spring Harbor Symp. Quant. Biol.*, **28** (1963), 491.

[241] J. C. GERHART, in *Subunit structure of proteins. Biochemical and Genetic Aspects. Brookhaven Symp. Biol.*, **17** (1964).

[242] J. C. GERHART und H. K. SCHACHMAN, *Biochemistry*, **4** (1965), 1054.

[242a] K. WEBER, *Nature*, **218** (1968), 1116.

[242b] D. C. WILEY and W. N. LIPSCOMB, *Nature*, **218** (1968), 1119.

[242c] J.-P. CHANGEUX, J. C. GERHART and H. K. SCHACHMAN, *Biochemistry*, **7** (1968) 531.

[243] A. LARSSON und P. REICHARD, *J. Biol. Chem.*, **241** (1966), 2533.

[244] A. LARSSON und P. REICHARD, *J. Biol. Chem.*, **241** (1966), 2540.

[245] E. SCARANO, G. GERACI und M. ROSSI, *Biochem. Biophys. Res. Comm.*, **16** (1964) 239.

[246] R. OKAZAKI und A. KORNBERG, *J. Biol. Chem.*, **239** (1964), 275.

[247] D. P. NIERLICH und B. MAGASSANIK, *J. Biol. Chem.*, **236** (1961), PC 32.

[248] S. C. HARTMAN, B. LEVENBERG und J. M. BUCHANAN, *J. Am. Chem. Soc.*, **77** (1955), 501.

[249] S. C. HARTMAN, B. LEVENBERG und J. M. BUCHANAN, *J. Biol. Chem.*, **221** (1956), 1057.

[250] B. LEVENBERG und J. M. BUCHANAN, *J. Biol. Chem.*. **224** (1957) 1005 und 1019

[251] L. N. LUKENS und J. M. BUCHANAN, *J. Am. Chem. Soc.*, **79** (1957), 1511.

[252] R. W. MILLER, L. N. LUKENS und J. M. BUCHANAN, *J. Am. Chem. Soc.*, **79** (1957), 1513.

[253] J. G. FLAKS, M. J. ERWIN und J. M. BUCHANAN, *J. Biol. Chem.*, **229** (1957), 603.

[254] C. E. CARTER und L. H. COHEN, *J. Biol. Chem.*, **222** (1956), 17.

[255] B. MAGASANIK, H. S. MOYED und L. B. GEHRING, *J. Biol. Chem.*, **226** (1957), 339.

[256] B. MAGASANIK, H. S. MOYED und D. KARIBIAN, *J. Am. Chem. Soc.*, **78** (1956), 1510.

[257] J. B. WYNGAARDEN und D. M. ASHTON, *J. Biol. Chem.*, **234** (1959), 1492.

[258] D. P. NIERLICH und B. MAGASANIK, *J. Biol. Chem.*, **240** (1965), 358.
[259] J. MAGER und B. MAGASANIK, *J. Biol. Chem.*, **235** (1960), 1474.
[260] I. LIEBERMAN, *J. Biol. Chem.*, **223** (1956), 327.
[261] R. D. BERLIN und E. R. STADTMAN, *J. Biol. Chem.*, **241** (1966), 2679.
[262] I. G. LEDER, *J. Biol. Chem.*, **236** (1961), 3066.
[263] Y. KAZIRO, R. TANAKA, Y. MANO und N. SHIMAZONO, *J. Biochem. Japan*, **49** (1961), 472.
[264] G. W. E. PLAUT, *Ann. Rev. Biochem.*, **30** (1961), 409.
[265] P. C. NEWELL und R. G. TUCKER, *Biochem. J.*, **100** (1966), 512 und 517.
[266] L. J. WICKERHAM, M. H. FLICKINGER und R. M. JOHNSTON, *Arch. Biochem.*, **9** (1946), 95.
[267] W. McNUTT, *J. Biol. Chem.*, **219** (1956), 363.
[268] J. SADIQUE, J. SHANMUGASUNDARAM und E. R. B. SHANMUGASUNDARAM, *Naturwissenschaften*, **53** (1966), 282.
[269] J. SADIQUE, J. SHANMUGASUNDARAM und E. R. B. SHANMUGASUNDARAM, *Biochem. J.*, **101** (1966), 2C.
[270] H. KATAGIRI, I. TAKEDA und K. J. IMAI, *J. Vitaminol. Japan*, **5** (1959), 287.
[271] G. W. E. PLAUT, *J. Biol. Chem.*, **235** (1960), PC 41.
[272] B. B. McCORMICK und R. C. BUTLER, *Biochim. Biophys. Acta*, **65** (1962), 326.
[273] A. W. SCHRECKER und A. KORNBERG, *J. Biol. Chem.*, **182** (1950), 795.
[274] A. C. WILSON und A. B. PARDEE, *J. Gen. Microbiol.*, **28** (1962), 283.
[275] T. TANAKA und W.E. KNOX, *J. Biol. Chem.*, **234** (1959), 1162.
[276] A. H. MEHLER und W. E. KNOX, *J. Biol. Chem.*, **187** (1950), 431.
[277] F. T. DE CASTRO, J. M. PRICE und R. R. BROWN, *J. Am. Chem. Soc.*, **78** (1956), 2904.
[278] W. B. JAKOBY und D. M. BONNER, *J. Biol. Chem.*, **221** (1956), 689.
[279] R. H. DECKER, H. H. KANG, F. R. LEACH und L. M. HENDERSON, *J. Biol. Chem.*, **236** (1961), 3076.
[280] L. V. HANKES und L. M. HENDERSON, *J. Biol. Chem.*, **225** (1957), 349.
[281] M. V. ORTEGA und G. M. BROWN, *J. Am. Chem. Soc.*, **81** (1959), 4437.
[282] E. MOTHES, D. GROSS, H. R. SCWELTE und K. MOTHES, *Naturwissenschaften*, **48** (1961), 623.
[283] F. LINGENS, *Angew. Chem.*, **72** (1960), 920.
[284] P. HANDLER, in *Proceedings of the 4th International Congres of Biochemistry*, Vienna, vol. XI, p. 39, London, Pergamon Press, (1959).
[285] A. KORNBERG, *J. Biol. Chem.*, **182** (1950), 805.
[286] J. IMSANDE und A. B. PARDEE, *J. Biol. Chem.*, **237** (1962), 1305.
[287] J. IMSANDE, *Biochim. Biophys. Acta*, **85** (1964), 255.
[288] J. IMSANDE und L. S. PRESTIDGE, *Biochim. Biophys. Acta*, **85** (1964), 265.
[289] M. I. GIBSON und F. GIBSON, *Biochem. J.*, **90** (1964), 248.
[290] E. VIEIRA und E. SHAW, *J. Biol. Chem.*, **236** (1961), 2507.
[291] J. J. REYNOLDS und G. M. BROWN, *J. Biol. Chem.*, **237** (1962), PC 2713.
[292] L. ZIEGLER, *Naturwissenschaften*, **48** (1961), 458.

[293] R. NATH und D. M. GREENBERG, *Biochemistry*, **1** (1962), 435.

[294] U. W. KENKARE und B. M. BRAGANCA, *Biochem. J.*, **86** (1963), 160.

[295] W. B. DEMPSEY und P. F. PACHLER, *J. Bacteriol.*, **91** (1966), 642.

[296] W. B. DEMPSEY, *J. Bacteriol.*, **90** (1965), 431.

[297] J. H. MUELLER, *Science*, **85** (1937), 502.

[298] M. A. EISENBERG, *Biochem. Biophys. Res. Comm.*, **8** (1962), 437.

[299] V. G. LILLY und L. H. LEONIAN, *Science*, **99** (1944), 205.

[300] J. KNAPPE, E. RINGELMAN und F. LYNEN, *Biochem. Z.*, **335** (1961), 168.

[301] D. P. KOSOW und M. D. LANE, *Biochem. Biophys. Res. Comm.*, **5** (1961), 191.

[302] D. P. KOSOW, S. C. HUANG und M. D. LANE, *J. Biol. Chem.*, **237** (1962), 3633.

[303] D. P. KOSOW und M. D. LANE, *Biochem. Biophys. Res. Comm.*, **7** (1962), 439.

[304] W. K. MAAS und B. D. DAVIS, *J. Bacteriol.*, **60** (1950), 733.

[305] D. BILLEN und H. C. LICHSTEIN, *J. Bacteriol.*, **58** (1949), 215.

[306] E. R. STADTMAN, *J. Am. Chem. Soc.*, **77** (1955), 5765.

[307] E. N. McINTOSH, M. PURKO und W. A. WOOD, *J. Biol. Chem.*, **228** (1957), 499.

[308] R. KUHN und T. WIELAND, *Ber. dtsch. chem. Ges.*, **75** B (1942), 121.

[309] W. K. MAAS, *J. Biol. Chem.*, **198** (1952), 23.

[310] W. K. MAAS und G. D. NOVELLI, *Arch. Biochem. Biophys.*, **43** (1953), 236;

[311] W. K. MAAS, in *Proceedings of the 4th International Congress of Biochemistry*, Vienna, vol. XI, p. 161, London, Pergamon Press, (1959).

[312] T. E. KING und F. M. STRONG, *J. Biol. Chem.*, **189** (1951), 315.

[313] G. M. BROWN, *J. Biol. Chem.*, **234** (1959), 370 und 379.

[314] I. W. CHEN und F. C. CHARALAMPOUS, *J. Biol. Chem.*, **241** (1966), 2194.

[315] J. J. FERGUSON, Jr., und H. RUDNEY, *J. Biol. Chem.*, **234** (1959), 1072.

[316] P. R. STEWART und H. RUDNEY, *J. Biol. Chem.*, **241** (1966), 1222.

[317] H. RUDNEY, P. R. STEWART, P. W. MAJERUS und P. R. VAGELOS, *J. Biol. Chem.*, **241** (1966), 1226.

[318] F. LYNEN, B. W. ANGRANOFF, H. EGGERER, U. HENNING und E. M. MÖSLEIN, *Angew. Chem.*, **71** (1959), 657.

[319] T. T. TCHEN, *J. Biol. Chem.*, **233** (1958), 1100.

[320] U. HENNING, E. M. MÖSLEIN und F. LYNEN, *Arch. Biochem. Biophys.*, **83** (1959), 259.

[321] A. DE WAARD, A. H. PHILLIPS und K. BLOCH, *J. Am. Chem. Soc.*, **81** (1959), 2913.

[322] G. SUZUE, *J. Biochem. Japan.*, **51** (1962), 246.

[323] G. SUZUE, K. ORIHARA, H. MORISHIMA und S. TANAKA, *Radioisotopes*, **13** (1964), 300.

[324] A. A. KANDUTSCH, H. PAULUS, E. LEVIN und K. BLOCH, *J. Biol. Chem.*, **239** (1964), 2507.

[325] T. W. GOODWIN, in *The Biosynthesis of Vitamins and Related Compounds*, 294–299, London and New York, Academic Press, (1963).

[326] M. GRIFFITHS, W. R. SISTROM, G. COHEN-BAZIRE und R. Y. STANIER, *Nature*, **176** (1955), 1211.

[327] M. DWORKIN, *J. Gen. Physiol.*, **41** (1958), 1099.

[328] M. J. BURNS, S. M. HAUGE und F. W. QUACKENBUSH, *Arch. Biochem. Biophys.*, **30** (1951), 341 und 347.

[329] A. F. BLISS, *Arch. Biochem. Biophys.*, **31** (1951), 197.

[330] F. LYNEN, U. HENNING, C. BUBLITZ, B. SORBO und L. KROPLEN-RUEFF, *Biochem. Z.*, **330** (1958), 269.

[331] G. POPJAK und J. W. CORNFORTH, *Adv. Enzymology*, **22** (1960), 281.

[332] R. G. GOULD, *Amer. J. Med.*, **11** (1951), 209.

[333] M. D. SIPERSTEIN und V. M. FAGAN, in *Advances in Enzyme Regulation*, vol. 2, p. 249, G. Weber, ed., London, Pergamon Press, (1964).

[334] G. KIKUCHI, A. KUMAR, P. TALMAGE und D. SHEMIN, *J. Biol. Chem.*, **233** (1958), 1214.

[335] K. D. GIBSON, A. NEUBERGER und J. J. SCOTT, *Biochem. J.*, **61** (1955), 618.

[336] B. F. BURNHAM und J. LASCELLES, *Biochem. J.*, **87** (1963), 462.

[337] L. BOGORAD, *J. Biol. Chem.*, **233** (1958), 501.

[338] D. B. HOARE und H. HEATH, *Biochem. J.*, **73** (1959), 679.

[339] *L.* BOGORAD, *J. Biol. Chem.*, **233** (1958), 510.

[340] D. MAUZERALL und S. GRANICK, *J. Biol. Chem.*, **232** (1958), 1141.

[341] S. SANO und S. GRANICK, *J. Biol. Chem.*, **236** (1961), 1173.

[342] R. J. PORRA und J. E. FALK, *Biochem. J.*, **90** (1963), 69.

[343] P. FILDES, *Brit. J. Exptl. Pathol.*, **2** (1921), 16.

[344] S. GRANICK und H. GILDER, *J. Gen. Physiol.*, **30** (1946), 1; *ibid.*, **31** (1947), 103.

[345] S. GRANICK und D. MAUZERALL, *J. Biol. Chem.*, **232** (1958), 119.

[346] J. JENSEN und E. THOFERN, *Naturforsch.*, **8 B** (1953), 599 und 604; *ibid.*, **9 B** (1954), 596.

[347] M. BELJANSKI und M. BELJANSKI, *Ann. Institut Pasteur*, **92** (1957), 396.

[348] J. LASCELLES, *Biochem. J.*, **62** (1956), 78.

[349] J. LASCELLES, *J. Gen. Microbiol.*, **23** (1960), 487.

[350] S. GRANICK, *Harvey Lectures*, **44** (1950), 220.

[351] K. D. GIBSON, A. NEUBERGER und G. H. TAIT, *Biochem. J.*, **88** (1963), 325.

[352] S. GRANICK, *J. Biol. Chem.*, **183** (1950), 713.

[353] J. H. C. SMITH, in *Biological Structure and function*, vol. 2, p. 325; Goodwin et Lindberg, ed., New York, Academic Press, (1961).

[354] G. COHEN-BAZIRE, W. R. SISTROM und R. Y. STANIER, *J. Cellular Comp. Physiol.*, **49** (1957), 25.

[355] J. LASCELLES, *Tetrapyrrole biosynthesis, and its regulation*, p. 99, New York, W. A. Benjamin, (1964).

[356] J. E. FALK und R. J. PORRA, *Biochem. J.*, **90** (1963), 66.

[357] R. C. BRAY und D. SHEMIN, *J. Biol. Chem.*, **238** (1963), 1501.

[358] K. BERNHAUER, F. WAGNER, H. MICHNA, H. BEISBARTH und P. RIETZ, *Biochem. Z.*, **345** (1966).

[359] H. C. FRIEDMANN und D. L. HARRIS, *J.Biol. Chem.*, **240** (1965), 406.

[360] P. BARBIERI, G. BORETTI, A. DI MARCO, A. MIGLIACCI und C. SPALLA, *Biochim. Biophys. Acta,* **57** (1962), 599.

[361] R. O. BRADY, E. C. CASTERNA und H. A. BARKER, *J. Biol. Chem.,* **237** (1962), 2325.

[362] H. WEISSBACH, B. REDFIELD und A. PETERKOFSKY, *J. Biol. Chem.,* **237** (1962), 3217.

[363] H. A. BARKER, F. SUZUKI, A. A. IODICE und V. ROOZE, *Ann. N. Y. Acad. Sci.,* **112** (1964), 644.

[364] H. EGGERER, E. R. STADTMAN, P. OVERATH und F. LYNEN, *Biochem. Z.,* **333** (1960), 1.

[365] B. D. DAVIS und E. S. MINGILOLI, *J. Bacteriol.,* **60** (1950), 17.

[366] D. D. WOODS, M. A. FOSTER und J. R. GUEST, in *Transmethylation and Methionine Biosynthesis,* p. 138, S. K. SHAPIRO und F. SCHLENK, ed., Univ. of Chicago Press, (1965).

Sachwortverzeichnis

Grundlagen der Tierpsychologie

Von Günter Tembrock. Herausgegeben von J. O. Hüsing. – Braunschweig: Vieweg 1971. 260 Seiten mit 45 Abbildungen. 3. Auflage. 11 x 18 cm (WTB – Wissenschaftliche Taschenbücher. Band 2.)
Paperback 9,80 DM
ISBN 3 528 06002 6

Inhalt: Zur Geschichte der Tierpsychologie – Aufbau des Verhaltens – Kommunikationssysteme – Die Evolution des Verhaltens.

Biokommunikation I

Informationsübertragung im biologischen Bereich

Von Günter Tembrock. – Braunschweig: Vieweg 1971. 129 Seiten mit 28 Abbildungen. 11 x 18 cm (WTB – Wissenschaftliche Taschenbücher. Band 93.)
Paperback 9,80 DM
ISBN 3 528 06093 X

Inhalt: Zur Forschungsgeschichte – Grundfragen der Kommunikation – Physiologische Grundlagen – Ethologische Grundlagen – Genetische Grundlagen – Phylogenetische Grundlagen – Chemische Informationsübertragung – Thermische Informationsübertragung – Elektrische Informationsübertragung.

Biokommunikation II

Informationsübertragung im biologischen Bereich

Von Günter Tembrock. – Braunschweig: Vieweg 1971. 151 Seiten mit 31 Abbildungen. 11 x 18 cm (WTB – Wissenschaftliche Taschenbücher. Band 94.)
Paperback 9,80 DM
ISBN 3 528 06094 8

Inhalt: Mechanische Informationsübertragung – Visuelle Informationsübertragung – Komplexe Kommunikation – Allgemeine Betrachtungen und Modelle.

» vieweg